Edizioni PensareDiverso
Cenacolo Jung Pauli

Bruno Del Medico
Omslag door Elisabetta Del Medico

.

Van het fysieke universum naar de metafysische kosmos. De kwantumverstrengeling en synchroniciteit van Carl Jung.

Op weg naar het tijdperk van samenwerking tussen geest en materie.

Eerste editie 2019: "Kwantumverstrengeling en collectief onbewuste"
2e editie bijgewerkt en uitgebreid 2022

Bruno Del Medico Uitgeverij
edizioni@delmedico.it

Inhoud van het boek..

Een voetballende "rigor" op macroscopisch niveau.

Een voetbalstraf op kwantumniveau..

De rol van de waarnemer.

Observeren of niet observeren maakt verschil. De kwantuminstorting.

Demonteer de hoekstenen van het materialisme. De locatie.

Localisme is nauw verwant aan de concepten van determinisme of causaliteit.

Wat gebeurt er als een vlinder met zijn vleugels klappert in Brazilië?

Lokaal realisme en metafysisch realisme.

De kwantum niet-lokaliteit.

De demon van Laplace.

Een nogal aanmatigende theorie.

Determinisme.

De demon van Laplace.

Een onmogelijke droom.

Het schip van Theseus.

Mythologische premisse.

De paradox.

De mens is ook een mechanisch aggregaat gemaakt van atomen.

Een metafysisch standpunt.

Waar leeft het 'bewustzijn van jezelf zijn?

Radio Radio FM 104.5-Sky interview met Bruno Del Medico.
Bibliografie

Door dezelfde auteur.

Voorwoord.

Dit boek is de tweede sterk uitgebreide editie van het vorige boekje "Quantum Entanglement and the Collective Unconscious". Het verzamelt de beste bijdragen die door de auteur zijn gepubliceerd op zijn blogs, sociale netwerken en sites in het Italiaans, vertaald in het Nederlands.

De lezer zal versteld staan van de originaliteit van de argumenten. Uit het gelukkige huwelijk tussen de kwantumfysica en het collectieve onbewuste van Carl Jung wordt een nieuwe metafysica van het universum geboren en ontstaat een plek waar materie en geest samenwerken en geleid worden door kosmische synchroniciteiten om de mens naar ongelooflijke evolutionaire projecten te leiden.

Carl Jung en Wolfgang Pauli werkten respectievelijk op het gebied van de psyche en op dat van de materie. Deze twee sectoren worden als absoluut onverenigbaar met elkaar beschouwd. In feite ontkent het wetenschappelijk materialisme het bestaan van enige psychische component in het bekende universum.

Ondanks de enorme afstand tussen hun disciplines, kwamen de twee wetenschappers tot een samenwerking die meer dan twintig jaar duurde. Gedurende die periode zijn ze nooit gestopt met zoeken naar een "verenigend element", dat in staat is om op wetenschappelijk niveau de redenen van de psychische dimensie te verzoenen met die van de materiële dimensie.

Helaas hebben ze dit tijdens hun leven niet bereikt, maar ze waren profeten van een nieuwe wetenschappelijke interpretatie van het universum. In feite herwaarderen de evolutie van kennis op het gebied van kwantumfysica, en vooral de experimentele bevestigingen van fenomenen zoals kwantumverstrengeling, hun theorieën. Tegenwoordig komt het idee van een universum dat niet is verdeeld in "materiële objecten" sterk naar voren. Het universum is niet verdeeld, maar bestaat uit één enkele werkelijkheid, bestaande uit geest en materie. Dit is de realiteit die Jung en Pauli "Unus mundus" noemden. Materie en psyche hebben gelijke waardigheid en dragen samen bij aan het bestaan van het universum.

De redactionele serie "Cenacolo Jung Pauli" is een plaats van kennis en studie. Wij zijn van mening dat dit de meest geschikte omgeving is om het werk te hervatten vanaf het punt waar Carl Jung en Wolfgang Pauli stopten. We kunnen bevestigen dat wetenschappelijke actualiteit vandaag hun onderzoek veredelt en projecteert naar nog meer gedurfde interpretaties dan ze zelf hadden gedacht.

Carl Gustav Jung (1865-1961) was een Zwitserse psycholoog en psychotherapeut, bekend om zijn theorieën over het collectieve onbewuste en synchroniciteit. Wolfgang Pauli (1900-1958) is een van de grondleggers van de kwantumfysica. Over Pauli kunnen we zeggen dat hij in het jaar 1945 de Nobelprijs ontving voor zijn onderzoek naar een basisprincipe van de kwantummechanica, bekend als het "Pauli-exclusieprincipe".

Het verhaal begon zo.

Laten we beginnen met ieders ervaring. De vreemde toevalligheden.

"Ben ik hier eerder geweest?"

De vreemde toevalligheden zijn zulke gewone ervaringen dat niemand gelooft dat ze kunnen twijfelen. Carl Gustav Jung vertelt erover met een voorbeeld:

> "Bij toeval merk ik dat mijn tramkaart hetzelfde ticketnummer heeft als het theater dat ik direct daarna kocht. Dezelfde avond ontvang ik een telefoontje waarin iemand me hetzelfde nummer noemt. Ik denk dat het onwaarschijnlijk is dat de relatie tussen deze feiten toevallig is. "

Er zijn ook minder opvallende toevalligheden, die ons echter verbazen omdat ze in ons de betekenis aannemen van een bijna onmogelijke verbinding.

Oneindige voorbeelden kunnen worden aangehaald. "Zie" mentaal een vriend in een moeilijke situatie, en ontdek dan dat die persoon daadwerkelijk een negatieve aflevering heeft geleefd. Velen vermijden gedrag omdat ze zich ongemakkelijk voelen. Ze komen bijvoorbeeld niet in het openbaar vervoer. Ze komen er later achter dat het voertuig betrokken was bij een ongeval. Sommigen dromen van een vergeten vriend omdat hij in een andere stad woont en de volgende dag ontmoeten ze hem op straat.

Wij zijn allemaal vaak getuigen of protagonisten van soortgelijke feiten. In het begin zijn we een beetje verrast, maar dan besluiten we dat het een geval is en slaan we alles in een hoek van onze geest op.

In werkelijkheid staat 'toeval' niet altijd gelijk aan een incident dat toevallig is gebeurd. Dit wordt aangetoond door het feit dat sommige toevalligheden problemen in onze geest veroorzaken die voor het leven onopgelost blijven.

Deze afleveringen duiken echter weer op in de geest en stimuleren onze nieuwsgierigheid samen met een vaag gevoel van mysterie. We hebben het gevoel een indicatie of een suggestie te hebben die we niet hebben kunnen begrijpen.

De bekende psychotherapeut Carl Gustav Jung heeft dit fenomeen lang bestudeerd en veel van de theorieën uitgewerkt die later in dit boekje worden beschreven. Volgens Jung zijn veel "toevalligheden" zeker gebeurtenissen die toevallig zijn gebeurd, maar soms niet. Jung veronderstelde het bestaan van toevalligheden die als significant of zelfs "numineus" (bedekt met heiligheid) kunnen worden beschouwd en bedacht voor hen de naam "synchroniciteit".

Toevalligheden en synchroniciteit..

"Achter elke synchroniciteit zijn er hele onbekende universums om te verkennen"

De "significante toevalligheden" kunnen van vele soorten zijn. Ze kunnen bijvoorbeeld gebaseerd zijn op dromen, voorgevoel, telepathie of andere. In elk geval brengen ze de geest of de psyche in het spel. We accepteren de hypothese dat het universum niet alleen uit materie bestaat, maar uit materie en geest. Beide vormen samen onze realiteit. Onder deze omstandigheden worden veel fenomenen, die onverklaarbaar zijn met de parameters van het materialisme, begrijpelijk.

Jung was de eerste die het fenomeen van vreemde toevalligheden met wetenschappelijke methoden bestudeerde. Hij voorzag in de juiste hulpmiddelen om te begrijpen wanneer een toeval als significant of numineus kan worden beschouwd. Wanneer de door Jung voorgestelde voorwaarden uitkomen, wordt het toeval een synchroniciteit.

Natuurlijk is het noodzakelijk om onderscheid te maken tussen willekeurige toevalligheden en synchroniciteiten. De eerste maken deel uit van het dagelijks leven en komen voort uit de overlapping en verwevenheid van onze activiteiten met die van de wereld om ons heen. Het heersende kenmerk van normale toevalligheden is dat we ze als verdisconteerd beschouwen, dus ze betrekken ons niet en interesseren ons niet.

Synchroniciteiten, aan de andere kant, openen een enorm venster op het panorama van het mysterie. Achter elke synchroniciteit zijn er hele onbekende universums om te verkennen en een enorme wijsheid om toegang te krijgen. Helaas zijn onze ogen niet geschikt om deze landschappen te ontcijferen. We kennen de taal niet waarmee synchroniciteiten met ons proberen te communiceren. Er zijn problemen van harmonie tussen onze geest en de Geest waaruit de synchroniciteit voortkomt.".

Carl Jung en het collectieve onbewuste.

"Psychologie van de diepte. De bron van het collectieve onbewuste".

Om het concept van synchroniciteit volledig te begrijpen, moeten we ingaan op de theorieën van Jung. Eerst moeten we het onderwerp 'collectief onbewust' introduceren.

Volgens Jung is er een niveau van bewustzijn buiten onze geest geplaatst. Dit bewustzijn is niet beperkt tot onze schedel, maar is afstandelijk en onafhankelijk van onze lichamelijkheid. Het is een psychisch niveau en kan daarom nergens worden gevonden. Het is niet "iets" met lengte, breedte, hoogte en gewicht. Het kan hier niet vandaan worden gehaald en daarheen worden verplaatst.

het collectieve onbewuste 'is', bestaat op dezelfde manier dat onze ziel of de leeftijd van een boom bestaat, of hoe het passeren van het rivierwater bestaat. Niemand kan het idee van de leeftijd van de boom of de stroom van de rivier zien of wegen, maar het valt niet te ontkennen dat ze bestaan.

Het collectieve onbewuste is een absoluut psychische realiteit die de ervaringen van alle mensen bevat. Het grote voordeel is dat alle mensen gebruik kunnen maken van deze afzetting, alsof ze water uit een put halen. Alle ervaring van de mensheid is aanwezig in het collectieve onbewuste in de vorm van archetypen. Vandaag zouden we zeggen dat alle informatie met betrekking tot het menselijk ras wordt gearchiveerd in de vorm van "bestanden" genaamd "archetypen".

Omdat alle mensen kunnen communiceren met de archetypen van het collectieve onbewuste, volgt hieruit dat we veel kennis bezitten. Deze kennis gaat onze ervaring te buiten.

Soms bewegen de archetypen uit het collectieve onbewuste en komen ze ons bewustzijn beïnvloeden. Dit genereert afleveringen die moeilijk te begrijpen zijn. Het zijn synchroniciteiten. We begrijpen de aanwezigheid van een verborgen betekenis, maar we begrijpen de betekenis ervan niet precies.

De ontmoeting van Jung en Pauli.

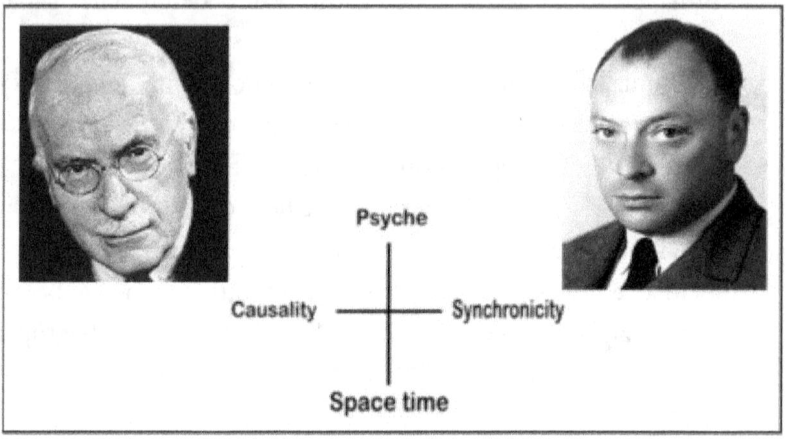

Psychofysisch diagram van Pauli en Jung. De wereld van causaliteit en ruimte-tijd in balans met die van psyche en synchroniciteit.”

In samenwerking met Wolfgang Pauli heeft Jung de mogelijkheid verdiept dat de concepten "archetype" en "synchroniciteit" kunnen worden gerelateerd aan een realiteit die "Unus mundus" definieerde.

Het is een realiteit waaruit alles naar voren komt en waarnaar alles terugkeert. Komt waarschijnlijk overeen met het concept van "Anima mundi", van neoplatonische oorsprong.

Filosofieën en religies hebben altijd het concept van de ziel van de wereld ondersteund. Tegenwoordig is dit concept aanwezig, met verschillende namen, in de oosterse filosofie. We kunnen ons de Tao van de Chinese cultuur herinneren, of de 'Ātman van de Indiase cultuur. Maar een soortgelijk concept is ook aanwezig in de westerse religiositeit. Laten we God en de Heilige Geest gedenken. Er zijn ook veel seculiere termen om naar deze realiteit te verwijzen: Universal Mind, Global Consciousness, Spirit of the World.

Over het collectieve onbewuste gesproken, we verwijzen door sterke analogieën naar alle en geen van deze religieuze of filosofische entiteiten.

Natuurlijk hebben Jung en Pauli dit onderwerp op een absoluut seculiere manier benaderd.

Pauli streefde het doel na om 'een ziel te herstellen' aan de natuur, die haar door materialisme was beroofd.

Pauli, verwijzend naar psychologie, heeft een aantal fundamentele overtuigingen ontwikkeld. Hij geloofde bijvoorbeeld sterk dat wetenschappelijke ontdekkingen worden begunstigd en geanticipeerd door archetypische beelden in de geest van de wetenschapper.

Van zijn kant raakte Jung in deze samenwerking bekend met de studies van de kwantumfysica. In deze context is het onderscheid tussen materie en energie zo subtiel dat het niet bestaat.

Jung plaatst een niet-materieel element, de psyche, op de materialiteit. Volgens Jung vormen psyche en materie een unieke realiteit, niet alleen psychisch en niet alleen materieel. Deze unieke realiteit wordt "Unus Mundus" genoemd.

Het psychofysische diagram dat is uitgewerkt door Jung en Pauli (zie figuur) balanceert de psyche met ruimtetijd, dat wil zeggen met het materiële deel van het universum. In plaats daarvan brengt het diagram op horizontale armen determinisme of causaliteit in evenwicht met synchroniciteit.

Welk bewijs hebben we? Denialistisch materialisme.

“Alleen "dingen". Wat verdrietig!”

De Wikipedia-encyclopedie beschrijft het materialisme als volgt:

> "Materialisme is een filosofische positie die elk aspect van de werkelijkheid identificeert met materie. Daarom sluit het de aanwezigheid en effectiviteit van elk hoger moment van spiritueel karakter uit. "

Als het materialisme dit is, is het zeker een theorie die in schril contrast staat met de inhoud van deze brochure. Het materialisme ontkent inderdaad alle dingen waarin we geloven.

Een van de belangrijkste principes van het materialisme is dat de wereld een machine is. De materialistische wereld is een plaats waar alles plaatsvindt volgens deterministische principes.

Dit betekent dat slechts één actie een andere actie kan bepalen, en elke actie is uitsluitend gebaseerd op de interacties die optreden tussen materiële objecten.

Volgens het materialisme is de mens ook een machine, en zijn acties worden bepaald door de mechanische interacties tussen zijn samenstellende delen.

Laten we enkele punten van de materialistische doctrine samenvatten.

De mens heeft een brein waarin chemische reacties plaatsvinden die zijn gedrag bepalen. Het is uitgesloten dat hij een geweten of een ziel heeft.

Gedachten, suggesties, neigingen naar het spirituele en het goddelijke zijn slechts valse beelden. Dit zijn luchtspiegelingen of openbaringen. Spirituele visioenen zijn afvalproducten die voortkomen uit de chemische reacties van de hersenen. De mens bestaat alleen in zijn schedel. De man die gelooft dat hij zichzelf naar buiten projecteert, is gewoon een robot die zichzelf voor de gek houdt.

Daarom is de mens slechts de verzameling, toevallig gebeurd, van sommige materialen. Op een bepaalde dag is een mengsel van water, eiwitten, vetten, mineralen, koolhydraten, vitamines samengekomen en aanleiding geweest voor de mens. Dit gebeurde bij toeval. Als je naar jezelf in de spiegel kijkt en je beeld ziet, denk je dat je meer bent dan deze stapel stoffen, het is pure illusie.

Je bent gewoon een serie potten op de plank van een chemisch laboratorium. Op een dag schudde willekeur deze blikjes en ontving hij een kleine robot zoals jij, die denkt dat hij denkt, liefheeft en wil, maar in feite bedriegt hij zichzelf.

Het materialisme heeft historisch gezien een ongeneeslijke kloof tussen materie en psyche gecreëerd. De materialistische wetenschap heeft zich de afgelopen twee eeuwen met een sterke atheïstische connotatie gevestigd en heeft alle dominante posities van cultuur en maatschappij ingenomen.

In feite werd iedereen die geen materialistische overtuigingen beweerde uitgesloten van enige wetenschappelijke carrière.

Onder deze omstandigheden was het moeilijk voor de door Jung en Pauli bepleite theorieën om in wetenschappelijke kringen te slagen.

De waarheid is dat het materialisme een oude structuur is die kraakt onder de slagen van nieuw wetenschappelijk bewijs. Tegenwoordig zijn er vooraanstaande wetenschappers, meestal kwantumfysici, die een radicaal ander beeld van de kosmos schetsen.

Het is een realiteit die beslist georiënteerd is in een "spirituele" betekenis".

Kwantumfysica en de Bohr-Einstein diatribe.

"God dobbelt niet." (Einstein)

Er is een mysterie in de kwantumfysica, waardoor Albert Einstein de slaap verloor. Hij hield helemaal niet van sommige aspecten van de kwantumtheorie. Deze aspecten werden ondersteund door Niels Bohr en de Copenhagen School opgericht door Bohr zelf. Einstein begreep niet waarom het onmogelijk was om tegelijkertijd de positie en snelheid van een deeltje te bepalen. Hij verklaarde dat "God niet dobbelt". Hiermee bedoelde Einstein dat elk aspect van de materiële realiteit te allen tijde bekend moet zijn. Het moet te allen tijde mogelijk zijn om te weten waar een elementair deeltje is en hoe snel het beweegt.

Bovenal betwistte Einstein het echte bestaan van een mysterieus fysiek effect dat bekend staat onder de Engelse naam "entanglement".

Laten we een vereenvoudigde versie van de verstrengeling overwegen. Stel dat we een generator hebben die twee fotonen produceert. (Fotonen zijn de elementaire deeltjes waaruit licht bestaat). Het paar wordt gescheiden en de twee fotonen worden op enorme afstanden van elkaar verplaatst.

De twee fotonen zijn complementair. Vereenvoudigend zeggen we dat de ene naar rechts draait en de andere naar links.

Welnu, als we de draairichting van een van de twee fotonen omkeren, keert de andere tegelijkertijd ook de draairichting om.

Dit gebeurt zelfs als de twee fotonen naar galactische afstanden zijn verplaatst.

Dus de verandering gebeurt veel sneller dan de snelheid van het licht. Bovendien heeft de rotatiewijziging van het eerste foton op mysterieuze wijze effect op het tweede foton. Er is momenteel geen bekende energie tussen de twee.

Einstein definieerde dit experiment met de woorden "fantasmatische actie op afstand". Deze woorden zijn de geschiedenis ingegaan om de verstrengeling te definiëren.

Dit staat in contrast met de materialistische opvatting van de wereld, die deterministisch is. Volgens het determinisme moet elke gebeurtenis door een andere worden veroorzaakt. Een biljartbal (B) begint alleen te bewegen wanneer een andere bal (A) hem raakt, niet ervoor of erna. Verder hangt de beweging van de B-bal nauw samen met de kracht van de slag.

In het kwantumniveau werkt het anders. Bal B begint gelijktijdig met bal A te bewegen, dat wil zeggen voordat deze wordt geraakt. Dit gebeurt zelfs als de bal A op aarde is en de bal B op Jupiter (of het andere uiteinde van het universum). Er is dus een onbekende kracht die energie en informatie overbrengt. Deze kracht is niet de zwaartekracht.

Einstein geloofde dat het fenomeen verstrengeling alleen kon worden bereikt in de context van de klassieke fysica, dat wil zeggen op een deterministische manier. Volgens Einstein was de verklaring dat de procedure fout was. Bijgevolg waren de conclusies ook onjuist.

Ondanks de overtuiging van Einstein, bevestigden de experimenten die in de jaren tachtig werden uitgevoerd, dat de procedures nauwkeurig zijn. Er is een realiteit die volledig losgekoppeld is van de klassieke fysica. Er is een deel van het universum dat niet onderworpen is aan de regels van materialiteit. Het is de "niet-lokaliteit".

Bevestiging van de verstrengeling.

"Alles is "Een". Ook wij zijn "Een" met het "Alles"

De experimentele testen verkregen in 1982 door het Franse Alain Aspect bevestigden de realiteit van het verstrengelingsfenomeen. Als Einstein nog in leven was geweest, had hij kennis moeten nemen van het bewijsmateriaal. Twee deeltjes, verenigd door gemeenschappelijke geboorte, blijven voor altijd verenigd met een band die niet materieel is, omdat het verder gaat dan ruimte en tijd.

Een bepaalde wetenschap doet echter alsof hij deze schokkende nieuwheid van de natuurkunde negeert.

Het probleem dat de traditionele wetenschap achtervolgt, is dat verstrengeling alle wetten van de klassieke fysica verstoort, ook wel Newtoniaanse fysica genoemd.

We beschouwen enkele principes van klassieke fysica:

• De realiteit is causaal en mechanistisch: elke actie is afgeleid van een eerdere actie en produceert daaropvolgende acties.

• De snelheid van de lichtlimiet kan niet worden overschreden (300.000 kilometer per seconde).

• Elke kracht (zwaartekracht, magnetisch, etc.) neemt af als functie van de afstand.

• De pijl van tijd vestigt een rigide hiërarchie in de evolutie van elke gebeurtenis. Wat eerst gebeurt, is altijd de oorzaak van wat er daarna gebeurt. Geen enkel feit kan de oorzaak zijn van iets dat hierna zal gebeuren.

Op het niveau van elementaire deeltjes is geen van deze regels geldig. Twee of meer verwante deeltjes (verstrengeld) hebben zeer verschillende kenmerken. We vatten enkele samen:

• De snelheid van de lichtlimiet is niet langer geldig.

• Het principe dat krachten vervagen met afstand is niet langer geldig.

• Aangezien er geen tijdsverschil is tussen actie en reactie, is de pijl van tijd niet langer geldig. Het "voor" en het "na" bestaan niet meer.

• Om dezelfde reden bestaat causaliteit niet langer omdat actie en reactie gelijktijdig plaatsvinden.

Maar bovenal, een deeltje dat op astronomische afstanden is geplaatst, hoe kan het weten dat de ander bereid is te veranderen? Hoe weet en verandert het deeltje tegelijkertijd?

Welke vorm van kennis bestaat er tussen de twee deeltjes?

Je moet je een ruimte voorstellen die niet uit materie bestaat. Een ruimte die alle problemen van tijd en afstand elimineert. In feite moeten we ons een psychische ruimte voorstellen, geen materiële.

Misschien is dit dezelfde ruimte die Plato 'Wereld van ideeën' noemde en die Carl Jung later 'Collectief onbewust' noemde?

Het is een ruimte die "niet-lokaliteit" wordt genoemd omdat deze nergens kan worden geplaatst. Niet-lokaliteit is overal. Doordringt het hele universum. Elk deel van het universum is ondergedompeld in dit niveau van energie en informatie. Concluderend, de verdeling van dingen bestaat niet in het universum. Onze zintuigen tonen ons een universum verdeeld in verschillende objecten. In werkelijkheid is het universum op subatomair niveau één,.

Verstrengeling en collectief onbewust.

"In vereniging met de Kosmos."

Kwantumverstrengeling toont aan dat er een niveau van "beheer van het universum" is dat hoger is dan de wetten van het fysieke materialisme.

Het is iets dat tijd, ruimte en materie overstijgt. Maar er is nog een buitengewone implicatie: als twee afzonderlijke deeltjes zich blijven gedragen alsof ze een enkel deeltje zijn, dan is het hele universum gebonden door een kracht die het verenigt en het één maakt. In feite komt het hele universum voort uit een uniek evenement, de oerknal. Alle elementaire deeltjes van het universum zijn gecorreleerd.

Van het niet-lokale niveau, waar noch ruimte noch tijd is, stroomt alle informatie van het universum naar ons geweten in de vorm van archetypen.

Evenzo vloeien synchroniciteiten voort uit niet-lokaliteit. De synchroniciteiten genereren alle merkwaardige toevalligheden waarvan we protagonisten zijn, de voorgevoelens, de ramen openen op de ruimtes van de geest.

Op dit punt beginnen we te geloven dat de perfectie van de schepping niet de vrucht van het toeval is, maar afkomstig is van een hoger niveau.

Dit niveau gaat verder dan het concept van materialiteit en impliceert de aanwezigheid van een entiteit die het universum leidt zonder tijd- of ruimtebeperkingen.

Bestaat er een Tao, bestaat er een Geest die het universum regeert boven de wetten van de materie?

Jung theoretiseert het bestaan van een collectief onbewust, dat wil zeggen een universeel bewustzijn buiten individuen. Vanuit het collectieve onbewuste stromen de archetypen ons bewustzijn binnen. De archetypen zijn symbolische figuren. In ons bewustzijn worden archetypen omgezet in waarschuwingen, advies, stemmingen, voorgevoelens, bewustzijn.

Het is waarschijnlijk dat de onbekende kracht die de verstrengeling veroorzaakt en het collectieve onbewuste dat door Jung wordt getheoretiseerd hetzelfde zijn. De psychologie en kwantumfysica kunnen samenwerken.

De kwantumfysica staat nog maar aan het begin, maar de materialistische opvatting die wetenschappers van de laatste eeuwen hebben ondersteund, begint te wankelen.

Het millennium dat begint zal het millennium zijn dat de "verenigende formule" tussen wetenschap en geest zal vinden. De droom van Jung en Pauli zal uitkomen.

De waarnemer bepaalt het gedrag.

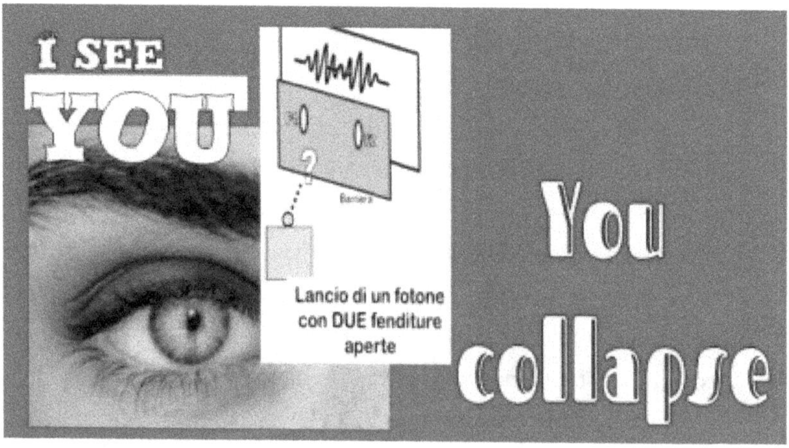

"Ik kijk naar jou, jij stort in." De rol van de waarnemer in de kwantumrealiteit. De lancering van een foton met twee open spleten.

Een van de meest verrassende fenomenen in het gedrag van elementaire deeltjes, is wat we kunnen benadrukken door het "dubbele spleet" -experiment.

Als we een foton tegen een barrière gooien die twee spleten heeft, nemen we aan dat het foton het ene of het andere moet kruisen.

Dit gebeurt niet. Het foton kruist ze allebei.

Dit is geen vergezochte verklaring. Dit fenomeen is bevestigd in honderden, zo niet duizenden experimenten en wordt universeel erkend door alle wetenschap. Dit fenomeen wordt "superpositie van staten" genoemd. Op basis van dit fenomeen kan een foton zich op twee plaatsen tegelijkertijd bevinden. De superpositie van staten is de basis van het fenomeen verstrengeling.

In feite gedraagt een foton zich niet alsof het een deeltje is, maar alsof het een golf is. Het foton verspreidt zich als een cirkel van water op het oppervlak van de vijver.

Het foton bevindt zich niet op een specifieke plaats, hij is verloren in de golf. Hij kan ook op twee plaatsen tegelijkertijd verblijven.

Als je denkt dat dit verrassend is, weet dan dat je het nog niet allemaal hebt gezien.

We geven toe dat een bijzonder kieskeurige wetenschapper besluit om helemaal op dit probleem in te gaan. Hij plaatst een controle-instrument achter een van de twee spleten om te controleren of het foton er doorheen gaat of niet.

Welnu, op dit punt passeert het foton alleen door de spleet die wordt gecontroleerd door het instrument. Er wordt gezegd dat het foton "ineenstort" in een gegeven toestand.

We kunnen concluderen dat het foton begiftigd is met intelligentie. Hij kiest ervoor om TWEE scheuren te doorlopen als je het NIET waarneemt. Omgekeerd passeert hij ÉÉN spleet als je het waarneemt.

Het meest relevante gevolg van het experiment is dit: de waarnemer kan het gedrag van het foton en van elk ander elementair deeltje bepalen. Hij kan dit eenvoudig doen door ernaar te kijken.

John Wheeler was een Amerikaanse fysicus, een charismatisch figuur in de fysica van de jaren dertig en veertig; onder zijn leiding hebben zich vele beroemde natuurkundigen gevormd, waaronder Richard Feynman. Wheeler gelooft dat de rol van de waarnemer het belangrijkste aspect van de kwantumfysica is. Hij stelt voor de term "waarnemer" te vervangen door die van "deelnemer". Drukt deze overtuiging uit in een beroemd citaat:

> "De meting verandert de toestand van het elektron. Na een meting is het universum niet meer hetzelfde. Om te beschrijven wat er is gebeurd, moeten we het oude woord "waarnemer" verwijderen en vervangen door de nieuwe

term "deelnemer". In zekere zin is het universum een participerend universum. "

Op het niveau van de elementaire deeltjes neemt de wil van de waarnemer deel aan het functioneren van de materie, hij kan het inderdaad bepalen.

Voorlopig geldt dit voor elementaire deeltjes. Misschien zullen we door daaropvolgende studies ontdekken dat bewustzijn ook kan interveniëren op de aggregatie van fotonen, op atomen, op moleculen en op hele organismen. Misschien gebeurt dit onbewust al.

Het "globale bewustzijn".

"Project "Globaal Bewustzijn." Vroegtijdige waarschuwing van het geweten van de wereld.

Verschillende wetenschappelijke experimenten hebben aangetoond dat negatieve gebeurtenissen, voordat ze zich voordoen, variaties veroorzaken in het bewustzijn van individuele mensen.

Misschien zou het als gevolg hiervan nuttig zijn om de preventieve verstoringen van grote delen van de bevolking te testen. Deze tests kunnen negatieve gebeurtenissen aangeven die hele naties of continenten of de hele planeet treffen. In eenvoudiger woorden, het zou mogelijk zijn om negatieve gebeurtenissen te voorspellen.

Iemand heeft ervoor gezorgd deze mogelijkheid op een wetenschappelijke manier te onderzoeken, met een onderzoek dat nog gaande is. Het onderzoek vindt plaats in een project dat in de jaren tachtig werd gecreëerd door professoren Robert Jahn en Brenda Dunne aan de Princeton University.

Dit project is geboren toen de verschillende experimenten ons inbeelden dat een wereldwijd collectief bewustzijn echt zou kunnen bestaan. Het is het project "Princeton Engineering Anomalies Research".

De studies bestonden uit het verifiëren van de psychokinetische effecten op kleine apparaten die willekeurige getallen kunnen genereren. In technische termen worden deze apparaten RNG (Random Number Generator) genoemd.

De cijfers kunnen even of oneven zijn. Als gevolg hiervan gebeurt er wat er gebeurt bij het omdraaien van een munt. Na een redelijk aantal gooien met munten wordt het resultaat vlak (50-50).

De wetenschappers vroegen de vrijwilligers die betrokken waren bij het experiment om de keuze van getallen mentaal te beïnvloeden. Inderdaad, de vrijwilligers wisten interessante variaties te genereren in vergelijking met de 50/50 statistiek.

Vervolgens deed zich een verrassend fenomeen voor. Hoewel geen enkele vrijwilliger probeerde RNGi-generatoren te beïnvloeden, waren de resultaten anders dan de 50/50 die de stastistica verwachtte.

Geleerden stelden zich het bestaan voor van een collectief bewustzijn dat generators kon beïnvloeden, zelfs zonder vrijwilligers.

Het staat vast dat generators binnen een bepaalde straal ook worden beïnvloed door mensen die niet direct bij het experiment betrokken zijn. Het geweten van individuen genereert een "kracht" die RNG's kan beïnvloeden.

In de daaropvolgende jaren namen vele andere instituten deel aan het project, dat de naam "Global Consciousness Project" kreeg. Een grote hoeveelheid RNG-apparatuur, meer technologisch geavanceerd, is praktisch over de hele wereld geplaatst. Tegenwoordig zijn er RNG's actief van Europa tot de VS tot Rusland en vervolgens ook in Japan, Brazilië, China, Zuid-Amerika, Australië en Afrika. Deze tools genereren honderden keren per seconde willekeurige getallen (één of nul). Voordat een nummer wordt gegenereerd, maakt het apparaat een voorspelling en controleert het vervolgens of het correct is geraden.

Bij belangrijke collectieve evenementen maken de RNG-generatoren exacte voorspellingen aanzienlijk hoger dan het gemiddelde.

Het is alsof hun normale werking werd beïnvloed door de gebeurtenissen die kort daarna zullen plaatsvinden.

In de praktijk zijn de RNG's in staat om een significante variatie te registreren in het collectieve onderbewustzijn van de gemeenschappen die binnen hun invloedssfeer liggen.

De variatie bestaat uit een groter aantal voorspellingen die zijn geraden.

Als de gebeurtenis die plaatsvindt een heel continent treft, hebben alle generatoren op dat continent dezelfde variaties. Ter bevestiging werden enkele pieken van exacte voorspellingen opgemerkt enkele uren voor de aanval op de Twin Towers in New York, op 11 september 2001.

In zijn boek "Menti interconnee" beschrijft Dean Radin, die deelneemt aan het project, het gedrag van de RNG-apparaten als volgt:

> "We hebben gemerkt dat er die dag iets ongewoons is gebeurd.
>
> Op 11 september 2001 onderging de curve van de grafiek een ongelooflijke afwijking in vergelijking met de andere onderzochte dagen.
>
> Deze curve bereikte zijn maximum ongeveer twee uur voordat het gekaapte vliegtuig neerstortte op de eerste Twin Tower in New York. Later, ongeveer 8 uur later, keerde het signaal terug naar het laagste niveau."

Normaal en paranormaal.

"Het psychische universum is nog onbekend"

De meeste mensen hebben blijkbaar ervaringen gehad met telepathie of voorkennis.

In deze gevallen spreken we van verschijnselen van intuïtie, psychische verschijnselen of parapsychologische verschijnselen. Sommigen geloven dat deze fenomenen voortkomen uit het zesde zintuig of het zevende zintuig. Anderen spreken van extrasensorische perceptie (ESP) of PSI. (afkorting van "psyche").

Voor materialisten zijn al deze fenomenen een illusie. Zelfs als het erop lijkt dat deze paranormale verschijnselen kunnen bestaan, hebben ze in feite normale verklaringen, of zijn het slechts illusies of cheats.

De ontkenning van paranormale fenomenen is de afgelopen drie eeuwen de dominante positie geweest.

Een kleine minderheid van onderzoekers bleef echter psychische verschijnselen bestuderen omdat, als ze echt waren, ze onze kennis van de geest enorm zouden uitbreiden en het domein van de wetenschap zouden uitbreiden.

Maar omdat deze ervaringen niet haaks staan op de materialistische theorie, worden ze geclassificeerd als paranormaal, wat letterlijk "boven normaal" betekent. In deze zin is het "normale" niet wat er feitelijk gebeurt, maar wat de materialisten denken.

Op dezelfde manier betekent de term "parapsychologie" "voorbij psychologie". Parapsychologie zou dus worden onderscheiden van de "normale" psychologie

Ik denk dat deze termen fout en ongelukkig zijn. Als de PSI-fenomenen bestaan, zijn ze normaal, ze zijn niet paranormaal. Ze zijn natuurlijk, ze zijn niet bovennatuurlijk. Deze fenomenen maken deel uit van de menselijke natuur en de dierlijke natuur en kunnen wetenschappelijk worden bestudeerd.

(Samenvatting van: "The illusions of science", Rupert Sheldrake
)

De buitenzintuiglijke waarnemingen in het psychische universum.

"Het zevende zintuig"

Sinds de tijd van Aristoteles is ons altijd verteld dat het menselijk lichaam vijf zintuigen heeft: zien, horen, voelen, proeven, ruiken. Deze zintuigen stellen ons in staat om fysiek te communiceren met de omringende wereld, om nuttige informatie te verkrijgen om te overleven.

In populaire wijsheid is er een andere betekenis, de zesde, die geen fysieke bemiddelaars (handen, tong, ogen, enz.) gebruikt om zijn werk te doen, maar het doet het even goed.

Dit is intuïtie. Intuïtie is die rijkdom aan kennis die we hebben opgebouwd in onze levenservaring en die vaak kan suggereren wat we kunnen vertrouwen en wat we niet kunnen vertrouwen.

Intuïtie helpt ons te begrijpen wat er wel en niet moet worden gedaan. Kortom, intuïtie helpt ons het minst mogelijke te riskeren in onzekere situaties.

Hoe groter onze ervaring, hoe meer intuïtie werkt. Intuïtie is niet buitenzintuiglijk omdat het geen onbekende en externe kennis in onze kennis introduceert. Dit gevoel herwerkt de informatie die we al bezitten.

Het zesde zintuig werkt dus rationeel op bekende gegevens.

Integendeel, het zevende zintuig werkt op een irrationele en onvoorspelbare manier gegevens en informatie uit die ons bewustzijn en onze kennis niet eens heeft geraakt.

Dat wil zeggen, het zevende zintuig laat ons kennismaken met realiteiten die vreemd zijn aan ons dagelijks leven en aan onze ervaring.

De term zevende zintuig kan sommige eigenschappen die wetenschappelijk beter bekend staan als buitenzintuiglijke waarnemingen of ESP (afkorting van Extra zintuiglijke waarneming) goed definiëren. Dit zijn onder andere:

- Voorspelling of het vermogen om de toekomst te voorspellen.
- Helderziendheid, of het vermogen om dingen visueel waar te nemen die normaal niet zichtbaar zijn.
- Telepathie, of het vermogen om met gedachten te communiceren.

Het vakgebied van buitenzintuiglijke waarnemingen wordt gewoonlijk parapsychologie genoemd.

Synchroniciteiten treden op het juiste moment op.

"Zijn er synchroniciteiten die de geschiedenis van de mens hebben veranderd?"

Alles wat in dit boek is gezegd over het voorkomen van synchroniciteiten in het leven van het individu, impliceert dat deze "met intelligentie" plaatsvinden, dat wil zeggen op het juiste moment, precies wanneer ze nodig zijn om een verandering in het leven aan te brengen.

Dit gebeurt niet alleen voor particulieren. De intelligentie van het universum predisponeert de synchroniciteiten die de hele mensheid naar hogere evolutionaire stadia kunnen leiden. In het bijzonder steunt Joseph Cambray, een Jungiaanse psychoanalyticus, het bestaan van "culturele synchroniciteiten". Een voorbeeld is de opkomst van democratie in de Griekse beschaving. Volgens Cambray vinden er "geleide" culturele sprongen plaats in de evolutie van de mensheid. Deze sprongen treden op "op het juiste moment".

Een ander voorbeeld van 'juiste tijd' is duidelijk als we de stadia van de menselijke evolutie evalueren. De tijdperken van de mens kunnen worden onderverdeeld in steentijd, kopertijd, bronstijd en ijzertijd. Door dit te verklaren, hebben we niet de perceptie van hun duur. In feite begon het stenen tijdperk 3-4 miljoen jaar geleden, en pas 6000 jaar geleden ging het over naar het tijdperk van koper: 5000 jaar geleden naar de bronstijd en 3000 jaar geleden naar de ijzertijd.

Het stenen tijdperk is immens langer geweest dan de volgende eeuwen. Waarom is de mens zo lang in zijn primitieve tijdperk gebleven, meer dan drie miljoen jaar, voordat hij de eerste evolutionaire overgang naar het tijdperk van koper maakte? Het is een vraag die de moderne paleontologie niet kan beantwoorden.

We riskeren een hypothese. Gedurende die zeer lange periode waren mannen niet van plan zich te ontwikkelen.

Misschien dachten die mannen niet aan de mogelijkheid om te evolueren omdat ze nog geen geweten hadden dat in staat was om bedoelingen uit te drukken.

Op een gegeven moment slaagden het toegenomen aantal en enkele gunstige omstandigheden erin een veld van psychische kracht te activeren dat voldoende was om te interageren met het archetype van culturele ontwikkeling. Vanaf dat moment ging de evolutie heel snel, van het tijdperk van koper naar dat van brons en vervolgens naar dat van ijzer.

Vandaag leven we het tijdperk van silicium, dat is het informatietijdperk. Vandaag hebben we de communicatie-instrumenten om snel nieuwe ideeën te verspreiden, die in staat zijn om kracht- en verwachtingsvelden te genereren met betrekking tot de nieuwe grenzen van kennis. De velden van psychische kracht die vandaag worden gegenereerd, kunnen het evolutionaire pad van de mensheid binnen enkele decennia verspreiden, en niet langer in miljoenen jaren, veranderen en veranderen.

De tijd waarin we leven is zeker de juiste tijd, zodat nieuwe ideeën, gerelateerd aan de vooruitgang van de kwantumfysica, zichzelf kunnen doen gelden en alle overtuigingen over de realiteit van het universum kunnen verstoren.

In feite voorspelt verstrengeling een realiteit die niet langer alleen uit materie bestaat, maar uit materie en psyche.

Verstrengeling herevalueert en actualiseert alle intuïties die de mensheid al millennia lang als waar heeft ervaren, maar het heeft ze nooit kunnen bewijzen. Verstrengeling begint echt en overtuigend bewijs te leveren.

Een netwerk van 'verdedigers' van deze nieuwe wetenschap wordt in de wereld geboren. Het is een netwerk dat in staat is een veld van psychische kracht te genereren dat het elke dag meer en meer versterkt. De verstrengeling heeft zich in een paar jaar ontwikkeld door een ongelooflijke reeks synchroniciteit.

De grote synchroniciteit die we ervaren.

"Dit is het juiste moment."

In mijn boek "Quantumverstrengeling en synchroniciteit" heb ik erop gewezen dat de menselijke evolutie niet op een lineaire manier plaatsvindt, zoals voorgesteld door darwinisten. Wetenschappelijke studies tonen aan dat soorten lang stabiel blijven. Dan, plotseling, varieert de soort in korte periodes.

Het kan inderdaad niet worden ontkend dat de man in het stenen tijdperk bijna vier miljoen jaar stil bleef staan. In de afgelopen 12.000 jaar is het met ongelooflijke snelheid geëvolueerd.

De man, die de stenen voor 99,99% van zijn bestaan hanteerde, is in de laatste 0,1% in staat om op de maan te landen.

Waarom is dit gebeurd? Het antwoord is dat alles op het juiste moment gebeurt.

Vroeg of laat zijn de externe objectieve omstandigheden gunstig voor de verandering.

Het juiste moment manifesteert zich in een reeks synchroniciteiten die de individuele ontvanger, of een hele gemeenschap, stimuleren om aan het avontuur van verandering te beginnen.

We ervaren momenteel een van deze momenten. We gaan van een materialistische beschaving naar een nieuwe beschaving. In deze nieuwe beschaving, materie en psyche, werken lichaam en geest met gelijke waardigheid. We zullen nieuwe wetten van het universum ontdekken. De algoritmen van de nieuwe wetten zullen gebaseerd zijn op de werking van materie verweven met de werking van de geest.

Een ongelooflijke reeks synchroniciteit leidt ons naar dit doel. We zijn op weg naar een evolutionair stadium van de geest dat niets onveranderd zal laten. Als de mensheid de moed heeft om deze sprong te maken, zal niets ooit meer hetzelfde zijn.

We reizen waarschijnlijk met grote snelheid naar het "Omega Point".

Deze term, bedacht door de Franse jezuïetenwetenschapper Pierre Teilhard de Chardin, geeft het hoogste niveau van complexiteit en bewustzijn aan. De intelligentie van de kosmos leidt de mensheid naar het Omega-punt. Het is een niveau waarop er een totale samenwerking zal zijn tussen materie en psyche.

Eigenaardigheden van de kwantumfysica.

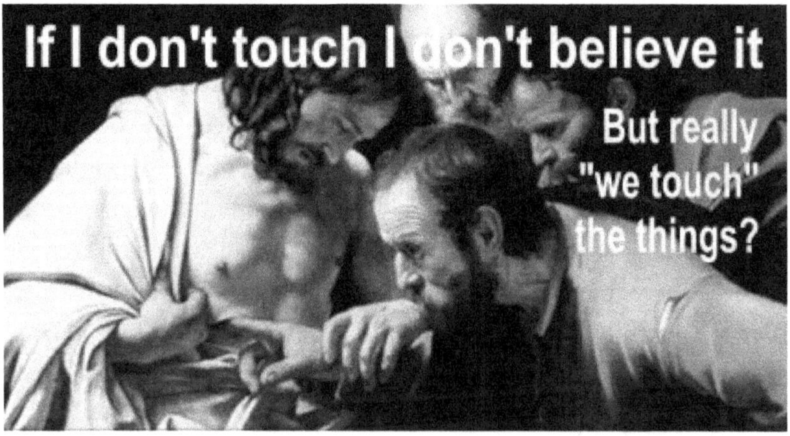

Als ik het niet aanraak, geloof ik het niet. Kwantumfysica en het bedrog van de zintuigen.

"Als ik het niet aanraak, geloof ik het niet. Maar "raken" we dingen echt aan?"

We vertrouwen allemaal onze aanraking volledig, tot het punt dat een van de meest voorkomende idiomen is: "Als ik niet aanraak, geloof ik het niet."

Inderdaad, al onze levenservaring vindt plaats op het zogenaamde macroscopische niveau, dat wil zeggen, het niveau dat is gebouwd om onze zintuigen te meten.

Het tegenovergestelde kan ook waar zijn: onze zintuigen zijn op maat gemaakt om ons in een realiteit te laten leven die lijkt op wat ons lijkt.

Op macroscopisch niveau stroomt de tijd slechts in één richting, dat is "vooruit", en kan met precisie worden gemeten: we weten hoe we het in "delen van tijd" moeten verdelen. Deze delen noemen we seconden, minuten, uren, maar ook eeuwen of millennia. Alle objecten hebben een meetbare grootte en een even meetbare massa of gewicht. Dit is waar volgens de klassieke fysica. De term "klassieke fysica" betekent de wetenschappelijke methode die werd ontwikkeld vanaf de 17e eeuw. Vanaf dat moment begon een fase van diepgaand natuuronderzoek, uitgevoerd door beroemde wetenschappers zoals Galileo Galilei, Isaac Newton en Wilhelm von Leibniz.

Om deze reden is het mogelijk om alle theorieën die vóór de 20e eeuw zijn geformuleerd als klassieke natuurkunde te classificeren. Sommige theorieën die rond 1900 zijn geboren, kunnen worden beschouwd als onderdeel van dezelfde fysica. Daarom maken de theorieën over mechanica inclusief akoestiek, over thermodynamica, over elektromagnetisme inclusief optica, Newtoniaanse zwaartekracht en de speciale relativiteit van Einstein deel uit van de klassieke natuurkunde.

De relativiteit houdt zich echter bezig met de macrokosmos op kosmisch niveau, dat wil zeggen in de dimensies die extreem superieur zijn aan die welke voor ons gebruikelijk zijn. Op dit niveau wankelen veel zekerheden. Ruimte en tijd zijn niet langer absolute maar relatieve waarden. Dat wil zeggen, ze veranderen als functie van de snelheid en in relatie tot de positie van de persoon die de meting uitvoert. Tijd kan langer of korter worden, massa kan toenemen of afnemen. Het voorbeeld van de tweeling is van toepassing: de een blijft op aarde, de ander vertrekt voor een reis naar de ruimte met bijna de snelheid van het licht. Bij zijn terugkeer zal de tweede veel jonger zijn dan de eerste, omdat de tijd anders voor hem zal zijn verstreken.

Maar wat gebeurt er op ons dagelijkse niveau, waar de tweede tweeling met de trein zou kunnen reizen? Er gebeurt precies hetzelfde. Maar de snelheid van de trein is bijna oneindig minder dan die van het licht, dus niemand zal ooit merken dat de tweede tweeling een paar miljardste van een miljardste van een seconde jonger is.

Kwantumrealiteit.

Vanaf de eerste decennia van de jaren 1900 verschenen Max Plancks eerste werken gebaseerd op de kwantumhypothese. De kwantumfysica ontmantelt veel dogma's van de klassieke natuurkunde volledig. Op kwantumniveau zijn er geen zekerheden, maar waarschijnlijkheden. Een deeltje "bestaat" niet in een bepaalde positie, zoals onze logica ons zou doen geloven, maar het is verspreid in een reeks mogelijke posities, waarvan geen enkele een bepaalde aanwezigheid is. Alle waarschijnlijke posities "storten" alleen in tot een meetbare positie wanneer dat deeltje wordt "bekeken", dat wil zeggen, wanneer een waarnemer het probeert te meten.

Daarom is het kwantumniveau een niveau zonder zekerheid. Dus wat gebeurt er met onze zekerheid over wat we aanraken?

Een jammerlijk einde. In feite 'geloven' we dat we iets aanraken. In werkelijkheid raken we niets aan.

Een blik op de structuur van atomen.

Alle vormen van materie waarmee we dagelijks te maken hebben, kunnen worden gewogen en gemeten. Veel materialen kunnen worden aangeraakt, uitzonderingen daargelaten. Het is bijvoorbeeld niet raadzaam om vuur aan te raken, of in contact te komen met vergiften of andere schadelijke stoffen.

Maar alle materie bestaat uit atomen. Ons lichaam en onze handen zijn ook gemaakt van atomen.

Het atoom werd lange tijd beschouwd als het kleinste deel waarin materie kan worden verdeeld. Tegenwoordig weten we dat het atoom een complexe structuur is.

Het atoom is samengesteld uit een kern en een reeks bloedlichaampjes die eromheen draaien, de zogenaamde elektronen. Vrijwel alle massa van het atoom bevindt zich in de kern. De grootte van een atoom wordt gemeten door de baan van zijn buitenste elektron te beschouwen: dat wil zeggen, de grens van het atoom bestaat uit die baan. Alles dat door die baan wordt omschreven, vertegenwoordigt de grootte van het atoom. Welnu, de hoeveelheid materie in die baan is bijna nul. Als het atoom zo groot zou zijn als een voetbalveld, zou de kern in het midden vergelijkbaar zijn met een boon en zouden de elektronen hoogstens enkele tientallen zwevende stofkorrels zijn. Al het andere ... een immense lege ruimte ".

De fundamentele interacties van het atoom. De sterke elektronucleaire interactie.

Toch houdt het hele systeem zichzelf in stand, alsof het een klein zonnestelsel is. De elektronen roteren in precieze banen in een spel van aantrekking-afstoting. We weten heel goed dat tegengestelde ladingen elkaar aantrekken en gelijke ladingen elkaar afstoten.

De kern, bestaande uit positief geladen protonen en ongeladen neutronen, heeft een volledig positieve lading. Dus waarom stoten niet alle protonen elkaar af, maar blijven ze stevig in de kern? Waarom "ontploft" de kern niet?

Het antwoord ligt in een van de vier fundamentele krachten van het universum, de "sterke nucleaire interactie". Deze kracht werkt alleen op atomair niveau. Het heeft een eigenschap genaamd "kleurlading", waarmee het de quarks bijeenhoudt, dat wil zeggen de elementaire bestanddelen van protonen en neutronen. Evenzo houdt deze kracht de protonen bij elkaar in de kern. Hoewel het in een extreem kleine dimensie werkt, is dit de meest intense kracht die tot nu toe bekend is. In feite is het normaal gesproken niet mogelijk om een enkele quark te isoleren en te scheiden van een proton. Dit verklaart de enorme energie die nodig is in deeltjesversnellers.

Kwantumeffecten op de stabiliteit van elektronen..

De elektronen hebben, in tegenstelling tot het atoom, een negatieve lading. Op basis van het principe dat tegengestelde krachten elkaar aantrekken, kunnen we ons afvragen waarom elektronen rond de kern draaien zonder erin te vallen.

Hier is de verklaring complexer en komt de kwantummechanica in het spel. Een belangrijke regel is dat gebonden systemen (d.w.z. systemen die zijn samengesteld uit twee of meer deeltjes die niet voorbij een bepaalde limiet kunnen bewegen) alleen kunnen bestaan voor discrete energiewaarden. Het betekent dat ze hoeveelheden energie kunnen bevatten die in "quanta" kunnen worden gemeten. Nu weten we dat het kwantum een "discrete" waarde is, en dit betekent dat een elektron één, twee of drie quanta aan energie kan hebben, maar het kan nooit anderhalve kwantum hebben, omdat het kwantum niet deelbaar is.

Dat gezegd hebbende, komt het onzekerheidsprincipe van Heisenberg om de hoek kijken: "het is niet mogelijk om tegelijkertijd de positie en snelheid van een deeltje met absolute precisie te bepalen".

Dus wat zou er gebeuren met een deeltje dat in de kern valt? Het zou een bewegingloos deeltje worden. Op dat moment zou het mogelijk zijn om met absolute precisie zijn positie en zijn snelheid te bepalen, die gelijk zou zijn aan nul. Maar Heisenberg zegt (terecht) dat dat niet kan! Het gevolg is dat... het deeltje niet kan stoppen, niet in de kern kan vallen: het is gedoemd te bewegen. In de praktijk kan de grondtoestand van een elektron (d.w.z. degene met de laagste energie) niet overeenkomen met een toestand van een stationair deeltje, anders zou het onzekerheidsprincipe worden geschonden. Dus dankzij Heisenberg en de kwantumfysica (maar vooral dankzij "wie" wilde dat het universum zo werkte) vallen elektronen niet in de kern, en we kunnen hier blijven praten.

Maar het belangrijkste is dat de elektronen niet met elkaar in botsing komen. De reden hiervoor is eenvoudiger: met een negatieve lading stoten ze elkaar van nature af omdat dit gebeurt met twee elementen met gelijke lading.

Elektronen stoten elkaar af.

Het feit dat elektronen elkaar afstoten heeft veel positieve gevolgen. De eerste is dat het atoom zijn fundamentele structuur behoudt en "niet opstapelt". De tweede, belangrijker, is dat de atomen niet op elkaar stapelen: de elektronen verwerpen niet alleen de "broers" binnen hetzelfde atoom, maar verwerpen ook de "vreemde" elektronen die tot de omringende atomen behoren.

Maar denk er eens over na: wanneer onze hand, gemaakt van atomen, iets nadert, bijvoorbeeld een lekker broodje ham, ook gemaakt van atomen, lijkt het je dat de atomen van het broodje kunnen worden "aangeraakt" door atomen van onze hand ?

Nee, de hand en de boterham raken elkaar helemaal niet. Voor ons "lijkt" het dat ze elkaar raken.

In feite zullen we nooit in staat zijn om iets aan te raken, zelfs als we denken dat we dat kunnen.

Waarom voelen we iets "vasts" onder de vingers?

Dus waarom voelen we pijn wanneer onze pink de rand van een meubel raakt? Waarom hebben we het koud als de noordenwind (gemaakt van atomen) om ons heen stroomt maar ons niet raakt? Waarom verbranden we als we onze hand dicht bij een vlam (gemaakt van atomen) houden?

Op atomair niveau is er een onmetelijke afstand tussen de huid en de wind, de hand en het vuur. Hier komt echter sensorische verwerking op hersenniveau om de hoek kijken.

Uiteindelijk stellen we ons voor dat de sensaties die door aanraking naar onze hersenen worden overgebracht, te wijten zijn aan de aantrekkingskracht voor het object dat we aanraken. In feite zijn ze te wijten aan afstoting.

Alle informatie die we over de wereld krijgen, komt uit ons sensorische systeem volgens een driestappenmodel: invoer, verwerking en uitvoer. Sensorische verwerking verwijst naar de manier waarop het zenuwstelsel sensorische input ontvangt, interpreteert en erop reageert.

De hersenen geven ons de indruk het vuur te hebben "aangeraakt". In werkelijkheid werkte het vuur op onze huid, maar de atomen kwamen niet fysiek in contact met de atomen waaruit onze hand bestaat.

Op neurologisch niveau kunnen we zeggen dat ons lichaam praktisch besprenkeld is met sensorische receptoren, dat wil zeggen met zenuwcellen die informatie van de externe omgeving verwerven en doorgeven aan de hersenen. De hersenen ontvangen informatie, verwerken deze en reageren op de meest geschikte manier. Het is duidelijk dat een vuilvlekje of een crème die op het lichaam is uitgesmeerd, zich door chemische bindingen hecht. In werkelijkheid dringen de atomen van deze stoffen ons lichaam binnen en verspreiden ze zich, maar ze behouden hun integriteit.

De eigenaardigheden van de kwantumsprong.

"De eigenaardigheden van de kwantumsprong".

Continuïteit.

We kunnen uitgaan van een fysiek concept dat "continuïteit" wordt genoemd. Continuïteit gaat ervan uit dat alle gebeurtenissen plaatsvinden in een "vloeiende" beweging langs de pijl van de tijd. Als we de baan van een door de boog afgeschoten pijl tussen twee opeenvolgende momenten onderzoeken, kunnen we vaststellen dat op moment A de pijl zich in punt T1 bevond, terwijl op moment B de pijl zich in punt T2 bevindt. Natuurlijk kunnen we de tijd tussen T1 en T2 in tweeën delen, zodat op een gegeven moment de pijl tussen de punten T1a en T1b staat.

Maar als we de tijd tussen T1a en T1b in twee delen, dan zal op een gegeven moment de pijl tussen punt T1aa en T1ab staan. En zo verder, eindeloos. De pijl beweegt continu in de tijd. Het neemt op elk moment een precieze positie in. Het is duidelijk dat op deze manier de tijd oneindig kan worden verdeeld, en de pijl zal een oneindig aantal posities innemen, dat wil zeggen ... hij zal het doel nooit bereiken. (Dit is de paradox van Zeno).

Max Planck en de quanta.

De wetenschapper Max Planck (Nobelprijs voor Natuurkunde 1918) kon sommige van zijn specifieke berekeningen niet doorgronden, omdat de resultaten onvoorspelbaar waren omdat hij het begrip oneindigheid moest introduceren. Om een poging te wagen, voor een van die mysterieuze intuïties, probeerde hij zich voor te stellen dat de tijd niet continu was, maar "georganiseerd in pakketten". Dat wil zeggen, hij stelde zich voor dat de tijd niet continu stroomde, maar in "sprongen". Planck ontdekte dat de resultaten daardoor consistent werden. Zonder het te weten, en zonder het te geloven, had hij het kwantum ontdekt: het kwantum is in feite de minimale hoeveelheid tijd, dat wil zeggen de duur van een "pakket van tijd".

Zonder medeweten van Planck, werd de kwantumfysica op deze manier geboren. De naam heeft een heel duidelijke betekenis: het is een fysica die niet gebaseerd is op een tijd die continu stroomt, maar op een tijd die stroomt "met opeenvolgende sprongen", waarin "quanta van tijd" de een na de ander volgen.

Het grote probleem was: tussen hoeveel en de volgende, wat gebeurt er? Is er "tijd" tussen het ene kwantum van tijd en het volgende?

De quanta en het atoom.

Het probleem werd duidelijk toen we het gedrag van het atoom in zijn intieme structuur begonnen te bestuderen. Volgens een klassieke voorstelling, ontwikkeld door Niels Bohr, kan het atoom worden voorgesteld als een klein zonnestelsel, samengesteld uit een centrale kern (de zon) en een bepaald aantal elektronen die eromheen draaien (de planeten).

Het zonnestelsel kan bestaan dankzij de zwaartekracht die de planeten dwingt om op vooraf bepaalde banen te draaien. De intensiteit van de zwaartekracht die Mercurius aan de zon bindt is erg sterk, maar de zwaartekracht die de aarde aantrekt is zeker sterker, omdat de aarde verder weg is dan Mercurius. Volgens dit criterium is de intensiteit die nodig is om Pluto verbonden te houden veel groter.

Evenzo zijn er aantrekkende en afstotende krachten die elektronen binden aan hun banen rond de kern. Elektronen zijn verbonden door variabele "energiequanta". Laten we ons een atoom voorstellen met drie elektronen. Degene die zich het dichtst bij de kern bevindt, heeft bijvoorbeeld een hoeveelheid energie nodig. De een wat verder weg heeft twee quanta nodig. De verste heeft drie quanta van energie om in een baan rond de kern te blijven.

Om redenen die alleen zij weten, hebben elektronen een ongedisciplineerd gedrag en hebben ze de neiging om van een externe naar een interne baan te springen. Laten we ons voorstellen dat het derde elektron een "kwantumsprong" maakt en zichzelf in baan 2 gaat plaatsen, meer intern.

Op dat moment ontstaat er een probleem: in baan 3 had het derde elektron drie quanta energie nodig. Wanneer het op baan 2 wordt geplaatst, zijn er maar twee nodig. Als het elektron drie quanta energie zou behouden, zou het zelfs de harmonie van het systeem schaden.

Dus wat gebeurt er? Het komt voor dat het elektron een kwantum energie "geeft" en alleen de twee quanta behoudt die het nodig heeft. En wat gebeurt er met de hoeveelheid verloren energie? Het "transformeert" en wordt een "foton" dat een lichtgevend deeltje is.

We kunnen zien dat in de eerste verstrengelingsexperimenten de manier om de twee fotonen te verkrijgen die in het experiment moesten worden gebruikt, precies dat was: dubbele kwantumsprongen werden geïnduceerd in een atoom.

De kwantumsprong.

Laten we ons nu concentreren op een elektron dat van baan drie naar baan twee springt. Als het heelal continu zou werken (zoals de pijl in het voorbeeld) zouden we het hele traject van de sprong moeten kunnen volgen: elektron op baan 3, elektron in verschillende posities tussen baan 3 en 2, elektron op baan baan 2.

Zo gebeurt het niet. Het elektron bevindt zich in baan 3 en dan direct in baan 2, zonder enige tijd en tussenruimte te kruisen. In de kwantumwereld is er geen tussentijd, waarin het elektron zich halverwege tussen de ene plaats en de andere bevindt. Dat wil zeggen, quanta zijn niet deelbaar.

Hoe is het mogelijk?

Eerst moeten we de voorstelling van het atoom als een klein zonnestelsel opgeven. Het atoom is gemaakt van deeltjes die geen "ballen" of bloedlichaampjes zijn, maar golven, trillingen. Het atoom is een trillende en ziedende wirwar van voortdurend roerende trillingen. Het elektron bevindt zich niet precies op één plaats, maar neemt in zijn golfvorm alle mogelijke posities langs de golf in. Er wordt gezegd dat het elektron zich in een staat van superpositie bevindt: het wordt tegelijkertijd op veel verschillende plaatsen gevonden, wat kan worden beschreven door een wiskundig concept dat 'golffunctie' wordt genoemd. De gebeurtenis die het elektron van de ene baan naar de andere verplaatst, is een "quantuminstorting". Een gebeurtenis, vergelijkbaar met een waarneming, zorgt ervoor dat het elektron in een enkele positie instort. Het effect van de ineenstorting is dat het elektron niet langer als golffunctie verschijnt, maar als deeltje. Alle mogelijke posities richten zich op één. Deze "instorting" voorziet niet in middensituaties: het elektron stort in op een bepaalde baan vanuit de talloze posities die door zijn golffunctie worden verschaft. Het was potentieel al aanwezig in alle banen.

Het universum begrijpen met twee knoppen.

"Twee knoppen om het universum te begrijpen. Continue of discrete realiteit?"

Al tijdens de twee beroemde Solvay Physics Congressen van 1911 en 1913 werd de behoefte aan een nieuwe constante gerealiseerd, die berekeningen mogelijk zou maken die anders onmogelijk zouden zijn. Vandaar dat een van de meest verrassende ontdekkingen met betrekking tot de komst van de kwantumfysica werd geboren:

het universum werkt precies in "tijdpakketten". Energie stroomt niet op een "continue" manier, maar op een discrete manier. Welnu, Aristoteles had het goed:

> "Een eindige afstand kan niet in oneindige breuken worden verdeeld, zoals Zeno stelt, omdat ze alleen in mentale overweging oneindig is. Die afstand is in de praktijk opgebouwd uit eindige delen en kan worden overbrugd."

Continu of discreet, waar hebben we het over?

Allereerst is het goed om de betekenis van de twee begrippen "continu" en "discreet" te illustreren. De twee knoppen geven dit duidelijk weer. Stel je voor dat het twee knoppen in onze keuken zijn. De knop aan de linkerkant kan met een continue beweging worden gedraaid, dit betekent dat de energie in elke waarde tussen het begin en het einde van de slag van de knop aan de kachel kan worden geleverd. Die rechtse daarentegen werkt klikkend: dit betekent dat de energie alleen geleverd kan worden op basis van enkele vooraf door de fabrikant vastgestelde waarden. In de knop aan de rechterkant kunnen de waarden discreet worden afgegeven, dwz vaste stappen van 5 zijn mogelijk. Daarom kunt u tussen 40 en 60 alleen energie leveren in de hoeveelheid 40, 45, 50, 55 of 60. Met de andere knop aan de linkerkant, in plaats daarvan levert u mogelijk continu energie. Het betekent dat je elke waarde kunt leveren, bijvoorbeeld 40, 41 of 42. Je kunt natuurlijk ook elke waarde tussen 40 en 41 leveren, bijvoorbeeld 40.01, 40.02, enz.

Als het niveau van mechanische precisie van de dispenser het toelaat, zou u ook waarden tussen 40.01 en 40.02 kunnen leveren. Dat wil zeggen, als de mechanica het toelaat, zou je elke hoeveelheid energie kunnen leveren, waardoor de rotatieruimte van de knop tot in het oneindige wordt verdeeld.

Achilles en de schildpad.

De filosofen uit de oudheid kenden deze concepten. Zeno van Elea is een Griekse filosoof die leefde in de 5e eeuw voor Christus.

Zeno stelde zich een continue werkelijkheid voor, waarin de tijd ook continu stroomde en werkte op basis hiervan de zogenaamde paradox van “Achilles en de schildpad” uit.

Achilles daagt een schildpad uit om te rennen. Hij weet dat ze veel sneller is dan de schildpad, dus geeft hij haar een voorsprong van tien meter, in de veronderstelling dat hij haar binnen de kortste keren kan inhalen en inhalen. Desondanks bewijst Zeno dat Achilles de schildpad nooit zal kunnen bereiken of overwinnen. De Argentijnse schrijver Jorge Luis Borges geeft een van de bekendste beschrijvingen van deze paradox:

> «Achilles, symbool van snelheid, moet de schildpad bereiken, symbool van traagheid. Achilles loopt tien keer sneller dan de schildpad en geeft hem tien meter voorsprong. Achilles loopt die tien meter en de schildpad loopt een meter; Achilles legt die meter af, de schildpad legt een decimeter af; Achilles reist die decimeter, de schildpad een centimeter; Achilles reist die centimeter, de schildpad reist een millimeter; Achilles reist die millimeter, de schildpad reist een tiende van een millimeter, enzovoort tot in het oneindige; zodat Achilles eeuwig kan rennen zonder haar te bereiken ».

Een andere Griekse filosoof, Aristoteles, geeft een "metafysische" verklaring van de paradox. Aristoteles geeft toe dat tijd en ruimte potentieel oneindig deelbaar zouden zijn, maar in de praktijk zijn ze dat niet. Een eindige afstand, die volgens Zeno niet kan worden afgelegd omdat hij in oneindige fracties kan worden verdeeld, is in mentale overweging oneindig, maar in de praktijk bestaat hij uit eindige delen en kan worden afgelegd.

Wat is de realiteit?

In feite lijkt de uitleg van Aristoteles sterk op het klimmen op spiegels en laat een beetje bitterheid in de mond achter, een gevoel van onvolledigheid.

Wat als Zeno gelijk heeft? Zeno zou zeker gelijk hebben als het universum continu zou werken. In werkelijkheid zijn we er allemaal van overtuigd dat het universum zo werkt. In onze dagelijkse ervaring lijken alle dingen continu te werken. Terwijl we met onze auto rijden, weten we dat door meer of minder gas te geven, de auto min of meer snel beweegt. We zijn ervan overtuigd dat als het pedaal oneindig gevoelig zou zijn, we de snelheid op een vergelijkbare manier zouden kunnen variëren. We kunnen ons niet voorstellen dat onze auto alleen maar met 40, 45 of 50 km/uur verder kan: het zou een heel merkwaardige manier zijn om verder te gaan!

Maar zijn we er echt van overtuigd dat onze auto niet beweegt met subtiele opeenvolgende klikken?

Als we zeggen dat "de zon ons baadt", stellen we ons voor dat de stralen ervan continu op ons lichaam stromen, vergelijkbaar met water. We kunnen ons niet voorstellen dat het licht en de hitte ons als hagel raken.

Onze zintuigen vertellen ons dat de zon ons "baadt" als water. Ja, onze zintuigen. Wat als onze zintuigen ons bedriegen?

Het universum werkt "in opeenvolgende stappen".

Een van de meest verrassende ontdekkingen met betrekking tot de komst van de kwantumfysica is dat het universum alleen in schokken werkt. Energie stroomt niet continu, maar discreet. Welnu, Aristoteles had het goed:

> "Een eindige afstand is niet deelbaar in oneindige breuken, omdat het alleen in mentale overweging oneindig is. In de praktijk bestaat die afstand uit eindige delen en kan worden afgelegd".

Al tijdens de twee beroemde Solvay Physics Congressen van 1911 en 1913 werd de behoefte aan een nieuwe constante gerealiseerd, die berekeningen mogelijk zou maken die anders onmogelijk zouden zijn. Door deze constante in de berekeningen op te nemen, konden alle onopgeloste modellen worden herleid tot een unitaire verklaring. De constante is vernoemd naar de wetenschapper die hem voor het eerst in zijn berekeningen introduceerde, Max Planck.

Planck gebruikte deze constante zonder de ware betekenis ervan te begrijpen, hij deed dit alleen omdat deze constante zijn formule over de emissie van elektromagnetische straling door donkere lichamen aannemelijk maakte.

De constante van Planck gaat ervan uit dat de energie die in het heelal aanwezig is niet "vloeibaar", maar "korrelig" is. Elke korrel is (momenteel) niet verder deelbaar. De hoeveelheid energie die in een korrel aanwezig is, wordt het "kwantum van energie" genoemd. In feite bestaan de "korrels" niet, ze zijn slechts een definitie van gemak. Er zijn quanta van energie. De fysica die de werking van het heelal bestudeert op het niveau van energiekwanta wordt kwantumfysica genoemd.

Aangezien materie en energie uitwisselbaar zijn, is het hele universum volgens de bekende Einstein-formule $e = mc^2$ "korrelig", dat wil zeggen gekwantiseerd.

We merken het niet omdat de waarde van een energiekwantum extreem laag is. De Planck-tijd wordt geschat op $5{,}39 \times 10^{-44}$ seconden en de Planck-lengte wordt geschat op $1{,}62 \times 10^{-35}$ meter.

Verschillende niveaus van realiteit.

Het bovenstaande, samen met alle belangrijke ontdekkingen van de moderne natuurkunde, zoals de relativiteitstheorie en de kwantumtheorie, laten zien dat wat we 'realiteit' noemen, slechts een zeer gedeeltelijke visie is op de ware realiteit. In de praktijk is de werkelijkheid voor ons niet wat werkelijk bestaat, maar wat onze zintuigen ons laten waarnemen.

Als we de realiteit die door onze zintuigen wordt waargenomen definiëren als 'macroscopische realiteit', moeten we erkennen dat er andere niveaus van realiteit zijn die we niet waarnemen, maar waarin we zijn ondergedompeld. De relativistische realiteit manifesteert zich in zeer grote dimensies, en het is een realiteit waar tijd en ruimte elastisch zijn. Quantumrealiteit is een realiteit waarin niets meer zeker is, maar alles slechts probabilistisch is. Op kwantumniveau bestaat materie zoals we die kennen niet meer, er zijn alleen energetische trillingen (dit geldt ook voor ons lichaam). Ten slotte opent de kwantumfysica een horizon op een puur niet-materieel niveau, dat niet-lokaliteit wordt genoemd. Er is hier geen tijd of ruimte, het universum wordt "unus mundus", een enkel ding waarin alles op elkaar inwerkt als in een grote globale geest.

Richard Wheeler en niet-lokaliteit.

"Richard Wheeler en niet-lokaliteit. Het kwantumbiljart waar de ballen aankomen voordat ze vertrekken."

Kwantumverschijnselen treden op in een 'ruimte' die niet-lokaliteit wordt genoemd, dat wil zeggen een ruimte die geen plaats of tijd heeft. In niet-lokaliteit zijn er geen voor en na, boven of onder, hier en daar. De fysieke grenzen van het Newtoniaanse universum bestaan niet meer. Niet-lokale is waar je kunt aankomen voordat je vertrekt, je kunt nat voelen voordat het regent.

De "quantum non-locality" is waar je kunt aankomen voordat je vertrekt.

Stel je een situatie voor. U wordt op een kruispunt in uw auto gestopt. Op een gegeven moment krijg je een duw die je sterk naar voren duwt. Je manoeuvreert de auto een paar blokken rond, totdat je terugkeert naar het startpunt. Op dat moment sta je daar op de kruising en geef je jezelf het duwtje dat net daarvoor je auto startte.

Begreep je niet wie je duwde? Simpel, je duwde jezelf, alleen. Door het duwtje nam je een pad dat je terug bracht naar het punt waar je jezelf het duwtje kon geven.

Moeilijk te begrijpen. Het zal je waarschijnlijk nooit overkomen. We weten dat tijd bestaat en alleen voorwaarts stroomt: daarom zul je nooit in staat zijn om terug te gaan in de tijd om je het eerste zetje te geven.

Toch is aangetoond dat dit op kwantumniveau mogelijk is. Een deeltje kan worden geduwd en verplaatst. Nadat ze een bepaald pad heeft gemaakt, kan ze teruggaan in ruimte en tijd om zichzelf het zetje te geven waardoor ze aan het pad is begonnen.

Stel je een elementair deeltje voor alsof het een biljartbal is. We zouden superballen hebben die snel genoeg zijn om de tijdbarrière te passeren.

De niet-lokaliteit.

Inderdaad, kwantumverschijnselen treden op in een ruimte die niet-lokaliteit wordt genoemd, dat wil zeggen een ruimte die plaats noch tijd heeft. Als we bedenken dat in niet-lokaliteit tijd niet bestaat, wordt het gemakkelijk te begrijpen dat het in niet-lokaliteit niet bestaat voor en na, boven of onder, hier en daar. De fysieke grenzen van het Newtoniaanse universum bestaan niet meer.

Zo kunnen we ons non-lokaliteit voorstellen als een PSYCHISCHE, niet als een FYSIEKE plek. Op het subatomaire niveau van elementaire deeltjes worden psychische verschijnselen die de materialistische wetenschap altijd fel heeft ontkend aannemelijk. Bijvoorbeeld het voorgevoel van de toekomst. Als een deeltje kan reizen en terug kan gaan om zichzelf de duw te geven waarmee het is begonnen, waar zijn dan de voor en na? Welke moeilijkheden zullen er zijn om EERST te weten wat VOLGENDE zal gebeuren?

Ondenkbaar maar mogelijk.

De inversie van de BEFORE met de AFTER is mogelijk in het domein van elementaire deeltjes. Dit wordt aangetoond door een experiment van kwantumfysicus John Wheeler, genaamd het "Delayed Choice Experiment".

Ik haal uit Wikipedia:

> "Wheeler's uitgestelde keuze-experiment is een reeks gedachte-experimenten die conceptueel zijn gebaseerd op een herwerking van het experiment met twee spleten. Sommige van deze experimenten werden daadwerkelijk uitgevoerd in 1978 en 1984.
>
> Deze experimenten proberen vast te stellen of de fotonen op de een of andere manier in staat zijn om het experimentele apparaat dat in de loop van het dubbelspletenexperiment wordt gebruikt, te "waarnemen", in een toestand die consistent is met het apparaat zelf, of dat hun configuratie die is van een permanente onbepaalde toestand (noch golf noch deeltje). In het bijzonder stellen sommige interpretaties van de theorie dat elk foton "autonoom zou beslissen" of het zich als een deeltje of als een golf zou gedragen en vervolgens, zodra het het experimentele apparaat binnenkomt, zijn configuratie zou kunnen "veranderen" door zich op de tegenovergestelde manier te gedragen .

Het was de bedoeling van Wheeler om de omstandigheden te onderzoeken met betrekking tot de tijd waarin een foton deze overgang tussen veronderstelde toestanden zou maken. Hij was echter heel duidelijk op dit punt:

> “Eén ding leidt tot discussies over wanneer en hoe het foton leert dat de experimentele opstelling zich in een bepaalde configuratie bevindt, en vervolgens van golf naar deeltje verandert om te voldoen aan de configuratie-eisen

van het experiment. Dit ding is de veronderstelling dat een foton een fysieke vorm heeft voordat het wordt waargenomen. In beide gevallen is het een golf of een deeltje. In werkelijkheid kunnen kwantumverschijnselen niet als golven of deeltjes worden beschouwd, maar zijn ze inherent onbepaald tot het moment dat ze worden gemeten. In zekere zin had de Engelse filosoof George Berkeley gelijk toen hij zei dat "zijn betekent waargenomen worden."

Wie is John Wheeler?

John Wheeler is geen gewone wetenschapper. Hij is ook niet een van die puistige studenten die, na een paar hoofdstukken uit een boek van Richard Feynman te hebben gelezen en les te hebben gekregen van hun materialistische leraren, denken dat ze alles over kwantumfysica hebben begrepen. Gesterkt door deze "wijsheid" vuren ze minachtende oordelen op degenen die niet denken zoals zij.

Overigens was Richard Feynman een leerling van Wheeler. Ik wil de wetenschappelijke en menselijke diepte van het Wheeler-personage documenteren. Wanneer hij zijn theorieën uitdrukt, heeft hij wat nodig is om in overweging te nemen.

In de jaren vijftig werkte hij samen met Tullio Regge aan belangrijke onderzoeken naar de algemene relativiteitstheorie. Van 1938 tot 1976 doceerde hij natuurkunde aan de Princeton University en later aan de University of Texas in Austin. In 1968 kende het Amerikaanse ministerie van Energie hem de Enrico Fermi-prijs toe en in 1997 ontving hij de Wolf-prijs voor natuurkunde.

Hij had als studenten de meest bekende exponenten van de huidige natuurkunde, zoals Richard Feynman, Hugh Everett III, Jacob Bekenstein, Kip Thorne, James Hartle, Charles Misner en anderen.

In de laatste jaren van zijn lange leven wijdde Wheeler zich aan de fundamentele aspecten van de natuurkunde en probeerde hij de epistemologische en filosofische onzekerheden ervan te definiëren. Hij stierf in 2008 en wordt begraven in Fairview Cemetery in Benson, Vermont. In 1999 werd zelfs een asteroïde aan hem opgedragen, de 31555 Wheeler.

Ik heb dit lange (en gedeeltelijke) "curriculum" opgesomd om Wheeler's wetenschappelijke en menselijke diepgang te onderstrepen. Wanneer hij de stelling van het antropische universum omarmt en integreert met zijn overwegingen over het 'participatieve universum', heeft hij de vereisten om dat te kunnen.

Het dubbele spleten experiment.

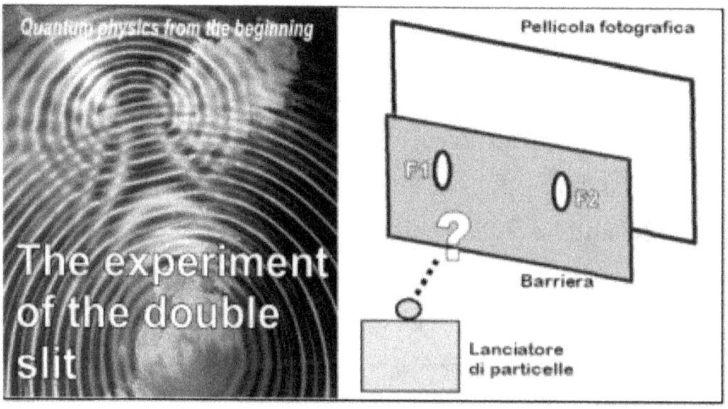

"Kwantumfysica vanaf het begin. Het dubbele spleten experiment."

Een van de bekendste experimenten in de kwantumfysica (waarschijnlijk de bekendste van allemaal) zal ons helpen de aard van elementaire deeltjes beter te begrijpen. De eerste versie van dit experiment werd meer dan twee eeuwen geleden, in 1801, uitgevoerd door Thomas Young. Vervolgens behield het experiment zijn waardigheid, waardoor het actueel was in veel nieuwe voorstellen, geüpdatet naarmate de technologie meer actuele versies mogelijk maakte. Op dit moment vertegenwoordigt het een van de belangrijkste sleutels tot het begrijpen van de kwantumfysica en aanverwante verschijnselen.

Het experiment is conceptueel niet ingewikkeld. Het kan worden begrepen door iedereen, als een jongen, die ervan hield stenen in het water te gooien om de typische concentrische cirkels te zien ontstaan.

Voorbeeld van het experiment.

Stel je voor dat je een stevige barrière voor ons plaatst, voorzien van een gat dat we, voor de relevantie voor de terminologie van het experiment, een spleet noemen. De spleet is groot genoeg om een steen die in zijn richting wordt gegooid door te laten. Net achter de barrière plaatsen we een dunne plaat zodat deze, wanneer hij wordt geraakt door een steen, deze deukt en de impactmarkering achterlaat.

Laten we nu een paar meter verder gaan en zoveel stenen gooien als we willen. Elke steen die door de spleet gaat en het scherm van de ontvanger raakt, produceert een enkele deuk. Als we een tweede spleet in de barrière openen, zullen de succesvolle lanceringen door de ene of de andere spleet gaan en zullen deuken op het scherm van de ontvanger ontstaan in overeenstemming met de gekruiste spleet. Samenvattend kunnen we begrijpen dat de barrière werd overschreden door enkele stevige kogels, simpelweg door de deuken te observeren die op het scherm erachter waren gemaakt.

Laten we nu verder gaan met het tweede deel van het experiment. We dompelen de barrière met een spleet en het ontvangerscherm onder in een vat met water, zodat de spleet half onder water staat.

Deze keer gooien we onze steen niet direct in de richting van de spleet, maar in het water, op enige afstand voor de kering. De steen zal de typische watercirkels produceren die we allemaal kennen; deze zullen zich naar de barrière voortplanten, de scheur oversteken en aan de andere kant weer tevoorschijn komen, waarbij nieuwe voortplantingsgolven worden gevormd die worden geblokkeerd door het scherm van de ontvanger.

Laten we ons nu voorstellen dat we een tweede scheur in de half verzonken barrière openen en nog een steen gooien. De watercirkels gecreëerd door de enkele steen, die zich voor de barrière voortplanten, zullen beide scheuren oversteken. Als ze op de rug hiervan uitkomen, zullen ze twee nieuwe watercirkels produceren die, zich opnieuw voortplantend, met elkaar interfereren door op te tellen.

Op basis van wat er tot nu toe is gezegd, kunnen we enkele eenvoudige conclusies trekken:

- Door "kogels" naar de barrière met twee sleuven te werpen, gaan ze door de ene of de andere sleuf. Elke kogel gaat echter maar door één sleuf. We kunnen dit verifiëren door naar de deuken op het scherm van de ontvanger te kijken.

- Door een enkele steen met twee spleten in het water in de richting van de barrière te gooien, zullen we een enkele groep cirkels produceren die door beide spleten zal gaan, waardoor twee nieuwe groepen cirkels aan de achterkant van de barrière ontstaan. Deze twee groepen overlappen elkaar en vormen een enkele figuur die de "interferentiefiguur" wordt genoemd.

We zagen dus het verschil dat ontstaat door een steen direct te werpen of door een golf te duwen: het gooien van stenen veroorzaakt deuken, terwijl in plaats daarvan door het werpen van voortplantingsgolven interferentiefiguren worden geproduceerd.

Over de aard van licht.

Toen hij probeerde te begrijpen of het licht uit deeltjes of golven bestond, stelde iemand zich voor dat hij lichtflitsen naar een apparaat zoals het zojuist beschreven apparaat zou werpen om te controleren welke effecten er op het scherm van de ontvanger zouden worden geproduceerd als er "deuken" of "storingen" optreden. Thomas Young probeerde het. Hij was een Britse wetenschapper, geboren in Milverton op 13 juni 1773.

In de natuurkunde staat hij bekend om zijn werken op het gebied van optica, aangezien hij de auteur was van een onderzoek naar het dualisme van golven en deeltjes. Hij was ook verantwoordelijk voor de ontdekking van het fenomeen interferentie in licht. In 1801 bedacht Youn zelfs het experiment met de dubbele spleet.

De tirade over licht begon toen Newton het als van corpusculaire aard beschouwde. Later werd de hypothese van Newton betwist. Daarom ontwierp en voerde Young in 1801 zijn experiment uit. Hij zond lichtstralen naar een barrière met twee gaten erin. Op de achterkant van de barrière, op het scherm van de ontvanger, kreeg hij een interferentiepatroon. Young concludeerde daarom dat de barrière niet was overschreden door bloedlichaampjes, maar door golven. Young bevestigde het golfkarakter van licht. Maar is licht echt een golf?

Dualiteit van deeltjes.

Aan het begin van de twintigste eeuw begonnen er twijfels te ontstaan met betrekking tot Plancks studies over zwarte lichamen en over enkele aspecten die door Einstein naar voren werden gebracht met betrekking tot het gedrag van het foton, dat erg op een deeltje leek als het werd bestudeerd in het foto-elektrische effect.

In 1916 veronderstelde de Amerikaan Robert Millikan het bestaan van het foton als deeltje. Millikan's hypothese werd bevestigd door de ontdekking van het Compton-effect in 1922. Dit zorgde voor een groot probleem in de natuurkunde, aangezien licht een mysterieus dualisme leek te bezitten waardoor het in verschillende experimenten als een golf of als een deeltje leek.

In 1924 formuleerde de Franse natuurkundige en wiskundige Louis de Broglie de hypothese dat niet alleen fotonen, maar alle materiële lichamen, en vooral alle deeltjes, ook de typische fysische eigenschappen van golven bezaten. Deze hypothese vond al snel experimentele bevestiging en gaf een fundamentele impuls aan de ontwikkeling van de kwantummechanica. Experimenteel bewijs van de dualiteit van golven en deeltjes werd in 1927 verkregen door Clinton Davisson en Lester Germer, bij Bell Laboratories in de VS. Met deeltjesbundels werden interferentie-experimenten uitgevoerd met twee spleten, net zoals Young had gedaan. Deze wetenschappers vuurden een elektronenstraal af op een nikkelkristal en observeerden diffractiepatronen op het detectorscherm.

Het dubbelspletenexperiment werd in 1961 voor het eerst in moderne vorm met behulp van elektronen uitgevoerd door Claus

Jönsson aan de Universiteit van Tübingen, in Baden-Württemberg in Duitsland. Het werd vervolgens herhaald in 1974 aan het LAMEL Instituut van de CNR in Bologna door Pier Giorgio Merli van het LAMEL en door Gian Franco Missiroli en Giulio Pozzi, beide van de afdeling Natuurkunde van de Universiteit van Bologna.

Het LAMEL Instituut had een microscoop van de nieuwste generatie, een Siemens Eliskop 101. De microscoop werd zowel als interferometer als als bron van elektronen gebruikt die één voor één door een dubbel elektronisch prisma werden geleid om vervolgens naar een fotografische plaat te worden gestuurd.

Beschrijving van het experiment met een enkel foton.

Nu willen we het experiment in zijn klassiek-moderne versie in detail bekijken, gebaseerd op de lancering van enkele fotonen, of quanta van licht. Laten we ons daarom een enkele fotonenwerper voorstellen, een barrière met een of twee spleten en een achterscherm bestaande uit een donkere kamer met een fotografische film die onder de indruk zal zijn van de ontvangen fotonen, aangezien dit lichtbronnen zijn.

Laten we beginnen met een barrière met slechts één spleet. De fotonen die door de spleet gaan, markeren een stip op de fotografische film, een duidelijk teken dat ze zich als deeltjes hebben gedragen. Tot nu toe niets bijzonders; fotonen gedragen zich zoals onze stenen, en het experiment suggereert dat fotonen deeltjes zijn.

De volgende stap is om SLECHTS ÉÉN FOTON naar een barrière met TWEE spleten te gooien. . De vraag is welke van de twee spleten zal het kruisen?

We verwachten dat het foton, dat de ene of de andere spleet kruist, het teken van een inslag achter de ene of de andere spleet achterlaat.

Het is niet zo. Dat ENKELE foton gaat door BEIDE spleten.

In feite gedraagt het foton zich voor een enkele spleet als een deeltje, terwijl het foton zich voor twee spleten gedraagt als een golf en door beide gaat.

In het eerste geval wordt de bevestiging gegeven door de enkele lichtgevende stippen die op de fotografische film verschijnen. In het tweede geval verschijnen hierop donkere en lichte balken, d.w.z. het interferentiecijfer. Dit interferentiepatroon ontstaat door de golf die beide spleten doorkruist en twee golven creëert. Aan de uitgang tellen de twee golven algebraïsch bij elkaar op, en de donkere of lichte balken vertegenwoordigen het resultaat.

Dualiteit van elementaire deeltjes.

Een eerste overweging die gemaakt kan worden is dat fotonen (maar niet alleen, de eigenschap is gemeenschappelijk voor alle elementaire deeltjes) zich, afhankelijk van het geval, gedragen als deeltjes of als golven, in die zin dat ze tegelijkertijd deeltjes en golven zijn. tijd. Hierdoor kan een enkel foton tegelijkertijd door beide spleten gaan.

Maar de verrassingen zijn nog niet voorbij. Stel je voor dat de onderzoeker besluit om de passage van het foton door de spleet te verifiëren, uitgaande van het principe dat het foton in ieder geval een deeltje is en ergens moet passeren.

Daarom plaatst de onderzoeker een instrument net voorbij een van de twee spleten om te controleren of de ene of de andere wordt overschreden.

Welnu, in dit geval, dat wil zeggen, wanneer er een meetinstrument in het systeem zit, gebeurt er iets ongelooflijks, bijna alsof het foton weigert mee te werken.

Hoewel de open spleten twee zijn, kruist het alleen degene die is uitgerust met het instrument, en gaat het indruk maken op een stip op het scherm erachter.

Maar als het instrument wordt verwijderd, keert het foton terug om zich als een golf te gedragen. In de praktijk daagt het foton de onderzoeker uit door hem te laten zien dat het een onoplosbaar mysterie is.

Leon Max Lederman, Amerikaans natuurkundige, schrijft in zijn boek Quantum Physics for Poets:

> "Het lijkt erop dat een enkel elektron, als bij toverslag, tegelijkertijd door de twee spleten gaat als niemand het waarneemt, terwijl het een mogelijk pad kiest als iemand of iets ernaar kijkt! Dit is mogelijk omdat elektronen geen deeltjes of golven zijn: ze zijn iets anders, volledig nieuw. Deeltjes zijn 'kwantumtoestanden'.

Hebben deeltjes precognitieve vermogens?

Uit het dubbelspletenexperiment kunnen we conclusies trekken die zelfs de meest deskundige natuurkundigen versteld zullen doen staan, en die waarschijnlijk meer betrekking hebben op de filosofie van de natuurkunde dan op de natuurkunde zelf.

Laten we ons even voorstellen dat het foton zijn eigen bewustzijn heeft en zijn gedrag kan 'beslissen' in de verschillende situaties waarin het betrokken is.

In de praktijk vragen we ons af: als een foton naar de barrière wordt gelanceerd, hoe weet het dan of het één of twee open spleten zal hebben?

Want in feite zou het foton dit pas moeten weten nadat het de barrière is gepasseerd. Blijkbaar weet het foton dit echter van te voren, zozeer zelfs dat het zichzelf in de vorm van een deeltje of golf aan de barrière weet aan te bieden voordat de oversteek heeft plaatsgevonden.

Niet alleen; het foton weet eerst of de spleten worden gecontroleerd door een instrument om zijn passage te verifiëren. Daarom, zelfs in de aanwezigheid van twee open spleten, als er een instrument verborgen is achter een spleet, gedraagt het foton zich als een deeltje en gaat het alleen door degene met het instrument..

In de zeer korte momenten van zijn bestaan tussen het moment waarop het wordt gelanceerd en het moment waarop het de barrière tegenkomt, verwerft het foton kennis van wat hem te wachten staat: of het een of twee spleten zal vinden en of deze worden gecontroleerd of niet.

Aangezien het foton noch een geest noch een geweten heeft, moeten we ons afvragen waar het "voordien weten" vandaan komt wat het in zijn onmiddellijke toekomst te wachten staat. De provocerende titel van dit hoofdstuk, over de precognitieve vermogens van het foton, zou suggereren dat deze echt bestaan.

Ik zal twee antwoorden geven. Het eerste is een metafysisch antwoord, dus niet aantoonbaar.

Waarschijnlijk wel. Het foton weet omdat het deel uitmaakt van een universele wijsheid, een kennis die de hele kosmos verbindt. Het foton weet omdat de hele kosmos het weet, en deze kennis kent geen grenzen in tijd, ruimte of grootte. Het foton "weet het niet eerder", het weet het gewoon. Hij weet het niet vanwege het feit dat de barrière dichtbij in de ruimte is, hij zou het zelfs weten als het zich aan de buitengrenzen van het universum bevond. Het foton weet waarom het deel uitmaakt van een universele kosmische wijsheid die buiten alle grenzen en buiten elke door de materie bepaalde beperking is geplaatst. Zijn kennis is informatie en intelligentie op puur psychisch of spiritueel niveau. Dat ene foton, en elk ander deeltje in het universum, voorspelt niet, het weet het gewoon.

Het tweede antwoord is meer in overeenstemming met de huidige wetenschappelijke hypothesen.

Het gedrag van materie op kwantumniveau is niet voorspelbaar of meetbaar, het is probabilistisch. In deze context (non-lokaliteit genoemd) worden de zekerheden die aanwezig zijn op het niveau van onze waarneming (tijd, ruimte, causaliteit van gebeurtenissen) irrelevant. Waarschijnlijk hebben op dit niveau de begrippen voor en na geen zin, net zoals het geen zin heeft om te vragen wat er was vóór de oerknal of voor het begin der tijden. Er zijn inderdaad studies (zie Richard Wheeler's uitgestelde keuze-experiment) volgens welke een deeltje, eenmaal gelanceerd, zich zo zou kunnen gedragen dat het zijn lancering zelf bepaalt.

Albert Einstein en kwantum non-lokaliteit.

"Albert Einstein en kwantum non-lokaliteit".

Als er iets is dat een Zwitser, geboren in het land dat per definitie de thuisbasis is van horloges, van streek kan maken, dan is het het gebrek aan precisie. En als deze persoon methodisch werk verricht, zoals dat van een medewerker van een octrooibureau, en in zijn vrije tijd theoretisch fysicus is, dan kunnen we zijn teleurstelling begrijpen als dingen niet werken zoals ze zouden moeten.

We hebben het over Albert Einstein, die in zijn hele wetenschappelijke carrière maar één ding tegenkwam dat hem echt irriteerde: kwantumonbepaaldheid. Einstein had een hartgrondige hekel aan het gebrek aan discipline van elementaire deeltjes vanwege hun kenmerk van ongrijpbare ambiguïteit. Hij haatte het feit dat deeltjes weigerden om tegelijkertijd hun positie in de ruimte en hun snelheid te meten.

Dit alles was inderdaad een klap, een aanfluiting van de goede en solide regels van de Newtoniaanse fysica, waarop Einstein zijn bekendste relativiteitstheorie baseerde.

Newtoniaanse wetten zijn granietachtig gebaseerd op het causaliteitsbeginsel, ook wel determinisme genoemd. Het universum is gemaakt van materie, en in het rijk van de materie gebeurt niets bij toeval, alles gebeurt als gevolg van andere gebeurtenissen. Materie trekt zichzelf aan en stoot zichzelf af, botst, beweegt of blijft onbeweeglijk, ten koste van energie.

Alleen een bepaalde energie, toegepast op een zaak, geeft aanleiding tot een actie of een keten van acties.

Stel je een bal voor die goed op de plek in het strafschopgebied ligt, wachtend tot een speler hem naar het doel gooit. Denk je dat het mogelijk is dat die bal autonoom richting het doel van de tegenstander gaat? Denk je niet dat de bal de trap van de verantwoordelijke speler moet krijgen?

Stel je een golfer voor die zich voorbereidt om de bal te raken om hem naar de hole te gooien. Denk je niet dat die speler, schijnbaar onbewogen, in plaats daarvan zal worden gekweld door honderden mentale bewerkingen om met de grootste precisie te berekenen welke kracht en welke hoek aan de bal moet worden gegeven om hem naar het doel te leiden? In feite gebeurt er niets bij toeval: de bal zal precies het punt bereiken dat overeenkomt met de ontvangen stuwkracht. Of de pitch succesvol is, hangt alleen af van de nauwkeurigheid van de berekeningen van de werper en hoe goed hij ze op zijn arm heeft kunnen overbrengen. Het zal nooit gebeuren dat een bal, eenmaal aangekomen op basis van berekeningen op slechts één millimeter van de rand van de hole, op eigen initiatief besluit zichzelf nog een stukje verder te werpen. Evenmin zal het gebeuren dat het geschreeuw en de aandrang van het publiek haar op een preciezer pad duwen.

We weten hoe we onze energie moeten kalibreren om de gewenste resultaten te verkrijgen, omdat we weten dat objecten met absolute precisie zullen reageren op onze "commando's".

Hiervoor kunnen we sondes de ruimte in lanceren door ze precies op de vastgestelde plaatsen te laten landen, of ze nu op de maan, op Mars of zelfs op een komeet zijn, zoals gebeurde met de

Rosetta-missie van de European Space Agency die een sonde op 67P / Churyumov-Gerasimenko, een kleine steen die duizenden kilometers verderop door de ruimte dwaalt.

Causaliteit ligt ten grondslag aan alle dingen.

In 1950 schreef Alan Turing in zijn boek "Calculating Machines and Intelligence":

> "De verplaatsing van een enkel elektron met een miljardste van een centimeter, op een bepaald moment, kan het verschil betekenen tussen twee heel verschillende gebeurtenissen, zoals het doden van een man als gevolg van een lawine, of zijn redding".

In de natuurkunde is er een principe, lokaliteit genaamd, volgens hetwelk verre objecten geen onmiddellijke invloed op elkaar kunnen hebben: een object wordt alleen direct beïnvloed door een kracht die in zijn directe omgeving wordt geplaatst. Het is noodzakelijk om rekening te houden met de verzwakking van de zwaartekracht naarmate de afstand groter wordt. Bovendien zou een signaal dat op enigerlei wijze naar een ver object wordt gestuurd, tijd nodig hebben om de afstand te overbruggen, en de snelheid zou niet hoger kunnen zijn dan 300.000 kilometer per seconde, wat de lichtsnelheid is.

Einstein maakte zich grote zorgen toen signalen van niet-lokale relaties tussen elementaire deeltjes begonnen te komen uit de kwantumfysica.

De problemen die hem het meest verbijsterden waren die van het onzekerheidsprincipe van Heisenberg. Dit principe, verkondigd in 1927 door Werner Heisenberg, vertegenwoordigt een kardinaal concept van de kwantummechanica en vormt een onherstelbare breuk met de wetten van de klassieke mechanica.

Heisenberg toonde aan dat het niet mogelijk is om twee geconjugeerde variabelen tegelijkertijd en precies te kennen, bijvoorbeeld de precieze positie van een deeltje en zijn momentum of snelheid.

Dit stond in schril contrast met de ordevereisten van de klassieke natuurkunde, waarmee we alles kunnen berekenen als we de beginwaarden kennen. Om de baan van een ruimtecapsule of een biljartbal te berekenen, moet ik precies weten waar hij begint, welke stuwkracht hij ontvangt en met welke snelheid hij zal bewegen.

In de kwantumfysica zijn deze waarden nooit tegelijkertijd beschikbaar.

Als we tegelijkertijd de positie en het momentum van een deeltje meten, zijn de verkregen waarden absoluut onzeker. Deze onzekerheid komt niet voort uit meettechnieken, maar is het gevolg van de kwantumrealiteit die probabilistisch is.

Probabilisme komt heel goed tot uiting als we terugkeren naar het experiment met de dubbele spleet: een foton dat met twee spleten tegen de barrière wordt gelanceerd, heeft de kans om de ene of de andere te kruisen, daarom kruist het beide. Alleen de waarnemer kan de verschillende probabilistische toestanden in een enkel punt samenvouwen. In een niet-geobserveerde situatie bestaan alle probabilistische toestanden.

Over kwantumprobabilisme gesproken, Einstein sprak de beroemde zin uit:

> "Het is moeilijk om naar de kaarten te kijken die God in zijn hand heeft, maar ik kan zelfs geen moment geloven dat hij dobbelt".

Kwantumverstrengeling.

De kwantumrealiteit respecteert de lokaliteitscriteria van de klassieke fysica niet, daarom wordt het niet-lokaal genoemd. In het niet-lokale domein zijn er gebeurtenissen en manifestaties die niet de typische beperkingen van het lokale domein ondergaan: ze zijn noch door tijd noch door afstand beperkt. In dit domein zijn er geen gisteren en vandaag, voor en na, maar alleen "nu en voor altijd". Evenzo is er geen hoog en laag, dichtbij en ver weg, maar alleen "hier en overal".

De duidelijkste bevestiging van het bestaan van het niet-lokale domein wordt ons gegeven door een van de bekendste experimenten in de kwantumfysica, die van Alain Aspect, een Franse onderzoeker, in 1982. Dit experiment bevestigde de theorie van kwantumverstrengeling. Tegelijkertijd maakte het Aspect-experiment een einde aan een zeer lange periode van geschillen waarbij hoofdrolspelers enerzijds Niels Bohr, directeur van de studiegroep die bekend staat als de Copenhagen School, en anderzijds Albert Einstein hadden gezien.

Het meest verrassende en intrigerende kenmerk van subatomaire deeltjes is het vermogen om onmiddellijk informatie met elkaar uit te wisselen. In de praktijk gaat de informatie niet door een fysieke ruimte om de twee deeltjes te verbinden, dat wil zeggen, het voltooit geen pad tussen de een en de ander. Het niet-lokale niveau is puur psychisch en het uitwisselen van informatie is als het uitwisselen van gedachten.

Verstrengeling is een Engelse term die "verstrengeling" betekent. Aanvankelijk wilde het de verwevenheid vertegenwoordigen die tot stand komt tussen twee "verwante" deeltjes, dat wil zeggen, geboren uit dezelfde gebeurtenis. Tegenwoordig kan het inmiddels ook verwijzen naar miljoenen gecorreleerde deeltjes in het laboratorium. We kunnen niet anders dan constateren dat als we het universum als een groot laboratorium beschouwen, de oerknal in zijn creatieve explosie mogelijk alle deeltjes heeft gecorreleerd die erbij horen.

Het probleem dat de klassieke natuurkunde kwelt, is niet zozeer dat er een verstrengeling tot stand komt, maar veeleer dat deze verstrengeling al haar wetten omver werpt, dat wil zeggen de pijlers waarop ze tot een paar decennia geleden was gebaseerd.

De klassieke natuurkunde stelt onder meer vast dat:

• De werkelijkheid is causaal en mechanisch: elke actie is de reactie van een eerdere actie en de oorzaak van volgende acties.

• De limiet van de lichtsnelheid mag niet overschreden worden.

• Elke kracht (zwaartekracht, magnetisch, enz.) neemt af als functie van de afstand.

• De pijl van de tijd zorgt voor een rigide hiërarchie in de evolutie van elke gebeurtenis. Wat er eerder gebeurt, is de oorzaak van wat er daarna gebeurt en het omgekeerde zal nooit gebeuren.

Op het niveau van elementaire deeltjes is geen van deze regels meer van toepassing.

We gaan uit van het feit dat de twee gecorreleerde deeltjes (verstrengeld), hoe we ze ook creëren, tegengestelde spins hebben: de ene heeft spin half negatief en de andere helft positief.

Als een van de twee de spin inverteert, keert de ander deze ook om, niet onmiddellijk maar gelijktijdig, op elke afstand in het heelal. Dus:

• De lichtsnelheidslimiet is niet meer van toepassing.

• Het principe dat krachten verzwakken als functie van afstand is niet meer van toepassing.

• Aangezien er geen tijdsverschil is tussen de inversie van de twee deeltjes, is de pijl van de tijd niet langer geldig en is er geen causaliteit.

• De eerste praktische bevestiging kwam in het experiment uitgevoerd door Alain Aspect in 1980-1982 en honderden keren later bevestigd.

Alles is één in de niet-lokale dimensie.

Maar vooral: hoe weet een deeltje, zelfs als het op astronomische afstand is geplaatst, dat het andere zal veranderen? Hoe is het mogelijk dat de uitwisseling gelijktijdig plaatsvindt, en niet opeenvolgend? Door welk veld heeft de informatie de twee deeltjes met elkaar verweven?

Het is noodzakelijk om een veld te veronderstellen, dat wil zeggen een denkbeeldige ruimte, niet langer gemaakt van materie, maar alleen van informatie. In feite een psychische ruimte.

Is het dezelfde ruimte die Plato de Ideeënwereld noemde en die Carl Jung later het Collectieve Onbewuste noemde?

Dit is de ruimte die non-lokaliteit wordt genoemd, omdat het niet overal kan worden geplaatst, maar het is overal. Het verbindt het hele universum, zodat elk deel ervan wordt ondergedompeld in dit niveau van energie en informatie en een enkele energie en een enkele informatie wordt.

Vanaf dit niet-lokale niveau, waar ruimte noch tijd is, stroomt alle informatie van het universum in de vorm van archetypen naar ons geweten. Op dezelfde manier, vanuit de niet-lokaliteit, stromen de synchroniciteiten die alle merkwaardige toevalligheden genereren waarvan we protagonisten zijn, de voorgevoelens, de vensters die openen op de ruimtes van de geest.

Het gouden jaar van de kwantumfysica.

"1927: Het gouden jaar van de kwantumfysica".

1927 is het jaar waarin het onzekerheidsprincipe en het complementariteitsprincipe de fysica van het universum volledig herschreven. Het tijdperk begint waarin niets zeker is, alles is slechts waarschijnlijk.

De school van Kopenhagen.

Vanaf 1921 leidde Niels Bohr een groot deel van zijn leven het Instituut voor Theoretische Fysica aan de Universiteit van Kopenhagen. Dit instituut was in de jaren twintig en dertig het referentiepunt voor theoretische fysici. Binnen dit instituut werden studies over kwantumfysica ontwikkeld, die momenteel worden beschouwd als het meest geloofwaardige "corpus" over dit onderwerp.

Het instituut onder leiding van Bohr, dat de "Kopenhagen School" werd genoemd, zorgde voor de eerste interpretatie van kwantumverschijnselen. Vandaag is deze interpretatie nog steeds de meest voorkomende. Het is een interpretatie die is geïnspireerd op de werken die rond 1927 in de Deense hoofdstad voornamelijk door Niels Bohr en Werner Heisenberg werden uitgevoerd. Deze werken betreffen onder meer het uitvoeren van metingen in het kwantumveld, het principe van complementariteit en het golf-deeltje dualisme.

Het onzekerheidsprincipe van Heisenberg.

Als onderdeel van de Copenhagen School formuleerde natuurkundige Werner Heisenberg in 1927 het principe dat bekend staat als het "onzekerheidsprincipe" door het te publiceren in een beroemd artikel in het tijdschrift "Zeitschrift für Physik".

Het principe van Heisenberg omvat ongetwijfeld een van de meest verrassende revoluties van de menselijke kennis en was een onderwerp van discussie gedurende de twintigste eeuw.

Nach diesem Prinzip gibt es in der „Wirklichkeit" miteinander korrelierte Größen (sogenannte „Konjugierte"), die niemals genau gleichzeitig bekannt sein können. Wenn ich eine Größe messe, kann ich die andere nicht genau messen.

Nehmen wir ein Beispiel aus der klassischen Physik. In der klassischen Physik können wir jederzeit alle Maße eines Objekts kennen, Höhe, Breite, Länge, Volumen, Gewicht, und wir können auch seine Geschwindigkeit und seinen Weg kennen, wenn sich das Objekt bewegt.

Diese Möglichkeit der Messung ist die Grundlage der Konzepte der Kausalität und des Determinismus, die der klassischen Physik so am Herzen liegen. Jedes Ereignis hat eine URSACHE, da es durch ein anderes Ereignis BESTIMMT wird. Wenn ich die Ursache kenne, kann ich die Wirkung berechnen. Auf diese Weise berechne ich die Flugbahn einer Kugel, um zu wissen, welchen Punkt sie treffen wird, oder berechne die Reise eines Raumschiffs, um zu wissen, wann und wo sie landen wird. Ich muss nur einige Werte kennen, wie die Masse des Objekts, seine Form und den Schub, den es erhält.

Was ist anders am Heisenberg-Prinzip?

Wenn Heisenbergs Unschärferelation auf die makroskopische Realität anwendbar wäre, würde es bedeuten, die Höhe eines Schuhkartons zu kennen, aber nicht seine Breite. Oder es würde bedeuten, sein Gewicht zu kennen, aber nicht seine Tiefe.

In der subatomaren Physik passiert genau das. Wir können nicht gleichzeitig die Position eines Teilchens und seine Geschwindigkeit kennen oder umgekehrt. Wenn wir einen Wert messen, ist die Messung des anderen absolut unsicher. Daher sind in der Quantenphysik KAUSALITÄT und DETERMINISMUS keine gültigen Konzepte mehr.

In seiner mathematischen Entwicklung hat das Heisenbergsche Prinzip noch beunruhigendere Implikationen, wenn es argumentiert, dass Teilchen "aus dem Nichts" entstehen können, dh ohne die für ihre Entstehung notwendige Energie. Diese Teilchen werden aus Energieunbestimmtheiten erzeugt, indem eine "vorübergehende Energie" aus dem Vakuum gezogen wird. Unmittelbar danach wird die Energie jedoch „zurückgegeben", und die Teilchen verschwinden. Dies sind flüchtige Kreationen, die „virtuelle Partikel" genannt werden. Diese Teilchen können nicht beobachtet werden, aber sie hinterlassen eine Spur ihrer Existenz in den Energieniveaus der Atome.

Diese Spuren wurden tatsächlich gemessen. Etwas Ähnliches passiert, wenn der Erreger einer Infektion aus dem kranken Körper verschwindet, aber die Antikörper zurückbleiben, um zu bezeugen, dass die Infektion da war.

Komplementaritätsprinzip von Niels Bohr.

Im selben Jahr 1927 nahm Bohr am Internationalen Physikerkongress teil, der anlässlich des 100. Todestages von Alessandro Volta in Italien in Como stattfand.

Während dieser Konferenz verkündete Bohr das „Prinzip der Komplementarität". Gemäß diesem Prinzip haben alle physikalischen Phänomene auf atomarer oder subatomarer Ebene einen doppelten Aspekt, einen korpuskulären und einen wellenförmigen. Jeder Versuch, einen der beiden Aspekte hervorzuheben, verhindert, dass der andere hervorgehoben wird.

Es ist schwierig, ein gültiges Beispiel in der klassischen Physik zu geben. Stellen wir uns eine Spielkarte vor, das Herz-Ass. Wir können gleichzeitig sowohl den rechteckigen Kartonträger als auch das auf den Kartonträger gelegte Design sehen. Für jede Karte im Deck können wir sowohl die Form als auch das Design sehen. Die Spielkarte ist gleichzeitig „Form" und „Figur".

Was ist an Bohrs Prinzip anders?

Wenn wir das Komplementaritätsprinzip auf Papier anwenden würden, könnten wir jeweils nur einen Aspekt sehen. Wenn wir uns auf die rechteckige Form konzentrieren würden, wäre die Figur des Asses eine flüchtige Wolke, eine in der Luft zerstreute Rauchwolke. Umgekehrt, wenn wir die Aufmerksamkeit auf die Figur des Asses lenken wollten, würde der Karton zu einer unbestimmten, unkörperlichen und nicht greifbaren Form.

Ein subatomares Objekt, zum Beispiel ein Photon, ist gleichzeitig eine Welle und ein Teilchen, aber wir können es nicht in beiden Zuständen gleichzeitig beobachten. Die beiden Aspekte, Korpuskular und Welle, ergänzen sich und schließen sich gleichzeitig gegenseitig aus, so dass die Beobachtung des einen die des anderen ausschließt.

Das probabilistische Konzept.

Das Bohrsche Komplementaritätsprinzip und die Heisenbergsche Unschärferelation stellen die Synthese der Quantenphysik dar. Es gibt keine kausale Darstellung von Quantenphänomenen in Raum und Zeit. Die Größen Energie und Impuls, die der Kausalität der klassischen Physik zugrunde liegen, lassen sich nicht genau genug messen. Die Quantentheorie leugnet Kausalität und Determinismus und führt ein neues Argument ein, die Wahrscheinlichkeit. Im Quantenreich ist nichts sicher, alles ist wahrscheinlich. Auf der Quantenebene ist das Stück Papier, auf dem Sie diese Worte lesen, kein festes Objekt, es ist eine blubbernde Suppe aus rasend rührenden Partikeln. Ihre Sinne lassen Sie die Partikel wahrnehmen, als wären sie zu einer geschriebenen Seite geordnet, aber vertrauen Sie ihnen nicht. Es ist eine Illusion.

Zwillingsbindungen und Quantenfaszination.

"Zwillingsbindungen und Quantenfaszination".

Die Quantenphysik sagt außergewöhnliche Bindungen zwischen zwei verwandten Teilchen voraus (geboren aus demselben Ereignis). Diese Teilchen hätten die Eigenschaft, ohne die Grenzen der klassischen Physik miteinander zu kommunizieren. Hat es etwas mit der Kommunikation „jenseits von Raum und Zeit" vieler Zwillingspaare zu tun?

Unglaubliche "psychische" Kommunikation.

Ross und Norris McWhirter wurden am 12. August 1925 in Irland geboren und wurden 1950 beide Sportjournalisten. Ein gewisser Sir Hugh Beaver hatte während eines Jagdausflugs einen Streit darüber, welcher Vogel den Jägern am schnellsten entkommen würde. Deshalb beschloss er, ein Buch zu veröffentlichen, das über die interessantesten Rekorde berichtete, und beauftragte die McWhirter-Zwillinge, die erste Version des Guinness-Buchs der Rekorde zu schreiben, da sie Experten für Leichtathletik waren. Das Buch erschien erstmals 1955. Aber die Autoren interessieren uns nicht deswegen. Tatsächlich waren die Zwillinge die Protagonisten einer viel sensationelleren Geschichte, die durch viele Zeugenaussagen bestätigt wurde. Am 27. November 1975 wurde Ross aus politischen Gründen von der irischen IRA mit zwei Kopfschüssen aus einem Revolver vom Kaliber 357 getötet.

Im selben Moment schüttelte sein Bruder Norris, der mit einigen Freunden 40 Kilometer entfernt war, den Kopf in den Händen und beklagte unerträgliche Schmerzen, als wäre auch er getroffen worden.

Diese Tatsache ist so bekannt, dass sie sogar von der CICAP-Website (Italian Committee for the Control of Claims on Pseudoscience) berichtet wird, die sie nicht leugnet, im Gegenteil, sie bezeichnet sie als „ausgesprochen sensationell". Trotzdem gibt CICAP nicht auf, nach bizarren Erklärungen zu suchen, um die Tatsache zu rechtfertigen.

Ich habe dieses Beispiel gemeldet, weil es bekannt und gut dokumentiert ist, sodass niemand sagen kann, dass es sich um eine Erfindung handelt. Jeder weiß jedoch sehr gut, dass solche Tatsachen, dh Mitteilungen von Stimmungen oder die Teilnahme an besonders emotionalen Ereignissen, ziemlich häufig zwischen Zwillingen auftreten können, wobei alle räumlichen und zeitlichen Barrieren überwunden werden, die die klassische Physik auferlegt.

Denn Fakten wie diese werden von der Wissenschaft geleugnet.

Ab 1700 hat die Wissenschaft eine sehr klare materialistische Ausrichtung entwickelt, sodass alles, was nicht im Labor gewogen, gemessen und reproduziert werden kann, nicht existiert. Daher wäre eine vermutete unmittelbare Kommunikation zwischen Menschen, die kilometerweit entfernt sind, ohne die Hilfe eines technischen Mittels reine Fantasie, Illusion oder das Ergebnis von Aberglauben.

Die Wissenschaft hat gute Gründe, so zu denken. Unter den obligatorischen Annahmen, die beispielsweise ausgehend von Newton aufgestellt werden, gibt es einige sehr wichtige:

- DER DETERMINISMUS. Nichts geschieht ohne Ursache. Die Kugeln auf einem Billardtisch bewegen sich nicht von alleine. Erhält eine Billardkugel einen Stoß, kann sie sich bewegen und eine andere Billardkugel stoßen, ansonsten bleibt sie bewegungslos. Es ist möglich, ein Objekt nur durch Aufbringen von Energie zu bewegen, sicherlich ist es nicht möglich, es mit Gedankenkraft zu bewegen. Darüber hinaus ist das Denken für die materialistische Wissenschaft immer nur das Abfallprodukt der chemischen Reaktionen, die im Gehirn stattfinden, sodass es niemals „ausgehen" oder außerhalb des Schädels wirken könnte.

Es ist klar, dass Norris' Schmerz aus physischer Sicht NICHT die Folge von Ross' Tod SEIN KANN, weil kein physischer Vermittler Energie zwischen den beiden übertragen hat, wenn man die Entfernung und Unmittelbarkeit berücksichtigt.

- DER PFEIL DER ZEIT. Alles geschieht in einer zeitlichen Abfolge, die ein Vorher und ein Nachher vorsieht. Auch wenn zwei Phänomene miteinander in Beziehung stehen, können sie nicht gleichzeitig auftreten, weil zwischen AKTION und REAKTION Zeit vergeht.

Zwillinge könnten nur dann miteinander kommunizieren, wenn plötzlich die Gesetze der klassischen Physik nicht mehr gültig wären.

Wenn es eine Ebene des Kosmos gäbe, in der die Regeln der klassischen Physik nicht mehr gelten, dann wäre die Übertragung von Informationen, Empfindungen und Erfahrungen zwischen Zwillingen oder sogar zwischen Menschen, die durch starke emotionale Bindungen verbunden sind, wie beispielsweise Mütter, denkbar Kinder oder besonders eng verbundene Paare.

In einem Bereich, der nicht dem DETERMINISMUS unterliegt, können auch zwei Ereignisse gleichzeitig an verschiedenen Orten auftreten, es ist nicht mehr notwendig, dass das eine die Ursache des anderen ist. Norris' Schmerz wäre nicht DIE FOLGE, sondern das Teilen von Ross' Tod.

An dieser Stelle müssen wir uns fragen, ob es diesen Bereich des Kosmos gibt. Bis vor einigen Jahrzehnten schien es wie nein, bis das für Elementarteilchen typische Phänomen, bekannt als Verschränkung (Quantenverflechtung), experimentiert und bestätigt wurde.

Teilchen, die ohne die Grenzen der klassischen Physik kommunizieren.

Das Phänomen wurde 1982 bestätigt, indem das Verhalten zweier korrelierter Elementarteilchen nachgewiesen wurde, die aus demselben Ereignis geboren wurden, genau wie es bei zwei menschlichen Zwillingen der Fall ist. Später wurde das Phänomen jedoch auch für Millionen von Teilchen bestätigt.

Wir können es erklären, ohne auf mathematische Formeln zurückzugreifen, sondern an einem einfachen Beispiel.

Um zwei korrelierte Teilchen zu erhalten, sagen wir zwei Photonen, wirken wir auf ein Atom ein. Die beiden erhaltenen Photonen sind komplementär, das heißt, um ein sehr fantasievolles, aber verständliches Beispiel zu geben, können wir sagen, dass eines männlich ist (wir nennen ihn Antonio) und das andere weiblich ist (wir nennen ihn Maria).

Während wir Antonio hier behalten, bewegen wir Maria und platzieren sie in einer Entfernung von hundert Lichtjahren. Dann widmen wir uns Antonio und sorgen dafür, dass er das Geschlecht wechselt: Aus dem Photon Antonio wird Antonietta.

ZUR GLEICHEN ZEIT, hundert Lichtjahre entfernt, wechselt auch das Photon Maria das Geschlecht und wird zu Mario.

Die Millionen-Dollar-Frage.

Wer hat Maria gesagt, dass Antonio das Geschlecht ändert, damit auch sie es gleichzeitig ändern kann?

Alles deutet darauf hin, dass Informationen zwischen den beiden gereist sind und alle Grenzen der klassischen Physik überwunden haben: Determinismus, Zeitpfeil und Lichtgeschwindigkeit.

Wir glauben daher gerne, dass Informationen durch einen nicht-physischen, also psychischen Vermittler gereist sind. Die beiden Teilchen haben miteinander im Kontext einer kosmischen Intelligenz gesprochen, die jenseits von Zeit und Raum steht.

Einige abschließende Gedanken.

Erstens: Alle Teilchen des Universums sind korreliert, weil sie alle aus dem großen Anfangsereignis des Urknalls entstanden sind.

Zweitens: Auch wir bestehen aus Teilchen.

Drittens: Es gibt eine kosmische Ebene, wo Zeit und Raum ihren Einfluss nicht mehr ausüben und Teilchen grenzenlos Informationen austauschen und miteinander kommunizieren können, dann werden sogar Phänomene wie Empathie zwischen Zwillingen möglich. Ohne andere Formen der übersinnlichen Wahrnehmung auszuschließen.

Nachtrag zu „Freiheit. Jenseits der Grenze“. Auf das Licht..

"Poesie des Lichts. Licht erhellt auch die Quantenphysik".

Reflexionen über Licht in „Freiheit. Jenseits der Grenze “, eine Sendung von Roberto Giacobbo auf Rete 4 des italienischen Fernsehens. Tatsächlich hat Licht eine enorme Menge an Aspekten, die über die Grenzen hinausgehen.

Ein paar Blitze der Metaphysik.

Mit Vergnügen verfolgte ich die dritte Folge von „Freiheit. Oltre il Confine “, dirigiert von Roberto Giacobbo auf Rete 4, wie ich es normalerweise mit seinen Sendungen seit Ende der 90er Jahre mache.

In dieser dritten Folge fand ich das kurze Interview mit Vittorio Storaro zum Thema Licht besonders spannend. Tatsächlich hat Licht eine enorme Menge an Aspekten, die über die Grenzen hinausgehen, beginnend mit seiner Natur, wie sie von der Quantenphysik untersucht wird, insbesondere wenn sie von einem Blitz der Metaphysik „beleuchtet“ wird.

Licht ermöglicht uns zu sehen, also zu untersuchen und

zu beobachten.

Es ist bekannt, dass in der Quantenphysik der Beobachter (der Betrachter) auch zum Schöpfer der Realität wird.

In diesem Zusammenhang könnten wir uns an die biblische Schöpfungsgeschichte erinnern: Als Gott zuerst sah, dass die Erde formlos und von Dunkelheit bedeckt war, erschuf Gott Licht und dann „... sah er, dass seine Schöpfung eine gute Sache war". Es scheint, dass der Schöpfer selbst Licht braucht, um die Güte seiner Schöpfung zu SEHEN.

In der Quantenphysik ist die Rolle derjenigen, die "sehen", oder besser gesagt "beobachten", erstaunlich. Tatsächlich ist es der Beobachter, der die Realität erschafft. Mit dieser Aussage sind wir noch nicht auf dem Gebiet der Metaphysik angekommen, wir stehen noch mit den Füßen auf dem der Physik.

Das Experiment von Thomas Young.

Gemäß dem in den letzten Jahren wiederholten Experiment von Thomas Young, bei dem ein Lichtquant, dh ein Photon, gegen eine Barriere mit zwei Schlitzen "geworfen" wird, passiert dieses einzelne Photon BEIDE SCHLITZE. Tatsächlich hinterlässt es die Markierung des Durchgangs durch die beiden Schlitze. Das Zeichen der Durchfahrt ist auf dem Kontrollbildschirm hinter der Schranke zu sehen.

Wenn wir dieses eine Photon auf eine Barriere mit zehn Schlitzen werfen, geht es durch alle zehn.

Wenn wir jedoch ein Instrument an irgendeinen Spalt anbringen, der seinen Durchgang kontrolliert, dann durchquert das Photon nur den ÜBERWACHTEN SLOT.

Das bedeutet, dass das Universum im unendlich Kleinen ein riesiges Feld von Wahrscheinlichkeiten ist, alle möglich und real. Wenn jedoch ein Experimentator (ein BEOBACHTER) beschließt, zu beobachten, kollabieren alle möglichen Realitäten zu einer, der beobachteten.

Daher hat der Beobachter die Macht, das Verhalten der Materie zu bestimmen.

Der bekannte Quantenphysiker John Wheeler, Schöpfer unter anderem der Theorie der Wurmlöcher oder Weltraumtunnel, an dessen Schule auch Richard Feynman ausgebildet wurde, kommentiert diesen außergewöhnlichen Effekt, indem er die Rolle des Beobachters in die des Teilnehmers umdefiniert . Wheeler schreibt:

> „Nach einer Messung ist das Universum nicht mehr dasselbe. Um zu beschreiben, was passiert ist, muss das alte Wort „Beobachter" entfernt und durch das neue Wort „Teilnehmer" ersetzt werden. In gewisser Weise ist das Universum ein partizipatives Universum".

Die Theorie des Multiversums.

Die Theorie eines probabilistischen Universums, das in bestimmten Situationen als Reaktion auf den Beobachter "zusammenbricht", veranlasste den berühmten Mathematiker Roger Penrose, zusammen mit Stuart Hameroff die Theorie über die Existenz des Bewusstseins zu entwickeln. In Neuronen befinden sich unendlich kleine Strukturen, sogenannte Mikrotubuli, in denen Quantenfluktuationen auftreten, also Wahrscheinlichkeiten, die sich zu Entscheidungen auflösen. Die Resultante aller „Quantenzusammenbrüche", also aller Entscheidungen, bildet das Bewusstsein des Lebewesens. Der unglaublichste Aspekt ist, dass dieses Bewusstsein, da es nicht aus Materie besteht, die Fähigkeit hat, den physischen Tod des Körpers zu überleben.

Daher bleibt nach dem Tod eines Wesens mit Neuronen ein "Nebel" von Quantenfluktuationen übrig, der unsterblich ist und den Penrose als Bewusstsein definiert.

Der "Körper", in dem die Neuronen lebten, hatte die Fähigkeit, ihr eigenes "individuelles unsterbliches Bewusstsein" zu bilden, indem er die verschiedenen Wahrscheinlichkeiten beobachtete und sie zu präzisen Entscheidungen zusammenfallen ließ. Besser gesagt, wir können bestätigen, dass der Einzelne auf diese Weise seine eigene Seele geschmiedet hat.

Es sollte beachtet werden, dass Penrose ein offener Atheist ist und es sich um wissenschaftliche Studien handelt, nicht um philosophische Spekulationen.

Licht ermöglicht es dem Menschen, die Realität zu gestalten.

Licht lässt den Menschen also Beobachter sein, und die Beobachtung formt die Realität.

Dies ist nur ein Aspekt dessen, was wir „Licht" nennen, wenn wir es in die Vorhersagen der Quantenphysik einordnen. Viele weitere Aspekte erkunde ich auf meiner Facebook-Seite „Cenacolo Jung Pauli". . Beispielsweise ist die Quantenverschränkung ein bestätigtes Phänomen, bei dem zwei verwandte Photonen, dh zusammen geborene, vereint bleiben und sich sofort gegenseitig beeinflussen, selbst wenn sie sich in siderischen Abständen befinden. Dies setzt voraus, dass die unendlich kleine Realität nicht mehr aus einzelnen Objekten besteht, sondern das Ganze eins ist.

Ik geloof dat onder de problemen die in deze eeuw "over de grens" kunnen worden geplaatst, de implicaties van de kwantumfysica naar voren komen en belangrijk worden in haar aspecten die noodzakelijkerwijs, in een niet-bijziend perspectief, verder gaan dan de klassieke natuurkunde, en het punt bereiken van het gebied van filosofie en metafysica binnendringen

Materialistische resten.

Het is geschreven "Materialisme" en uitgesproken als "Rust in vrede".

"Het is geschreven "Materialisme" en uitgesproken als "Rust in vrede".

Net als de laatste Japanners die op een eilandje in de Stille Oceaan zijn gebarricadeerd, schieten materialisten boos op elk nieuw idee dat de hemel van hun zekerheden vertroebelt.

Wat is materialisme precies?

Een bepaald wetenschappelijk gebied, hardnekkig geworteld in de materialistische visie van de kosmos, wil er niet van overtuigd zijn dat de oorlog voorbij is en dat het die heeft verloren.

Een spirituele visie op de kosmos is geboren. Materialisme is volgens Wikipedia:

> "Filosofische positie die, door elk aspect van de werkelijkheid met materie te identificeren, de aanwezigheid en effectiviteit van elk hoger moment van spirituele aard uitsluit."

Volgens de Italiaanse Encyclopedia Treccani is materialisme:

> "Termijn waarmee, sinds het einde van de eeuw. 17° werd verwezen naar die filosofische theorieën die, het bestaan van spirituele substanties ontkennend, wereldgebeurtenissen interpreteren door vast te houden aan de materie als het enige verklarende principe.
>
> Daarom ontkennen de materialistische theorieën spiritualiteit, evenals de onsterfelijkheid van de ziel, de tussenkomst van goddelijke voorzienigheid en elke vorm van finalisme ... (van het bestaan) ".

Ik citeer deze definities om het onderwerp waar we het over hebben goed in te kaderen. Als dit materialisme is, is het zeker een theorie die in schril contrast staat met de inhoud van deze pagina, die in plaats daarvan een groot deel gelooft van wat het materialisme zou willen ontkennen

Een van de belangrijkste principes van het materialisme is dat de wereld een machine is, dat wil zeggen een plaats waar alles gebeurt volgens deterministische principes: slechts één actie kan een andere actie bepalen, en elke actie is uitsluitend gebaseerd op de interacties tussen materie.

De mens volgens de materialisten.

De mens is in wezen een machine, en zijn acties worden bepaald door de mechanische interacties tussen de delen waaruit hem bestaat. De mens heeft een HERSENEN waarin zich chemische reacties voordoen die zijn gedrag bepalen. Het is uitgesloten dat de mens een BEWUSTZIJN of een ZIEL heeft. De gedachten, de suggesties, de neiging tot het spirituele en het goddelijke zijn slechts valse beelden, openbaringen of afvalproducten die voortkomen uit de chemische reacties van de hersenen. De mens bestaat alleen in zijn schedel, als hij denkt dat hij zichzelf naar buiten projecteert, is hij gewoon een robot die zichzelf voor de gek houdt.

Daarom is de mens niets meer dan de aggregatie, die op een absoluut willekeurige manier plaatsvond, van sommige materialen, dat wil zeggen in het geval van een man van 1,75 meter lang en met een gewicht van 70 kilo:

Water 59%, gelijk aan 41,4 kg
Eiwit 19%, gelijk aan 13 kg
Vetten 17%, gelijk aan 12 kg
Mineralen 4%, gelijk aan 3 kg
Koolhydraten 1%, gelijk aan 0,6 kg
Trace vitamines, gelijk aan 3-5 gram.

Als je, als je in de spiegel kijkt, jezelf anders ziet dan deze stapel chemicaliën, dan is dat pure illusie.

Volgens de materialisten werden mensen geboren uit een reeks potten die op de plank van een chemisch laboratorium waren geplaatst. Op een dag maakte "willekeur", het schudden van deze containers, een robot zoals jij. Je gelooft dat je denkt, liefhebt en verlangt. Maar in feite ben je misleid.

Dus als we het over materialisten hebben, hebben we het over mensen die dit vernederende concept van andere 'menselijke' wezens hebben, zelfs van ons allemaal. Door deze theorieën uit te drukken, ontkennen materialisten bovendien zichzelf. In feite claimen ze het recht om "gedachten uit te zenden" die (in hun geval) geen bijproducten van hun brein zijn: ze denken zelfs dat ze ze als IDEEN aan anderen kunnen opdringen. Dus, materialisten zouden robots van de A-klasse zijn, met het recht om te denken; wij allemaal die zich de aanwezigheid van ziel en geest voorstellen, zouden Serie B-robots zijn waarvan de chemie verwarrend genoeg alleen illusies en bijgeloof genereert.

Materialisme vandaag.

Het materialisme heeft historisch gezien een onherstelbare kloof tussen materie en psyche gecreëerd. De materialistische wetenschap heeft zich in de afgelopen twee eeuwen gevestigd met een sterk atheïstische connotatie en heeft alle dominante posities van cultuur en samenleving ingenomen. In feite werd iedereen die geen materialistische overtuigingen beleed automatisch uitgesloten van elke mogelijkheid van een wetenschappelijke carrière. Dit was vooral duidelijk in Italië, waar de neiging tot opportunisme de oprichting van een wetenschappelijk establishment heeft bevorderd dat sterk wordt gekenmerkt door materialisme. Vandaag overheerst nog steeds een atheïstische, linkse en radicaal chique cultuur, en dat zien we door de interventies vol ongemotiveerde beledigingen te tellen die we in onze berichten ontvangen. We worden beschuldigd van het verspreiden van "capriolen", zo niet erger.

Een verouderde structuur.

De waarheid is dat materialisme een oude structuur is, die kraakt onder de slagen van eminente wetenschappers, die op weg zijn naar een radicaal ander beeld van de kosmos, te beginnen met Wolfgang Pauli (Nobelprijs voor Natuurkunde 1945) die een lange dialoog begon met Carl Jung om een verenigende theorie van materie en psyche te vinden. Onder de vele tientallen van de bekendste mogen we David Bohm niet vergeten, over wie ik spreek in mijn boek "All the colors of entanglement", en vervolgens Henry Stapp, levend theoretisch fysicus aan de University of California-Berkeley

In 2017 publiceerde Stapp het boek "Quantum Theory and Free Will. Hoe mentale intenties zich vertalen in lichamelijke acties" (kwantumtheorie en vrije wil. Hoe mentale intenties effecten produceren in de materie).

Dit boek legt in eenvoudige maar precieze bewoordingen uit hoe de orthodoxe kwantummechanica werkt en laat zien hoe deze theorie, realistisch geïnterpreteerd, een belangrijke rol toekent aan onze bewuste en vrije keuzes. Stapp gaat uit van het principe dat traditionele biologie en neurowetenschap nog steeds in wezen mislukte klassieke voorschriften ondersteunen, volgens welke mentale intenties het gedrag van materie niet beïnvloeden. Het laat zien hoe de kwantummechanica een rationele basis biedt voor een beter begrip van de verbanden tussen bewustzijn en gedrag, en ook een verklaring mogelijk maakt voor bepaalde fenomenen die momenteel als "paranormaal" worden beschouwd. Deze ideeën hebben belangrijke implicaties voor het begrijpen van onszelf en onze mentale processen, en dus ook voor de betekenis van ons leven.

Henry Stapp en de kwantumtheorie van bewustzijn.

In een van zijn vele interviews drukt Henry Stapp zich als volgt uit over zijn "Quantum Theory of Consciousness"":

> "Het is belangrijk voor ons, als individuen en collectief, om het momenteel wijdverbreide idee te corrigeren dat de wetenschap aantoont dat we mechanische automaten zijn. Dit idee is gebaseerd op klassieke mechanica, die nu empirisch ongeldig is verklaard. In plaats daarvan stelt de kwantummechanica ons voor als psychofysische ".
>
> De bewuste bedoelingen van mensen worden niet bepaald door de fysieke aspecten van de natuur, maar ze beïnvloeden causaal het verloop van fysieke gebeurtenissen. De vraag die meteen opkomt is deze: -Wat is het verband tussen onze bewuste ervaringen en de fysiek beschreven wereld? -
>
> De klassieke fysische theorieën die in de achttiende en negentiende eeuw in de wetenschap gangbaar waren, stelden dat elke fysieke eigenschap alleen wordt bepaald

door eerdere fysieke eigenschappen, zonder toegevoegde "input" van het bewustzijn. Deze bewering zou, indien waar, impliceren dat ons leven zinloos is; het zou ieder van ons reduceren tot een in wezen hersenloze mechanische automaat, die niet in staat is het verloop van toekomstige fysieke gebeurtenissen te beïnvloeden, noch voor ons eigen voordeel, noch voor het voordeel van iemand anders.

Tegenwoordig is bekend dat klassieke fysieke technieken fundamenteel onjuist zijn. Deze theorieën zijn vervangen door de kwantummechanica. In deze theorie spelen onze bewuste 'vrije keuzes' een essentiële dynamische rol bij het bepalen van de toekomst. Deze keuzes worden "vrij" genoemd omdat ze niet gebonden zijn aan enig ander kenmerk van de theorie, statistisch of anderszins."

Ik heb uitgebreid gesproken over Henry Stapp, maar ik zou tientallen en tientallen andere zeer gewaardeerde wetenschappers kunnen noemen die lesgeven of hebben gedoceerd aan prestigieuze universiteiten (in het buitenland). Niet in de laatste plaats van Stephen Hawking, onlangs overleden, en zijn ideeën over het antropische principe, uitgedrukt in zijn boek "Het universum in een notendop". Om nog maar te zwijgen van Frank Tipler en John Barrow..

Conclusies.

Deze nieuwe wetenschappelijke richting, gebaseerd op onbetwistbare gegevens, maakt een ophanden zijnde omkering van de oriëntaties van de wereldwetenschap voorspelbaar, naar de mogelijkheid van een kosmos begiftigd met een "ziel".

In Italië, met het provincialisme dat ons altijd heeft onderscheiden, blijven we nog steeds liever gebonden aan het materialisme dat, ten goede of ten kwade, plaatsen, privileges en een goede reputatie heeft gegarandeerd voor veel van zijn aanhangers. Tegen al deze mensen zou ik willen zeggen: stop met het gratis beledigen van degenen die de nieuwe oriëntaties van de wetenschap ondersteunen. Geef je op, je tijd is om, je hebt de oorlog verloren. Stap uit je bunkers en geef je over aan de eerste vissersboot die je eilandje passeert. De overwinnaars zullen je niet met dezelfde minachting behandelen als waarmee ze door jou werden behandeld. Tegen veel jonge mensen die zich nog steeds laten beïnvloeden door de materialistische theorieën van hun professoren, en die onze pagina komen beledigen als op afstand bestuurbare robots, zou ik willen zeggen: denk met je hoofd. U beslist of u liever onbewuste chemicaliën op de plank van het leven wilt hebben of dat u in plaats daarvan het leven wilt leiden.

Demonteer de hoekstenen van het materialisme. Objectiviteit.

"Demonteer de hoekstenen van het materialisme. Objectiviteit".

Objectiviteit, soms "sterke objectiviteit" genoemd, is het principe dat al aanwezig is in het denken van Aristoteles, dat luidt: "De materiële wereld is onafhankelijk van het bewustzijn". Het betekent dat voor de huidige materialistische wetenschap het bewustzijn, dat een bijverschijnsel is dat door de materie wordt voortgebracht, dat wil zeggen een onecht product van de hersenchemie, geen enkele invloed kan hebben op het gedrag van de materie. Om dit principe te bevestigen (allemaal te demonstreren), worden er altijd nieuwe wetenschappelijke onderzoeken uitgevonden die gericht zijn op het identificeren van het zaad van bewustzijn in een geheime kamer van ons fysieke lichaam.

Het werkt niet overal zo: de kwantumfysica weerlegt deze veronderstelling.

Opgemerkt moet worden dat het materialisme zeer geldige waarheden verkondigd in de macroscopische context van het universum. De macroscopische context is die waarin we zijn ondergedompeld, een soort platonisch-achtige grot waar de werkelijkheid slechts de representatie is die op een bedrieglijke manier door onze zintuigen wordt waargenomen en bemiddeld. In de macroscopische context lijken tijd en ruimte "vaste" concepten te zijn en met zekerheid te meten, met instrumenten die zijn afgestemd op onze zintuigen.

Er zijn inderdaad andere niveaus van realiteit. Bijvoorbeeld het niveau van Einstein's "relativiteit", waar in feite tijd en ruimte "relatief" zijn als functie van de lichtsnelheid. In de relativistische fysica is het concept van "objectiviteit nog steeds geldig. Dan is er het subatomaire of kwantumniveau, en hier ontstaan de problemen, omdat niets zekerder is, maar alles slechts waarschijnlijk is. Zoals de klassieke fysica leert, is elke regel geldig als zolang In feite ontmantelt de kwantumfysica de zekerheden die op de andere niveaus bestaan en ontkent daarom materialistische objectiviteit.

Een voetballende "rigor" op macroscopisch niveau.

Laten we proberen een gebeurtenis te onderzoeken die plaatsvindt in twee contexten, de macroscopische en de kwantum. We kiezen voor een voetbalevenement: een speler die een penalty in het doel van de tegenstander schiet.

Op macroscopisch niveau zouden we theoretisch de scène kunnen vullen met honderden of duizenden zeer kleine sensoren, om de ontwikkeling van de actie niet te belemmeren. We kunnen ze plaatsen op het lichaam van de speler, op de bal, op de keeper, in de omgeving en waar je maar wilt.

Op speciale schermen konden we het hele tafereel tot in de kleinste details reconstrueren. We zouden op elk moment de energieën, snelheid, positie en baan van elk element in het spel kunnen kennen, we zouden diagrammen kunnen maken om elk klein detail op elk moment met maniakale precisie weer te geven. Dit is objectiviteit: ik weet altijd alles over alles, over het onderwerp dat ik onderzoek.

Het belangrijkste is dit: als we de meetapparatuur niet hadden opgesteld, was het precies hetzelfde gelopen. Evenzo, als we een observatiesysteem hadden opgezet op basis van verschillende technische details, bijvoorbeeld niet langer met sensoren maar op vliegende camera's, of op thermische metingen of wat je maar wilt, zou het resultaat in het veld hetzelfde zijn geweest.

De conclusie is dat onze waarneming de gebeurtenis niet heeft verstoord. Wat we ook van buitenaf deden: kijken, niet kijken, filmen, fotograferen, röntgenstralen, onze tussenkomst zou de uitkomst van de actie van de speler op geen enkele manier hebben veranderd.

Een voetbalstraf op kwantumniveau..

Laten we nu onze voetballer verkleinen door hem te verkleinen tot de grootte van een elektron en hem te verplaatsen naar een proportioneel klein speelveld, een kwantumveld. We zullen de strengheid herhalen. We gebruiken elke observatiemethode die u verkiest en observeren op een hypothetisch scherm wat er gebeurt als de minivoetballer de minibal naar het minidoel schiet.

Gelooft u dat dezelfde gegevens die we op macroscopisch niveau hebben gezien, op onze schermen zullen verschijnen?

Absoluut nee. Het waarom is simpel. De genomen scène is niet langer de "pure en aseptische" van wat er gebeurt. Ons observatie-instrument wordt inderdaad een onderdeel van het waargenomen systeem, en het tafereel dat we zien wordt juist verstoord door het feit dat we het waarnemen.

We zullen niet van moment tot moment de polsslag van de situatie kunnen krijgen: we zullen slechts een paar elementen kunnen zien, bijvoorbeeld de snelheid van de bal, maar niet de richting ervan.

Dit is het "onzekerheids"-principe. Merk trouwens op hoe de naam zich elegant verzet tegen het principe dat 'determinisme' wordt genoemd en dat zo dierbaar is aan de klassieke natuurkunde.

Het onzekerheidsprincipe werd in 1927 verkondigd door Werner Karl Heisenberg en werd vervolgens bevestigd door talloze experimenten. Het vertegenwoordigt een van de belangrijkste concepten van de kwantummechanica, die een radicaal probleem hebben gesanctioneerd met betrekking tot de wetten van de klassieke mechanica. Een fysieke regel blijft geldig totdat deze wordt weerlegd. Met alle respect voor iedereen, de kwantumrealiteit, die niets anders is dan de algemene wetenschappelijke realiteit, logenstraft objectiviteit.

De rol van de waarnemer.

Ik heb het in veel andere posts gehad over de rol van de waarnemer. Terwijl we in de macroscopische realiteit de actie op elke (niet-beïnvloedende) manier kunnen observeren zonder dat onze waarneming enig effect heeft op wat er gebeurt, is er in de kwantumrealiteit geen manier om de actie waar te nemen zonder deze te verstoren.

Daarom is op macroscopisch niveau de invloed van de waarnemer nietig, terwijl op het kwantumniveau de waarnemer niet alleen effectief en beslissend is, maar ook noodzakelijk en beslissend.

Observeren of niet observeren maakt verschil. De kwantuminstorting.

Op kwantumniveau is de waarnemer om een andere belangrijke reden cruciaal. De waarneming genereert de "kwantuminstorting", dat wil zeggen, het kristalliseert de kwantumwaarschijnlijkheid in een effectieve toestand.

Kort gezegd, een niet-waargenomen elektron is niet representatief, zoals we ons kunnen voorstellen, vergelijkbaar met een "bal" die rond de kern van zijn atoom draait.

In feite is het elektron een waarschijnlijkheidsgolf: zoals je je kunt voorstellen, is de golf geen specifiek punt, maar een "trilling" die zich in de ruimte uitstrekt, zoals de cirkels van water die worden veroorzaakt door een steen die in de vijver wordt gegooid. Waar is het elektron, opgevat als een "bal"? Het is een kans dat een bal langs de golf wordt verspreid. Dat wil zeggen, het kan hier zijn, maar ook daar, en waar de uitbreiding van de golf het toelaat. Maar let op: het is niet hier OF daar, het is hier en OOK daar. Dit is het principe van kwantumsuperpositie, beschreven door Erwin Schrödinger in zijn beroemde vergelijking.

De waarneming heeft tot gevolg dat alle probabilistische posities van het elektron in een precieze, "echte" positie worden samengevouwen. Het waargenomen elektron bevindt zich niet meer overal langs de golf, maar 'ingestort' precies op het punt waar de waarneming plaatsvond. Zonder observatie is er geen ineenstorting, en zonder ineenstorting is er geen waarneembare situatie, er is geen vaste materie in een zeker detecteerbare toestand.

Dus hier is de verbazingwekkende conclusie: het is de waarnemer die de ineenstorting veroorzaakt, daarom is het de waarnemer die de werkelijkheid bepaalt.

Demonteer de hoekstenen van het materialisme. De locatie.

"Demonteer de hoekstenen van het materialisme. De locatie".

Lokaliteit is een van de belangrijkste hypothesen voor de klassieke natuurkunde. Ik zal het kort uitleggen met een voorbeeld. Stel je voor dat je de brandende kaarsjes op je verjaardagstaart uitblaast. Denk je dat je de kaarsjes kunt uitblazen? Het gaat je zeker lukken. Maar denk je dat je de kaarsjes op een taart in een nabijgelegen gebouw kunt uitblazen? Of denk je dat je die op een taart in Nieuw-Zeeland kunt uitschakelen? Of denk je dat je volgend jaar de kaarsjes op de taart uitblaast? Ik hoop dat u nee wilt antwoorden. Hier is dit het concept van "fysieke locatie".

Elk fenomeen en de gevolgen ervan worden beperkt door ruimte en tijd. De krachten nemen af naarmate deze factoren toenemen. Dat wil zeggen, de krachten zijn gelokaliseerd, beperkt tot de plaats en tijd waarin ze plaatsvinden.

Het concept, dat absoluut logisch is, is afgeleid van de wet van entropie waarvoor de tijd maar in één richting verloopt, en van de snelheid van het licht, zoals gedicteerd door Einstein: niets kan dit overschrijden dat gelijk is aan ongeveer 300.000 km. per seconde.

De wereld van de natuurkunde slaakte een zucht van verlichting toen Einstein iedereen geruststelde dat zijn relativiteitstheorie niet in tegenspraak was met het lokalisme. Einstein was inderdaad altijd een fervent verdediger van dit concept, vooral toen Niels Bohr en zijn Copenhagen School het ontkenden met hun uitspraken over kwantumfysica.

Maar laten we in volgorde gaan.

In de natuurkunde stelt het lokaliteitsprincipe dat verre objecten geen directe invloed op elkaar kunnen hebben.

Sterker nog, er zijn geen objecten die niet de gevolgen ondervinden van de variatie van objecten die voldoende dichtbij zijn geplaatst. Evenzo kan geen enkel object de gevolgen ondervinden van de variaties van objecten die ver genoeg van hen verwijderd zijn.

Over dit principe zei Albert Einstein het volgende:

> «..Het volgende idee kenmerkt de relatieve onafhankelijkheid van zeer verre objecten in de ruimte (A en B): een externe invloed op A heeft geen directe invloed op B; dit staat bekend als het Local Action Principle, "
>
> (Albert Einstein, Quanten-Mechanik en Wirklichkeit, Dialectica 2: 320-324, 1948)

Localisme is nauw verwant aan de concepten van determinisme of causaliteit.

Determinisme is gemakkelijk te verklaren: stel je een pooltafel voor. Denk je dat een bal vanzelf in beweging komt als hij niet eerst een duw krijgt? Ik heb het nog nooit gezien. Zijn beweging moet worden "bepaald" of "veroorzaakt" door een andere gebeurtenis, waarschijnlijk de stuwkracht van een keu of de impact van een andere bal. Deze gebeurtenis bepaalt de verplaatsing, omdat het een overdracht van energie betreft van de botsende bal naar de bal die wordt geraakt. In deze klassieke wetenschap is onweerlegbaar: door de energieën te berekenen die ermee gemoeid zijn, kunnen we praktisch alles 'voorspellen': hoe snel en in welke richting de ballen zullen bewegen en welke andere gebeurtenissen ze zullen bepalen. Ballistiek is een exacte wetenschap die de baan berekent van een kanonskogel maar ook van een ruimteschip. Zonder lokaliteit en determinisme hadden we nooit de verovering van de ruimte kunnen beginnen.

Maar natuurlijk is de "lokaliteit" "gelokaliseerd". Dit betekent dat om het effect op de geraakte bal te berekenen, ik EERST de snelheid, het gewicht en de kracht moet weten van de bal die hem zal raken.

Wat gebeurt er als een vlinder met zijn vleugels klappert in Brazilië?

In 1972 publiceerde de beroemde wiskundige Edward Lorenz een artikel met de titel die als volgt kan worden vertaald: "Kan het klapperen van de vleugels van een vlinder in Brazilië een tornado in Texas veroorzaken?"

Volgens het lokaliteitsbeginsel zouden we moeten toegeven dat het ding "zou kunnen" mogelijk zijn, maar de duivel zit in de details van die conjunctief. Het zou kunnen: misschien wel of misschien niet, met als gevolg dat de gebeurtenis niet voorspelbaar is. Dit bevestigt de onverenigbaarheid met wat wordt beweerd door de theorie van "plaats". In feite moet elk plaatselijk evenement absoluut en precies voorspelbaar zijn, zoals in het geval van de twee biljartballen.

Nu zal geen enkele computer ter wereld ooit in staat zijn om alle variabelen te berekenen die betrokken zijn tussen het klapperen van de vleugels in Brazilië en de ontwikkeling van een tornado in Texas. Vooral omdat op een elementair niveau het onzekerheidsprincipe van Heisenberg een rol zou spelen, namelijk de onvoorspelbaarheid van enkele mogelijke stappen.

Samengevat vereist de plaats dat een fenomeen dichtbij is in ruimte en tijd, voorspelbaar in termen van premissen en gevolgen. Het voor moet bekend zijn om het na te bepalen. Deze vereisten kwalificeren het concept van realisme.

Lokaal realisme en metafysisch realisme.

Lokaal realisme is de combinatie van het lokaliteitsprincipe met de realistische veronderstelling dat, om enige berekening te kunnen maken, het noodzakelijk is dat de objecten in het spel reeds bestaande waarden moeten hebben. Deze waarden moeten bekend zijn voordat berekeningen worden gemaakt.

Realisme in de zin die gebruikt wordt in de klassieke natuurkunde staat in contrast met de aannames van realisme in de metafysica. Volgens het metafysisch realisme is er een wereld die onafhankelijk is van de materiële realiteit. De kwantumfysica verwerpt ook grotendeels lokaal realisme vanwege de onweerlegbare bevestiging van kwantumverstrengeling. De kwantumfysica bevestigt echter niet het bestaan van een metafysische realiteit die verschilt van de materiële realiteit, maar erkent alleen het bestaan van een realiteit die het definieert als 'niet-lokaal' waarin de regels van het materialisme niet geldig zijn. Je ziet wat het verschil is.

De kwantum niet-lokaliteit.

Zoals ik in veel eerdere berichten heb beschreven, bepaalt kwantumverstrengeling (vertaalbaar: kwantumverstrengeling) dat twee elementaire deeltjes, bijvoorbeeld twee elektronen of twee fotonen, geboren uit dezelfde gebeurtenis, een niet-lokale binding behouden. Ik leg kort het experiment uit dat deze link bevestigt. Twee deeltjes van dit type hebben een fysieke onderlinge afhankelijkheid, een beetje moeilijk technisch uit te leggen, maar laten we, alleen ter illustratie, aannemen dat de ene vrouw is (Maria) en de andere mannelijk is (Antonio).

We scheiden de twee deeltjes op elke afstand die je maar wilt.

Laten we tussenbeide komen op Antonio: laten we zijn geslacht veranderen en hem in Antonietta veranderen.

Tegelijkertijd (niet direct daarna, maar tegelijkertijd) verandert Maria van geslacht en wordt Mario.

Het is duidelijk dat de snelheid van informatie de snelheid van het licht heeft overschreden.

Als we precies willen zijn, er was geen informatieoverdracht. Maria veranderde niet van geslacht "nadat" Antonio haar had veranderd, maar tegelijkertijd. De twee deeltjes gedroegen zich alsof ze een gemeenschappelijk bewustzijn hadden, alsof ze een enkel deeltje waren.

Begrijp je het concept? In dit geval bestaat de plaats niet meer. Helaas voor materialisten werkt natuurkunde niet zoals grammatica. Uitzonderingen zijn niet toegestaan. Een enkele uitzondering bepaalt noodzakelijkerwijs de ineenstorting van elke theorie, zelfs de meest gevestigde.

Tegenwoordig weten we met zekerheid dat een van de hoekstenen van het materialisme, het lokalisme, is omvergeworpen. Het blijft geldig in onze macroscopische realiteit (zou zeggen, zoals waargenomen door ons begrip), maar niet op alle niveaus van de realiteit. In feite is er een realiteit die de wetenschap met grote schaamte heeft gedefinieerd als "niet-lokaliteit". Het is een realiteit die absoluut vrij is van de dominantie van de materie.

De demon van Laplace.

"De demon van Laplace".

Het zal nooit mogelijk zijn voor een demon, zelfs niet in de vorm van een supergeavanceerde computer, om de diepten van het verleden en de toekomst te peilen, omdat het nooit mogelijk zal zijn om ALLE variabelen te kennen die in het universum spelen. De kwantumrealiteit sluit deze mogelijkheid uit. De zogenaamde "onzekerheidswet" bepaalde de dood van de demon van Laplace en de gelijktijdige dood van het determinisme, dat alleen geldig blijft op macroscopisch niveau.

Een nogal aanmatigende theorie.

Toen de astronoom Laplace in 1796 zijn grote werk "Mécanique Céleste" over de werking van het heelal aan Napoleon Bonaparte presenteerde, vroeg de keizer hem waarom hij de aanwezigheid van God in de schepping niet had genoemd. Laplace antwoordde dat hij de behoefte niet voelde, omdat het hele universum prima werkte, zelfs zonder God.

In feite had Laplace veel vertrouwen in de wetten van de zogenaamde 'deterministische' fysica. Wanneer u bijvoorbeeld een bal op de pooltafel slaat, is het mogelijk om precies alle variabelen van de slag te kennen (gewicht van de bal, uitgeoefende kracht, grootte van de tafel, enz.). Daardoor is het mogelijk om precies te berekenen waar de bal zal komen, waar hij zal raken, wat het geraakte object zal doen en wat er zal gebeuren in de hele reeks gebeurtenissen die volgen. Als je de fysieke context kent waarin de bal beweegt, zal het mogelijk zijn om precies alle gevolgen van die worp tot in de eeuwigheid te berekenen. Niet alleen dat, maar door rekening te houden met een volgende gebeurtenis als gevolg van die worp van de bal, laten we zeggen tien jaar later, zal het mogelijk zijn om alle gebeurtenissen terug te berekenen tot aan het moment van de geboorte van het heelal.

Determinisme.

Alle door Laplace bekende natuurwetten bezaten deze eigenschap van toekomstvoorspelling en historische reconstructie. Laplace schreef:

> "Laten we ons een intelligentie voorstellen die voor een bepaald moment alle krachten kende die de natuur bezielen en de respectieve situatie van de wezens waaruit deze bestaat. We stellen ons ook voor dat deze intelligentie diep genoeg was om deze gegevens aan analyse te onderwerpen door in dezelfde formule de bewegingen van de grootste lichamen in het universum en het lichtste atoom te omarmen. Niets zou voor deze intelligentie onzeker zijn en de toekomst, zoals het verleden, zou in zijn ogen aanwezig zijn "

Deze optie van klassieke natuurkunde, "determinisme" genoemd, maakt nog steeds deel uit van het schoolcurriculum en is theoretisch waar. Het enige probleem is dat er geen geschikte tool zou zijn om de benodigde hoeveelheid berekeningen uit te voeren. Echter, "theoretisch" zou het mogelijk zijn. Theoretisch zou de mens dankzij de wetten van de klassieke fysica alleen zijn verleden en zijn toekomst kunnen kennen. De mens zou de vraag kunnen beantwoorden of "het klapperen van de vleugels van een vlinder in Brazilië een orkaan in Texas zou kunnen veroorzaken". En dat niet alleen: de mens zou zo'n klapperen van vleugels mechanisch kunnen berekenen en simuleren met de eigenschappen die geschikt zijn om de orkaan van Texas echt te laten plaatsvinden.

De demon van Laplace.

Goed wetende dat hij deze theorie op praktisch niveau nooit in praktijk zou kunnen brengen, stelde de mens zich een 'wezen' voor dat daartoe in staat zou zijn, aangezien hij begiftigd is met buitengewone krachten. Zo ontstond de figuur van "Laplace's Demon", een intelligentie die zo groot is dat hij in een oogwenk alle natuurkrachten kan ondervragen om de antwoorden terug te brengen tot een onmiddellijke synthese waaruit de kennis van alles kan worden afgeleid.

Jammer dat men bij het aanroepen van deze uitzonderlijk begaafde demon, heel goed wetende dat hij niet bestaat, afstand doet van een ander "wezen" dat niet zozeer zou kunnen bestaan in de inferieure vorm van een demon, maar in de vorm van God.

Inderdaad, de "Geest" of de "Tao" zou deze krachten bezitten. Waarom worden ze afgewezen? Het verschil is dat de demon, hoewel begiftigd met grote vermogens, door de mens kan worden gedomineerd, terwijl in plaats daarvan de goddelijkheid de mens domineert. Het is bekend dat de mens er niet van houdt om overweldigd te worden. De mens kan zich de demon van Laplace voorstellen als een immense rekenmachine die alle noodzakelijke berekeningen kan uitvoeren. Het is duidelijk dat de computer, hoe enorm capabel ook, altijd mensenwerk is.

Kwantumcomputers worden tegenwoordig gebouwd, met rekenkracht die miljarden keren krachtiger is dan de computers van vandaag. Daarom blijft de illusie dat de demon van Laplace werkelijkheid kan worden, de hersens van veel materialisten prikkelen.

Een onmogelijke droom.

In feite zal het nooit mogelijk zijn voor een demon, zelfs niet in de vorm van een supergeavanceerde computer, om de diepten van het verleden en de toekomst te peilen, omdat het nooit mogelijk zal zijn om ALLE variabelen te kennen die in het universum spelen . De kwantumrealiteit sluit deze mogelijkheid uit. De zogenaamde "onzekerheidswet" bepaalde de dood van de demon van Laplace en de gelijktijdige dood van het determinisme, dat alleen geldig blijft op macroscopisch niveau.

In de subatomaire dimensies bestaat geen materie meer, er zijn alleen energetische trillingen die zich kunnen manifesteren in de vorm van een golf of een deeltje, volgens volledig probabilistische criteria. De demon van Laplace zou nooit precies kunnen weten waar een deeltje is en hoe snel het beweegt. Jammer van het materialisme. De demon van Laplace is niet langer nodig, het is een kapot stuk speelgoed. Misschien kunnen we terugkeren naar het idee van een God die precies elke positie en elke snelheid kent. De kwantumfysica nadert dit doel. Het 'kwantumpotentieel' van Bohm kent bijvoorbeeld niet alleen precies de gegevens van alle deeltjes, maar weet ze ook te sturen.

Het schip van Theseus.

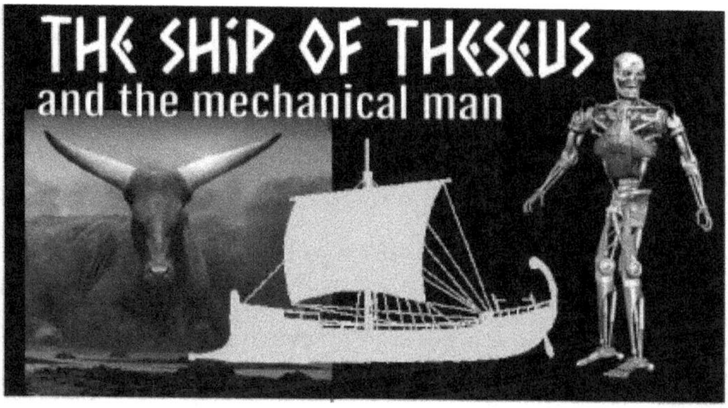

"Het schip van Theseus en de mens-monteur".

De mens is gemaakt van atomen. Door de jaren heen verandert zijn lichaam volledig. Cellen in het lichaam sterven af en worden voortdurend vervangen door andere cellen die uit verschillende atomen bestaan. In een paar jaar tijd verandert de mens totaal van inhoud en vorm. Desondanks blijft elke man dezelfde "persoon".

Mythologische premisse.

Theseus is een mythische held van Attica. Zijn bekendste wapenfeit is het doden van de Minotaurus. Elk jaar moesten de Atheners een afschuwelijk eerbetoon brengen aan Kreta, bestaande uit enkele jonge mensen die als maaltijd aan het monster werden aangeboden. Theseus ging aan boord van het schip dat de jonge mensen naar Kreta zou brengen, liet zich met hen opsluiten in het Labyrint en doodde de Minotaurus. Later slaagde hij erin om uit het labyrint te komen door de draad te volgen die hem werd gegeven door Arianna, de dochter van Minos. Toen hij als overwinnaar terugkeerde naar Athene, vergat hij de zwarte zeilen van het schip te verwisselen voor witte zeilen, een signaal dat met zijn vader was overeengekomen om het gelukkige succes van de onderneming aan te geven. De vader

Egeo, die geloofde dat zijn zoon dood was, wierp zich in de zee die zijn huidige naam van hem ontleende.

De paradox.

Deze mythologische premisse introduceert de zogenaamde paradox van het 'schip van Theseus'.

Er wordt gezegd dat het houten schip waarop de held reisde door de eeuwen heen intact was bewaard. Omdat sommige houten of ijzeren onderdelen verslechterden, werden ze vervangen door andere die op precies dezelfde manier waren gevormd. Natuurlijk werden op den duur alle onderdelen vervangen, al behield het schip precies zijn oorspronkelijke vorm.

Als we aan deze situatie denken, kunnen we zeggen dat het schip volledig werd vervangen, maar tegelijkertijd bleef het de "Nave di Theseo". Het wordt legitiem om jezelf de vraag te stellen: is het schip van Theseus echt bewaard gebleven of niet?

Het schip is volledig gewijzigd in de STOF maar heeft geen wijzigingen ondergaan in de VORM. Is het nog steeds dezelfde ENTITY?

Volgens de materialistische opvatting, nee. Inderdaad, voor het materialisme is alleen de substantie van belang. Het concept van 'vorm' is leeg en betekenisloos: materie aggregeert willekeurig, dus de vorm is slechts het resultaat van toeval. Materie is immers een willekeurige aaneenschakeling van atomen. De begrippen "hout" en "ijzer" bestaan niet, er zijn atomen. In de materialistische fysica kan het schip niet meer hetzelfde zijn, omdat de atomen waaruit het is samengesteld verschillen van de oorspronkelijke.

De mens is ook een mechanisch aggregaat gemaakt van atomen.

We kunnen deze paradox richten op onze persoon, dat wil zeggen op elk levend wezen, inclusief de mens. Zelfs mensen veranderen door de jaren heen volledig. Cellen in het lichaam sterven af en worden voortdurend vervangen door andere cellen die uit verschillende atomen bestaan. Daarom verandert de mens zeker van stof. Bovendien verandert de mens ten opzichte van de ongewijzigde vorm van het schip van Theseus ook van VORM: kijk maar naar de foto van een kindmens en van de volwassen man zelf. Desondanks blijft elke man dezelfde persoon.

Een metafysisch standpunt.

De kwestie moet niet alleen vanuit het fysieke gezichtspunt van het materialisme worden onderzocht, maar ook vanuit het metafysische gezichtspunt.

In feite, in het geval van een levend wezen, rijst de metafysische vraag of de ORIGINELE IDENTITEIT daadwerkelijk voortduurt voor een entiteit die is samengesteld uit delen die in de loop van de tijd veranderen.

Dat wil zeggen, blijft een enkel geheel echt zichzelf, nadat alle materie in de loop van de tijd is veranderd? Volgens het materialisme, nee, omdat de entiteit alleen uit materie bestaat.

Dit kan waar zijn voor het schip van Theseus, aangezien het concept van "schip" hem vreemd is: het is een toeschrijving die wordt gegeven door waarnemers, die het definiëren als een "schip".

Waar leeft het 'bewustzijn van jezelf zijn?

In het geval van de mens moet echter een ander concept worden geïntroduceerd: dat van BEWUSTZIJN.

De mens is zich ervan bewust dat hij zichzelf is. Hij is van zijn vroegste leeftijd tot aan zijn dood. Zelfbewustzijn is geschreven... .maar... WAAR?

Het staat niet geschreven in de materie waaruit het bestaan bestaat, anders zou het bewustzijn van dag tot dag veranderen door de materie te veranderen. Niet alleen dat, maar gezien het verdwijnen van de vervangende materie, zouden zelfs de herinneringen, dat wil zeggen het besef van het leven dat in het verleden geleefd is, moeten verdwijnen.

Zelfbewustzijn is iets dat zeker bestaat en zeker verder gaat dan de materie. De mens is geen machine die alleen uit materie is gemaakt, maar is een wezen dat uit materie is gemaakt en een ander niet-materieel onderdeel dat hem in staat stelt zelfgewaarzijn te hebben en dit bewustzijn te behouden, zelfs wanneer de materie van zijn lichaam volledig is vervangen.

Dit betekent dat de materiële component een veel lagere graad inneemt dan de bewustzijnscomponent, die we kunnen definiëren als psyche of geest. De aard van de geest, extern aan het lichaam en ongevoelig voor zijn veranderingen, maakt zijn overleving geloofwaardig, die zal voortduren, zelfs wanneer het lichaam verandert totdat het uiteenvalt.

De ongehoorzame hoornaar..

"De ongehoorzame horzel en buitenzintuiglijke waarnemingen".

De wetenschap heeft het vaak bij het verkeerde eind, maar geeft het maar zelden toe. In de overgrote meerderheid van de gevallen werkt het "protocol van verdediging tot het bittere einde van wetenschappelijke dogma's" heel goed. In 1934, uit een wetenschappelijke publicatie van zoöloog Antoine Magnan over de vlucht van insecten, werd het geloof geboren, onmiddellijk wijdverbreid in de beschaafde samenleving van die tijd, dat de onmogelijkheid van vliegen in het bijzonder van toepassing was op een hurkend insect met kleine vleugels zoals de horzel . En als de wetenschap iets stelt, wordt dat een onbetwistbare realiteit. Niemand ging naar een weiland om te controleren.

De precedenten van de geschiedenis.

In 1934 publiceerde Antoine Magnan, een Franse zoöloog en luchtvaartingenieur die de vlucht van insecten en vogels bestudeerde om de resultaten toe te passen op gemotoriseerde vluchten, een boek van 180 pagina's getiteld "Le vol des insectes" (De vlucht van insecten) met de volgende zin:

> "Ik heb de wetten van de luchtweerstand toegepast op insecten en ben samen met de heer Sainte-Laguë tot de conclusie gekomen dat hun vlucht onmogelijk is".

Sainte-Laguë was een Franse ingenieur en wiskundige, Magnans assistent bij het opstellen van de berekeningen in het boek.

Vandaar het geloof, dat in die tijd onmiddellijk wijdverbreid was in de beschaafde samenleving, dat de onmogelijkheid van vliegen in het bijzonder van toepassing was op een hurkend insect met kleine vleugels zoals de horzel, of beter gezegd de hommel. En als de wetenschap iets stelt, wordt dat een onbetwistbare realiteit.

De wetenschap die zichzelf niet in vraag stelt.

Maar iemand dacht eraan om het aan te vechten: hij ving een horzel, bracht die naar Magnan en bevrijdde hem voor zijn neus. Onmiddellijk vloog het insect zo snel als het kon weg, waarmee hij aantoonde dat het heel goed wist te vliegen.

Wanneer de wetenschap wordt uitgedaagd in haar overtuigingen, reageert ze volgens een goed getest en geconsolideerd protocol:

- Daag zijn competentie uit en vraag zijn mentale capaciteiten.
- Maak hem belachelijk..

De hoornaar vloog toch omdat hij geen bouwkunde had gestudeerd.

Het is duidelijk dat de hoornaar die wegvloog voor Magnan geen ingenieursdiploma had om de berekeningen van Monsieur Sainte-Laguë te betwisten, dus zijn opleiding was twijfelachtig, maar hij vloog. Als we hiermee geconfronteerd werden, zou zelfs de tweede techniek niet effectief zijn geweest: hoe maak je een vliegende horzel belachelijk voor het feit dat hij vliegt? Bovendien zou de hoornaar zich niet een beetje belachelijk hebben gevoeld, hij zou zich niet hebben geschaamd en zou veilig zijn blijven vliegen, zoals hij nog steeds doet.

Waarschijnlijk zouden wetenschappelijke organisaties zoals de CICAP tot de conclusie zijn gekomen dat er een truc was en zouden ze zijn begonnen aan jarenlange proeven en pogingen om het te bewijzen, omdat, volgens hun principes, als de wetenschap zegt dat iets "niet kan gebeuren", het gewoon NIET KAN GEBEUREN . Als dit helaas gebeurt, betekent dit dat er een bedrog onder zit dat moet worden blootgelegd.

Antoine Magnan bleek een intelligente wetenschapper te zijn en nam zijn toevlucht tot een meer subtiele techniek. Hij herberekende de berekeningen.

Het was voldoende om de gegevens een beetje door elkaar te gooien, enkele constanten aan te passen en de waarde van sommige variabelen aan te passen om een vergelijking te verkrijgen die met absolute zekerheid aantoonde dat de vlucht van de horzel mogelijk is.

Hoe arseenwater drinkbaar wordt.

Het alarm dat recentelijk betrekking had op de distributie van drinkwater in Italië is bekend. Via de Commissie heeft de Europese Unie zich gericht op 128 Italiaanse gemeenten waarvan de openbare wateren een grotere hoeveelheid arseen bevatten dan de wettelijke limieten. Deze hoeveelheid is momenteel beperkt tot 10 microgram per liter; de toenmalige Italiaanse regering vroeg om een afwijking om 50 microgram te kunnen bereiken, terwijl de Europese instellingen bereid zijn om maximaal 20 microgram toe te kennen.

Wat ze ook zeggen en wat de conclusie ook is, de inwoners van deze 128 gemeenten weten dat het water dat als wetenschappelijk schadelijk wordt beschouwd, vanwege de aanwezigheid van arseen in een hoeveelheid die als hoger wordt beschouwd dan de draaglijke limiet van 10 microgram, binnenkort drinkbaar zal worden door het opnieuw te doen de analyses een beetje, met enkele parameters veranderd. Het is voldoende om aan tafel vast te stellen dat de draaglijke limiet niet langer 10 maar 20 of 50 is

Geeft de wetenschap haar fouten toe?

De wetenschap denkt er van tijd tot tijd over na, maar zeer zelden. In de overgrote meerderheid van de gevallen werkt het "protocol voor de verdediging van wetenschappelijke dogma's" heel goed.

Als de ketter in het beste geval een "lek" is, wordt hij belachelijk gemaakt en soms wordt zijn geestelijke gezondheid in twijfel getrokken. In veel gevallen wordt hij een oplichter genoemd die misbruik wil maken van populaire goedgelovigheid

Als, aan de andere kant, de ketter enige wetenschappelijke kwalificatie bezit, wordt in dit opzicht betwist; er wordt beweerd dat de rest van de wetenschappelijke gemeenschap er anders over denkt, zijn vermogen om de academische rollen en posities te bekleden wordt in twijfel getrokken; in sommige gevallen worden de twee technieken gecombineerd, wat hem belachelijk maakt in zijn professionaliteit.

Er zijn veel berekeningen die opnieuw moeten worden uitgevoerd.

Als dit het geval is, kunnen we alleen maar hopen dat de nieuwe wetenschappelijke gisten, vooral op het gebied van de kwantumfysica, het momenteel dominante materialistische establishment ervan zullen overtuigen dat er veel berekeningen moeten worden overgedaan.

Het is duidelijk dat het grootste deel van de wereldbevolking vast gelooft in het bestaan van buitenzintuiglijke verschijnselen, zoals telepathie en voorgevoelens, en een zeer groot aantal is de hoofdrolspeler geweest. Helaas kunnen ze deze verschijnselen niet bewijzen, zoals de horzel deed, dus worden ze het slachtoffer van het "ontkenningsprotocol":

"Je weet niet wat je zegt, je bent incompetent, je bent waarschijnlijk psychologisch labiel of oplichters!"

"Iedereen kijk wat deze gek zegt!"

Mede daarom geven velen er de voorkeur aan zich niet bloot te geven in het openbaar maken van hun ervaringen.

Zoals voorspeld door de intuïtie van twee wetenschappers zoals Carl Jung (psycholoog, theoreticus van het collectieve onbewuste en synchroniciteit) en Wolfgang Pauli (kwantumfysicus, Nobelprijswinnaar), heeft de kwantumfysica met de experimenten met het fenomeen verstrengeling aangetoond dat van een werkelijkheidsniveau dat volledig onafhankelijk is van de wetten van de materie, dus een psychische component van de kosmos. Het naast elkaar bestaan en de samenwerking van psyche en materie blijkt echt te zijn, sommige berekeningen zullen ook opnieuw moeten worden gedaan met het oog op deze variabele.

Het antropische principe.

In 1973 ontwikkelde een wetenschapper, Brandon Carter, een nieuwe formulering van de relatie die de mens met het universum verenigt, noemde het het "antropische principe" en presenteerde het aan de wetenschappelijke gemeenschap tijdens een symposium over "Vergelijking van kosmologische theorieën met gegevens van observaties "die in Krakau werden gehouden. Dit principe, dat in zijn formulering 'sterke formulering' wordt genoemd, veel omstreden is, doet de huidige kijk op de relatie tussen mensen en de kosmos omverwerpen en wijst de mens een centrale rol toe.

Het sterke principe stelt dat het universum precies moet zijn zoals het is om de ontwikkeling van leven mogelijk te maken, op een bepaald moment in zijn geschiedenis, die samenvalt met het tijdperk waarin we leven, dat wil zeggen ongeveer 14 miljard jaar vanaf zijn vorming. Onder de vele universums die uit de oerknal zouden kunnen zijn ontstaan, heeft zich het universum ontwikkeld dat ons in staat stelt hier vandaag te zijn. De kans dat dit gebeurt is één op enkele miljarden; als deze ene kans bij toeval was gebeurd, dan zou het toeval een onmogelijke loterij hebben gewonnen.

Dit betekent dat het universum precies is ontworpen om ons in staat te stellen hier vandaag te zijn. Het universum heeft maar één doel: de mens herbergen.

Daarom zou de mens geen gast zijn die toevallig door een bizar toeval in een universum is dat hem negeert, maar de reden en het doel waarvoor het universum bestaat. Deze theorie houdt in dat het universum werd gevormd met het doel het leven en de ontwikkeling van bewustzijn te bevorderen; dat wil zeggen dat het universum is ontworpen als een cocon, een placenta waarin het leven in het algemeen en het menselijk bewustzijn in het bijzonder zou kunnen ontstaan.

De waarden van kerninteracties zijn wonderbaarlijk geschikt voor het leven.

De mogelijke waarden van de vier fundamentele interacties (zwaartekracht, elektromagnetische kracht, zwakke kernkracht en sterke kernkracht) en van de subatomaire deeltjes (proton, neutron, elektron) zouden oneindig veel combinaties kunnen hebben, maar alleen de bestaande en meetbare waarden laat het bestaan toe van een interactieve mix die in staat is om een universum met leven te laten ontstaan. Stephen Hawking schrijft in "Black holes anf baby Universe":

> "Als de dichtheid van het heelal één seconde na de oerknal groter was geweest dan de kritische dichtheid met één op honderd miljard, zou het heelal na 10 jaar zijn ingestort.

> Als het daarentegen minder dan dezelfde waarde was geweest, zou het heelal na 10 jaar bestaan al leeg zijn".

Het moet gezegd worden dat een wetenschapper van het kaliber van Stephen Hawking, aanvankelijk twijfelachtig, na de formulering van Theorie M (uniforme theorie van alles met een multidimensionaal universum) van mening veranderde en een aanhanger van het antropische principe werd. Hij nam het principe op in al zijn latere studies en publicaties, zoals het boek "The Universe in a Nutshell".

De kwantumfysica heeft immers ruimschoots aangetoond dat de experimentator, door de deeltjes te observeren, hun gedrag bepaalt. Waarschijnlijk, onbewust, bepalen we op de een of andere manier wat er om ons heen gebeurt.

Dit zijn de antwoorden die we verwachten van de wetenschap van het derde millennium, en er zijn echt veel berekeningen die opnieuw moeten worden gedaan.

Die grappenmaker Mr. Thomson.

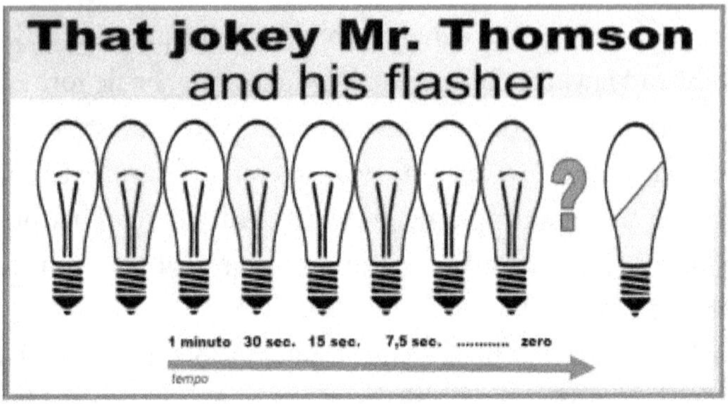

"Die grappenmaker meneer Thomson en zijn knipperlicht".

Met een inspanning van de verbeelding konden we ons de heer Thomson voorstellen als een methodisch en enigszins kieskeurig type, gedegradeerd naar de laatste functie op de boekhoudafdeling van een mega-industrie. Op een dag, moe van het onderschatten, stelt hij het volgende probleem voor aan zijn collega's, allemaal hoger gewaardeerd dan hijzelf...

Mr. Thompson verlost zichzelf.

Op een dag, moe van het onderschatten, stelt hij het volgende probleem voor aan zijn collega's, allemaal hoger gewaardeerd dan hijzelf.

Laten we een lamp nemen die in staat is om de aan-uit-toestand zeer snel af te wisselen. We sluiten de lamp aan op een kwantumcomputer die in staat is om zonder snelheidsbeperking schakelsignalen naar de lamp te sturen.

Het experiment duurt ÉÉN MINUUT (zestig seconden).

De gloeilamp zal aanvankelijk branden en de computer zal verschillende keren van toestand veranderen, waarbij elke keer de resterende tijd wordt gehalveerd. Dus:

- de eerste keer dat de lamp de aan-uit-status na 30 seconden verandert.

- De tweede keer verandert de lamp na de helft van 30 seconden, dus na 15 seconden.

- De derde keer verandert de status na de helft van 15 seconden, dat wil zeggen 7,5 seconden

- Enzovoort. Hier is het voorbeeld.

	TIME REMAINING IN SECONDS	SITUATION
Start of the experiment	60	on
First switching	30	off
Second switching	15	on
Third switching	7,5	off
... *n* *commutations* ..	..	...
Last switchover	TIME ZERO	OFF OR ON?

De vraag is:

EEN MINUUT NA DE BEGIN VAN HET EXPERIMENT, DAT IS IN GEEN TIJD ZAL DE LAMP IN DE STAAT "UIT" OF IN DE "AAN" STAAT ZIJN?

Het probleem is niet triviaal.

In feite werd dit probleem niet aan de orde gesteld door een low-level accountant, maar door James Thomson (1921-1984), een Britse filosoof, als onderdeel van zijn studies over wat hij 'supertask' (supertaken) noemde.

Zoals gewoonlijk dragen we dit probleem op aan degenen die beweren dat wetenschap de enige gegarandeerde methode is voor de oplossing van elk probleem, en die de metafysische oriëntatie van deze site bekritiseren; hieruit willen we dan ook graag een wiskundige FORMULE die duidelijk aangeeft of de lamp uit of aan gaat.

Is gezond verstand genoeg?

Iemand zal zeggen dat het niet nodig is om zo ver te gaan en dat het probleem eenvoudig met gezond verstand kan worden opgelost. GOED, JUIST. Jammer echter dat er niets meer metafysisch is dan gezond verstand. Gezond verstand is een dialectisch apparaat dat wordt gebruikt bij afwezigheid van precieze regels, dat wil zeggen van een geteste en gecertificeerde (wetenschappelijke) gedragsnorm.

We hebben niets tegen wetenschap, als ze niet dogmatisch en exclusief wordt. Op ons gemiddelde (macroscopische) niveau werkt de klassieke wetenschap heel goed. Helaas werkt het op het niveau van de zeer grote dimensies veel minder goed en is het noodzakelijk om toevlucht te nemen tot de Einsteiniaanse relativiteit. Op subatomair niveau werkt het dus helemaal niet, zozeer zelfs dat de kwantumfysica alle zekerheden omver werpt.

Hoeveel niveaus van realiteit zijn er?

Hoeveel andere niveaus bestaan er naast de macroscopische, de supergedimensioneerde en de subatomaire niveaus? De snaartheorie voorspelt een negen- of tiendimensionaal universum, waar op ons gemiddelde niveau alleen bepaalde dimensies (tijd en ruimte) waarneembaar zijn. Wat zit er in de andere dimensies?

Misschien zijn deze dimensies zo mysterieus omdat ze niet op materie zijn gebaseerd, maar puur psychische inhoud hebben? In feite bevestigt verstrengeling het bestaan, tussen de elementaire deeltjes, van een communicatief niveau dat volledig los staat van de materie en haar beperkingen. Het is het niveau van "kwantum niet-lokaliteit".

De supertaken.

Het Thompson-lampprobleem brengt "supertaken" in het spel.

In de filosofie is een supertaak een opeenvolging die bestaat uit een aftelbare reeks bewerkingen die opeenvolgend plaatsvinden in een eindig tijdsinterval.

James F. Thomson ontkende ten stelligste dat supertaken mogelijk zijn en stelde de lampparadox ter ondersteuning van zijn overtuiging voor. Zijn paradox is waarschijnlijk het beroemdste voorbeeld van een supertaak geworden sinds Zeno's tijd.

Dus wat is de oplossing?

Ik heb een beetje hulp geboden door Zeno te citeren, een Griekse filosoof die dit probleem al heeft besproken. Velen hebben vast al een oplossing bedacht en voorgesteld in de reacties op mijn Facebook-pagina, "Cenacolo Jung Pauli". Verwacht geen unieke antwoorden, velen zullen waarschijnlijk zelfs tegenstrijdig zijn.

Als u niet tevreden bent en enkele mogelijke antwoorden wilt weten, lees dan verder.

Zeno's oplossing.

De oorsprong van de belangstelling voor supertaken wordt meestal toegeschreven aan de Griekse filosoof Zeno van Elea. (489-431 v. Chr.). Zeno beweerde dat beweging onmogelijk was, op basis van deze redenering:

Stel dat onze hoofdpersoon, laten we hem Achilles noemen, van A naar B wil.

Om dit te doen, moet hij de halve afstand van A naar B overbruggen, d.w.z. zich het pad voorstellend als A-x-B, moet Achilles eerst van A naar x gaan en dan van x naar B.

A ...> x ...> B

Maar om van A naar x te gaan, moet Achilles eerst de helft van dit pad afleggen, dat wil zeggen, hij moet van A naar y en dan naar x.

A ...> ... y ...> x „,> B

Om van een willekeurig middelpunt van het traject van A naar B te gaan, moet Achilles de helft van deze afstand afleggen, enzovoort.

Het maakt niet uit hoe vaak ik een van deze "bewegings"-taken uitvoer, er zal altijd een andere moeten zijn voordat ik B bereik. Bijgevolg is volgens Zeno beweging (d.w.z. een andere afstand dan nul afleggen in een eindige tijd) een super- taak. Zeno stelt dat supertaken niet mogelijk zijn (hoe kan deze reeks worden voltooid als voor elke gemaakte beweging een andere verschijnt?). Hieruit volgt dat beweging onmogelijk is.

Achilles en de schildpad.

Zeno zelf besprak deze theorie in de apoloog van "Achilles en de schildpad". Stel dat Achilles de snelste loper is en beweegt met een snelheid van 1 meter per seconde. Achilles jaagt op een schildpad, een dier dat bekend staat om zijn traagheid, die met 10 centimeter per seconde beweegt. De schildpad begint echter met een voorsprong van 90 centimeter.

Het lijkt duidelijk dat Achilles na een tijdje de schildpad bereikt en inhaalt. Zeno stelt echter dat dit niet het geval is. Hij stelt dat Achilles, voordat hij de schildpad overwint, onvermijdelijk het punt moet bereiken van waaruit de schildpad zijn reis begon.

In de tijd die nodig was om daar te komen, is de schildpad echter al naar een andere plek verhuisd.

Dit alles herhaalt zich keer op keer: telkens als Achilles het punt bereikt waar de schildpad was, heeft de schildpad al een nieuw punt bereikt.

Het eerste stuk zal 0,9 meter zijn, het zal doorgaan met nog eens 0,09 meter, dan 0,009 meter, enzovoort, voor onbepaalde tijd. Deze afstanden worden steeds kleiner, maar ze zullen nooit naar nul gaan, en Achilles' achtervolging van de schildpad wordt een eindeloze supertaak. Deze specifieke paradox heeft veel commentaar opgeleverd; velen beweren dat het mogelijk is om een maas in de wet te vinden.

De oplossing van James Thomson.

Wat de Thomson Lamp betreft, als we de resterende seconden door twee blijven delen, zullen we nooit op nul komen, maar voor onbepaalde tijd doorgaan. Er lijkt geen manier te zijn om deze vraag te beantwoorden.

Thomson zegt dat de lamp niet kan worden aangezet, omdat er nooit een tijd is geweest dat hij brandde zonder kort daarna weer uit te gaan. Evenzo kan de lamp niet worden uitgeschakeld, omdat er nooit een tijd is geweest dat deze werd uitgeschakeld zonder onmiddellijk daarna weer aan te gaan. Volgens de redenering van Thomson is de lamp niet aan of uit. Maar volgens de logica moet de lamp aan of uit zijn. Dit is een onoplosbare tegenstelling.

De oplossing van de kwantumfysica.

Zowel Zeno als Thompson veronderstellen een 'continue' realiteit, waarbij elk punt oneindig in tweeën kan worden gedeeld. De kwantumfysica heeft aangetoond dat de werkelijkheid gekwantiseerd is, dat wil zeggen korrelig. Het is niet mogelijk om een fysieke grootheid verder te verdelen onder een oneindig kleine hoeveelheid die "Planck's kwantum" wordt genoemd. Dus uiteindelijk zal de lamp aan of uit zijn, maar we weten niet precies hoe het zal zijn omdat we niet weten wanneer de divisies niet meer kunnen doorgaan, dat wil zeggen wanneer ze de limiet zullen bereiken ingesteld door "kwantumkorreligheid".

Metafysica van de wetenschap. Is het universum de som van vele objecten of is het een enkel object?

"Metafysica van de wetenschap. Is het universum de som van vele objecten of is het een enkel object?".

Wat is de metafysica van de wetenschap?

Om te beginnen moeten we uitgaan van het bekende en diepgewortelde wantrouwen dat bestaat tussen metafysici en wetenschappers. Het grote probleem is de wederzijdse eigenaardigheid van de twee disciplines met betrekking tot elke poging om ze in een unitaire container op te nemen. Daarom ontstaat de definitie van 'metafysica van de wetenschap' onder grote bedenkingen.

Theoretisch moet de metafysica van een bepaalde empirische wetenschap ons in staat stellen de metafysische problemen die zich binnen die wetenschap voordoen, te onderzoeken.

In de immense vallei van de klassieke natuurkunde verrijzen bijvoorbeeld onverwoestbare monumenten, zoals de aard van ruimte en tijd. Wat betreft het praktische gebruik van ruimte of tijd, alles is kenbaar en meetbaar, de wetenschap kan alles oplossen. Maar zal het ooit mogelijk zijn om empirisch te onderzoeken waar ruimte en tijd beginnen en waar ze eindigen? Wat was er vóór de tijd en wat is er buiten de ruimte? Hier geeft de wetenschap het op en wordt de vraag metafysisch.

Het probleem is dat de wetenschap geen metafysische speculaties over deze onderwerpen accepteert, en dat de metafysica bepaalde zekerheden van de wetenschap in twijfel trekt. Hier is de moeilijkheid om de twee benaderingen in de "metafysica van de wetenschap" te combineren.

Metafysica van de biologische wetenschappen.

Hetzelfde gebeurt in de biologie. Volgens de biologische wetenschap worden levende organismen gekenmerkt door hun gevoeligheid en hun autonome activiteit, dankzij de interne dynamiek van het metabolisme. Daarom is een levend organisme een lichaam dat in staat is autonoom zijn eigen substantie te vormen door deze te verkrijgen uit de elementen die de omgeving hem ter beschikking stelt. Dat is alles.

In plaats daarvan stelt de metafysica van de biologie het probleem waarom een organisme leeft en wat 'leven' is. Metafysica onderzoekt om te ontdekken of leven (en dood) iets fundamenteel anders is dan de chemische processen die een biologische aggregatie "bestaand" maken of niet.

Metafysica van de kwantummechanica..

Voor de wetenschap is het universum een speciaal object gemaakt van materie, dat alle andere materiële objecten bevat. In plaats daarvan, wanneer metafysica het universum onderzoekt, ziet het het als een enkel fundamenteel object, de "Unus Mundus".

Een grote hand ter ondersteuning van deze metafysische stelling, genaamd Monism, komt uit de kwantumfysica.In de context van metafysische studies over dit onderwerp betoogde de filosoof Jonathan Schaffer zelfs dat het universum, indien gewenst, kan worden beschouwd als een aggregatie van verschillende objecten. De som van de afzonderlijke objecten is echter kleiner dan het "geheel".

Jonathan Schaffer stelt dat het universum een groot "verstrengeld" systeem is, dat wil zeggen verweven, geknoopt. Ik heb in talloze eerdere berichten het fenomeen van verstrengeling tussen twee "verwante" deeltjes beschreven, dat wil zeggen, geboren uit dezelfde gebeurtenis. Deze deeltjes gedragen zich, zelfs als ze op enorme afstanden worden geplaatst, alsof ze een enkel deeltje zijn. Dit gebeurt in het laboratorium. Maar natuurlijk zijn ALLE deeltjes in het universum verwant omdat ze zijn ontstaan uit dezelfde grote eerste gebeurtenis, de oerknal.

Bovendien kan zelfs op wetenschappelijk niveau het universele verstrengelde zonder problemen worden herkend, aangezien de fundamentele vergelijking van de kwantumtheorie, de zogenaamde Schrödinger-vergelijking, de verstrengeling van alle dingen impliceert. Geconfronteerd met dit argument dat wetenschappelijk is, kan de metafysische stelling van de uniciteit van het universum niet worden betwist door een objectieve wetenschapper. Misschien is de kwantumfysica het eerste geval waarin de discipline van de 'kwantummetafysica' waardigheid verwerft door meer te worden dan een lege enunciatieve term.

Daarom, als het heelal het hoofdobject is waarvan alle andere deel uitmaken, maar de som van zijn delen meer waard is dan de som van de afzonderlijke delen, dan is het heelal fundamenteler dan al zijn delen. Dat wil zeggen, als het universum HET ENIGE fundamentele object is, is het ook "EEN ENKEL" fundamenteel object.

Verlichte geesten. Einstein en telepathie.

"De verlichte geesten, de laatste Japanners en het schrille koor van apen".

Een verlichte geest sluit bij voorbaat niets uit.

In 1930 publiceerde de geleerde Upton Sinclair een van zijn beroemdste werken, "Mental Radio", waarin hij de experimenten op het gebied van telepathie beschreef. Weinig mensen weten dat de Duitse uitgave een door Albert Einstein geschreven voorwoord bevatte dat begon met deze woorden:

> "Ik heb het boek van Upton Sinclair met grote belangstelling gelezen en ben ervan overtuigd dat het de hoogste overweging verdient."

Deze paar woorden van Einstein zijn een heel duidelijk voorbeeld van wat een wetenschapper met een heldere geest kan onderscheiden van de massa middelmatige geesten. Einstein werd altijd bezield door diepe nieuwsgierigheid en een dorst naar kennis. Hij sloot niets a priori uit, maar gaf in ieder geval het onderzoeken, experimenteren niet op. Dit bracht hem ertoe theorieën te ontwikkelen, zoals relativiteit, die niemand zich had voorgesteld en waarin niemand zou hebben geloofd behalve iemand zoals hij, een geest vrij van vooroordelen.

Hoewel twijfelachtig, ontwierp Einstein het EPR-experiment.

Met hetzelfde criterium verwierp Einstein, hoewel hij de implicaties van de kwantumfysica niet deelde, het niet a priori, maar bedacht het EPR-experiment om te verifiëren hoe echt die theorie was, zelfs buiten elke geloofwaardige hypothese. Dankzij deze mogelijke opening van Einstein was het in 1980 mogelijk om het EPR-experiment (herzien door Bell) praktisch uit te voeren, dat het definitieve bewijs leverde van de verstrengeling van elementaire deeltjes.

Evenzo minachtte Nobelprijswinnaar Wolfgang Pauli de samenwerking met de psychotherapeut Carl Gustav Jung bij de uitwerking van de theorie van synchroniciteit niet.

De laatste Japanners van de Stille Oceaan en de brulapen.

Deze (en vele andere) verlichte geesten worden gecontrasteerd door de laatste Japanners van het materialisme, die erop staan het bewijs met absurde argumenten te ontkennen. Ze willen het bestaan ontkennen van een realiteitsniveau waarop alle regels van de klassieke natuurkunde niet meer gelden. Op dit niveau bestaan tijd en ruimte niet meer. Daarom is het een niveau dat absoluut vrij is van de beperkingen van de materie. Kunnen we spreken van een psychisch niveau?

Kwantumwetenschappers hebben de term "niet-lokaliteit" bedacht.

Ten slotte is er het koor van apen die degenen bekritiseren en beledigen die spreken over de vereniging tussen psyche en materie.

Ze doen het alleen om de tijd te doden, zonder te weten waarom ze het doen, zonder tegenargumenten tegen te gaan, maar alleen onhandige kreten. Het is duidelijk dat de laatste Japanners moeten worden gerespecteerd omdat ze de eerlijke overtuigingen van hun leven verdedigen, waarop ze mogelijk ook carrières en successen hebben opgebouwd. Maar de apen die schreeuwen zonder te weten waarom, zijn een beetje zielig, inderdaad erg zielig.

Materialisten heroverwegen het. Tegenorde: de ziel bestaat.

"Materialisten heroverwegen het. Tegenorde: de ziel bestaat".

Tegenorde: de ziel bestaat. Een atheïstische wetenschapper beweert dat de ziel er is, het is opgebouwd uit kwantumfluctuaties. Een lichtend voorbeeld van intellectueel eerlijke wetenschap is die van Roger Penrose en Stuart Hameroff. Al meer dan twintig jaar wijden de twee, een arts en een theoretisch fysicus, zich aan diepgaande studies om te proberen te begrijpen wat bewustzijn is.

Een ironie van goddelijke aard.

We beginnen met te praten over menselijke ironie en goddelijke ironie. Op menselijk vlak was Socrates zeker een groot leraar van ironie, die erin slaagde zijn ideeën onder woorden te brengen door degenen die ze niet deelden. Uitgaande van standpunten die ogenschijnlijk in overeenstemming waren met de overtuigingen van zijn tegenstanders, bestreed Socrates ze met behulp van een bepaalde techniek of kunst genaamd maieutica, vergelijkbaar met het beroep van vroedvrouw. De vroedvrouw baart kinderen, en zo bracht

Socrates zijn waarheid voort door het uit de mond te halen van de tegenstanders met wie hij sprak.

Op het hemelse niveau hebben alle godheden die de wereld heeft gekend een bijna universeel gemeenschappelijk kenmerk: ironie. Ze zijn van toepassing op alle verzen van Psalm 2:

"Waarom spannen de volken samen, waarom spannen de volken tevergeefs samen? Wie in de hemel woont, lacht erom, de Heer bespot ze vanuit de hoogte ".

Vreemd genoeg is dit karakteraspect van de goden nooit bijzonder benadrukt door degenen die hen daarentegen met grote ernst vertegenwoordigden en verdedigden. Het was waarschijnlijk een deel van het lot van de ironische goden om heel weinig ironische bedienden te hebben, zoals Giordano Bruno op zijn huid zag.

Ik hoop niet oneerbiedig te zijn door me voor te stellen dat soms zelfs de grote Intelligentie die het universum regeert, ironie vertoont, in dezelfde zin als Socrates het bedoelde en in praktijk bracht. Dat wil zeggen, de "Universele Intelligentie" brengt zijn waarheid precies naar voren van degenen die het tot de dag ervoor hadden ontkend.

Overtuigingen moeilijk uit te roeien.

Natuurlijk is er een groot verschil in gedrag. Sommigen blijven, na een foutieve stelling te hebben ondersteund, dit koppig doen, zelfs als al het bewijs duidelijk tegen hen wijst. Ik verwijs naar die brede rand van de materialistische cultuur die, ondanks alle bewijzen die de kwantumfysica levert over de intelligente relatie die de hele kosmos verenigt, het bestaan van een psychische component in de kosmos blijft ontkennen. Er zijn pseudo-wetenschappers die hun leven lang hebben volgehouden dat alleen materie bestaat en dat de mens zelf een marionet is die op basis van reeds vooraf bepaalde mechanismen in een uurwerk werkt. Nadat ze eer en voordelen hebben verzameld binnen die wetenschappelijke gemeenschap die elk concept van spiritualiteit ontkent, zijn ze nu verplicht zich niet terug te trekken uit de dwaling.

De andere kant van de medaille.

Er zijn echter intellectueel eerlijke wetenschappers die, ondanks het feit dat ze zijn uitgegaan van een atheïstische en materialistische basisopleiding, ondanks de resultaten van hun eigen onderzoek weten hoe ze hun denken kunnen bijstellen en niet aarzelen om hun nieuwe overtuigingen openbaar te maken.

Onder hen veel grondleggers van de kwantumfysica. Werner Karl Heisenberg bijvoorbeeld, een Duitse natuurkundige die bekend staat om zijn "onzekerheidsprincipe", Nobelprijs voor de natuurkunde in 1932. Heisenberg beweerde veel hulp te hebben gekregen bij het begrijpen van kwantummechanismen dankzij zijn mystieke ervaring in de Vedanta-filosofie.

Erwin Schrodinger, Nobelprijs voor Natuurkunde 1933, schrijft ook in zijn biografie "Meine Weltansicht", verwijzend naar oosterse spiritualiteit:

> “De veelvoud is slechts schijn. De mystieke ervaring van vereniging met God leidt regelmatig tot dit standpunt, in tegenstelling tot de sterke vooroordelen die in het Westen aanwezig zijn".

Schrodinger gelooft niet in de veelheid van dingen die door het materialisme worden voorzien, maar in een spirituele visie op de kosmos waar "alles Eén is".

Een atheïst stelt vast dat de ziel bestaat.

Een lichtend voorbeeld van intellectueel eerlijke wetenschap is die van Roger Penrose en Stuart Hameroff. Al meer dan twintig jaar wijden de twee, een arts en een theoretisch fysicus, zich aan diepgaande studies om te proberen te begrijpen wat bewustzijn is.

Roger Penrose, een Britse wiskundige, natuurkundige en kosmoloog, staat bekend om zijn werk op het gebied van wiskundige natuurkunde. Hij werd geboren in 1931 in Colchester, VK, dus op het moment van schrijven is hij 87 jaar oud.

Emeritus hoogleraar aan de Universiteit van Oxford, Penrose heeft de Wolf Prize in Physics, de Copley-medaille, de Eddington-medaille, de Einstein-medaille en vele andere belangrijke onderscheidingen gewonnen. Hij was een theoreticus van "zwarte gaten met studies uitgevoerd met Stephen Hawking. Uiteindelijk kreeg hij in 2020 de Nobelprijs voor de natuurkunde" omdat hij had ontdekt dat de vorming van zwarte gaten een robuuste voorspelling is van de algemene relativiteitstheorie "

Hij bracht het grootste deel van zijn leven door met het ontwikkelen van wiskundige formules die in staat zijn de mysteries van het universum te ontrafelen, van zwarte gaten tot het menselijk bewustzijn. Het is niet onbelangrijk op te merken dat Penrose een fervent atheïst is.

Stuart Hameroff is een Amerikaanse anesthesist, geboren in Buffalo in 1947. Hij is momenteel professor aan de Universiteit van Arizona en staat bekend om het promoten van de wetenschappelijke studie van het bewustzijn en om zijn theorieën over de mechanismen die het beheersen.

Onlangs publiceerden Penrose en Hameroff een artikel in Physics of Life Reviews, waarin ze de theorie blootleggen over het bestaan van 'iets' dat het fysieke lichaam na zijn dood overleeft.

De ziel bestaat uit kwantumfluctuaties.

Zoals ik in veel eerdere berichten heb uitgelegd, is de kwantumfysica probabilistisch; er zijn altijd veel kansen dat een actie op een bepaalde manier zal plaatsvinden. Als je bijvoorbeeld een foton in een barrière met twee spleten stuurt, gaat dat foton door BEIDE. Als dat foton echter door een waarnemer wordt 'bekeken', wordt gezegd dat het bij één enkele keuze instort, dat wil zeggen dat het een enkele spleet overschrijdt.

In de praktijk zijn er veel kansen die allemaal mogelijk zijn, en het is de waarnemer die ze allemaal op één kan laten "instorten". Die ene mogelijkheid wordt werkelijkheid voor de waarnemer. Daarom kan elke waarnemer een andere "realiteit" verkrijgen. Evenzo produceert elke nieuwe waarneming een andere realiteit.

Penrose en Hameroff hebben gedocumenteerd dat in menselijke neuronen, en in het bijzonder in de microtubuli die in dezelfde neuronen aanwezig zijn, een proces van kwantumfluctuaties plaatsvindt waarbij de verschillende mogelijke acties op één enkele instorten. Het resultaat van al deze instortingen is een 'nevel' van kwantumfluctuaties die de dood van het fysieke lichaam kan overleven. Als de som van alle 'instortingen', dat wil zeggen van alle keuzes die in het leven worden gemaakt, kan deze 'nevel' het geweten of de ziel van het individu vertegenwoordigen.

Verontrustende vragen.

De vraag die we onszelf op dit punt kunnen stellen is deze: hoeveel van deze individuele kwantumnevels omringen ons, aangezien ze de dood van het lichaam overleven?

Deze eenvoudige bevestiging maakt duidelijk hoe diep en ondoorgrondelijk het mysterie van de zielen is. Zou het kunnen dat deze nevels de nog grotere nevel vormen die Jung het collectieve onbewuste noemde? In feite veronderstelde Jung precies dit, namelijk dat het collectieve onbewuste de ervaring bevat van de hele mensheid die eerder geleefd heeft.

Deze observatie maakt ons meer vertrouwd met het concept van het collectieve onbewuste, haalt het uit een bepaalde grijze en anonieme uniformiteit en kleedt het met het meest waardevolle, namelijk de herinnering aan mensen die duizend jaar geleden leefden. Maar niet alleen van deze, ook van de dierbaarste herinneringen, die betrekking hebben op de mensen die we tot zeer recent in ons leven hebben gekend.

En ten slotte kunnen we een nogal verontrustende hypothese wagen. Als de zielen van de doden werkelijk de verzameling waren van alle kwantumfluctuaties van hun leven, en daarom INFORMATIE zouden zijn, zou het dan niet mogelijk zijn voor technologie, in de nabije of verre toekomst, om deze informatie te onderscheppen en te decoderen? En zou het niet mogelijk zijn, vanwege de mysterieuze mechanismen die inherent zijn aan de menselijke geest, dat bijzonder gevoelige mensen vandaag al in staat zijn om een dialoog aan te gaan met deze "wolken van informatie", dat wil zeggen met de "zielen" van de doden?

Paradoxen en gerelateerde onderwerpen.

De Chinese kamer.

***"Zullen computers een menselijk bewustzijn hebben? Van de "Touring Machine" tot de Chinese Kamer".*.**

In het jargon van de computationele theorie is een "universele Turing-machine" (MTU) een "Turing-machine" die het gedrag van elke andere "Turing-machine" kan simuleren. Deze "machine" werd in 1936 voorgesteld door Alan Turing, in een poging een negatief antwoord te geven op het probleem van de beslisbaarheid, het zogenaamde "Entscheidungsproblem", dat in 1928 door David Hilbert werd gesteld.

De "Touring-machine" heeft de bijzonderheid dat hij regels van zeer eenvoudige aard gebruikt, dat wil zeggen dat hij kan worden beschreven als samengesteld uit elementaire mechanismen, zodat het mogelijk wordt zijn werk te synthetiseren door middel van nogal intuïtieve mechanische beschrijvingen.

Desondanks slaagt het erin om de hoogste graad van berekenbaarheid te ontwikkelen tot het punt dat het in staat zou zijn om alle berekeningen uit te voeren die kunnen worden uitgevoerd door de andere rekenmodellen die de mens kent.

Bijvoorbeeld de "recursieve functies" van Jacques Herbrand en Kurt Gödel, de "lambda-calculus" van Alonzo Church en Stephen

Kleene, de "combinatorische logica" van Moses Schönfinkel en Haskell Curry, de "Markov-algoritmen", de "machines van Hao Wang", de "elementaire registersystemen" of door Marvin Minsky, de "Postsystemen", de "Thue-systemen", enzovoort.

Hieruit ontstaat het "Church-Turing-vermoeden", volgens welke voor elke berekenbare functie er een equivalente Turing-machine is.

De "Dennett-machine"

In 1942 betoogde Daniel Clement Dennett, de Amerikaanse filosoof, logicus en psycholoog, verwijzend naar de MTU van Alan Turing, dat intelligentie als geheel kan worden onderverdeeld in een reeks elementaire taken, die elk door een machine kunnen worden uitgevoerd. Volgens Dennett zijn de processen die in de hersenen plaatsvinden niets meer dan mechanische realisaties van kleine 'machines'. Deze 'machines' zouden door natuurlijke selectie zijn ontwikkeld om hun werk te doen zonder enige interventie buiten de hersenen, laat staan als ze worden verondersteld in de vorm van 'bewustzijn'.

De kleine "Dennett-machines" zouden in staat zijn om de processen van het selecteren van informatie uit te voeren door een stroom van "elementen van bewustzijn" of "bewustzijn-achtig" te produceren. Deze stroom is onstabiel, maar indien nodig zouden de processen van de machines van Dennett zich combineren om een gevoel te vormen dat vergelijkbaar is met volledig en volledig bewustzijn. Daarom is volgens Dennett het idee dat al onze mentale handelingen worden gecoördineerd door een bewustzijn buiten de hersenen een illusie.

Searle's Chinese kamer.

Deze theorie wordt in twijfel getrokken door John Searle, een professor in de filosofie aan de Universiteit van Californië in Berkeley, bekend om zijn bijdragen aan de taalfilosofie en de filosofie van de geest. In 2000 ontving Searle de "Jean Nicod-prijs". Deze prijs wordt jaarlijks in Parijs uitgereikt aan een vooraanstaand filosofisch georiënteerd cognitief filosoof of wetenschapper.

Om Bennetts theorie uit te dagen, bedacht John Searle het gedachte-experiment genaamd de "Chinese Room". Het experiment heeft tot doel aan te tonen dat het verkeerd is om de menselijke 'geest' te assimileren met een rekenmachine, dat wil zeggen een computer, aangezien geen enkele computer op dezelfde manier kan 'denken' als mensen. Searle gaat ervan uit dat een computer informatie kan verwerken, maar zonder de semantiek te begrijpen van de taal waarin de informatie wordt verstrekt.

Searle beschrijft zijn gedachte-experiment als volgt: Stel je een persoon voor, bijvoorbeeld John, alleen in een kamer. John ontvangt van buitenaf stukjes papier met Chinese ideogrammen en een handleiding (in de taal van John) over de samenstelling van ideogrammen. Zijn taak is om de ideogrammen in een logische volgorde te zetten.

Zelfs als John geen Chinees verstaat, kan hij toch een associatieregel opstellen. Dit kan hij doen op basis van de handleiding, maar ook op de gelijkenis en vorm van de ideogrammen. Zo slaagt John erin de ideogrammen in een zinvolle volgorde te plaatsen.

In analogie met computertaal kan John gelijkgesteld worden met een computer. De reeks ideogrammen die John kreeg, zou een soort database zijn. De handleiding vervangt een programma: dankzij de handleiding, en dus door kennis van de regels, kan John de verschillende ideogrammen die hij heeft ontvangen ordenen. Maar omdat hij de Chinese taal niet kent, zal John nooit de echte betekenis van de ideogrammen kunnen begrijpen.

Searle stelt dat een computer zich in een situatie zou bevinden die vergelijkbaar is met die van John, die Chinese karakters zou kunnen manipuleren zonder hun betekenis te begrijpen. Evenzo kunnen computers gegevens sorteren door syntactische regels te begrijpen, maar ze konden de semantische betekenis van die gegevens niet begrijpen.

Uiteindelijk kan de computer, en elke kunstmatige intelligentie, nooit het gedrag van de menselijke geest simuleren. Dit komt omdat de menselijke geest, wanneer hij wordt geconfronteerd met complexe problemen, wanneer een noodsituatie dit vereist, in staat is om "het programma te verlaten" en een sprong te wagen om een nieuwe verbinding tot stand te brengen. De geest kan onmiddellijk een volledig nieuw en onvoorspelbaar programma uitwerken, waarbij alle voorspelbare veronderstellingen die in het oorspronkelijke programma waren voorspeld, worden verworpen. De geest kan gegevens in het spel brengen die niet aanwezig waren bij de oorspronkelijk verstrekte gegevens. Uiteindelijk werkt de computer op syntaxis, niet op semantiek.

Een elementaire geest is meer waard dan een supercomputer.

Het Chinese kamerexperiment is met nogal omslachtige argumenten bekritiseerd door de gebruikelijke materialistische kringen die het idee niet willen opgeven dat de mens niets meer is dan een robot.

Ik geloof dat er vanzelfsprekende argumenten zijn die nuttig zijn om de stelling van een mechanisch brein te betwisten, verstoken van de noodzaak om ondersteund te worden door een onlichamelijk en extern bewustzijn van de hersenen.

Het zou voldoende zijn om het emotionele gedrag van mensen te vergelijken met dat (als het zou bestaan) van een computer of een robot.

Ik denk bijvoorbeeld dat het nooit mogelijk zal zijn om die psychische component die Freud en Jung 'libido' definiëren in een robot te implementeren, zij het met verschillende betekenissen.

In Jungs geval verwijst de term 'libido' naar de algemene psychische energie die aanwezig is in alles wat 'appetitus' of 'vitale drift' is, niet per se seksueel, zoals Freud zou willen. Het verlangen dat door het libido wordt opgewekt, is een behoefte van het lichaam, zoals honger, dorst, slaap, seks of emotionele en affectieve toestanden. Deze drive wordt niet gecontroleerd door enige vorm van autoriteit, moreel of anderszins. Voor de Zwitserse psychoanalyticus wordt het libido alleen uitgedrukt door symbolen, die bemiddelen tussen de bewuste en onbewuste delen van de mens. In een tweede periode gaf Jung de term "libido" op, waarbij hij de voorkeur gaf aan "psychische energie" om te betekenen wat het individu op spiritueel, intellectueel en creatief niveau kan motiveren, en om zich te onderscheiden van het freudiaanse libido

Zal een robot ooit psychische energie bezitten?

Misschien was het vanwege zijn uiterlijk, maar de Neanderthalers hadden lange tijd de reputatie gebrek aan intelligentie te hebben, hoewel hij de laatste tijd het onderwerp is van een sterke herwaardering. Maar als we het beschouwen als een voorbeeld van zeker primitieve en onontwikkelde intelligentie zoals die van moderne "sapiens sapiens", zal een computer het ooit kunnen evenaren?

In de jaren vijftig werden de overblijfselen van het graf van een jong meisje gevonden op een Neanderthaler-site in Shanidar, Iraaks Koerdistan, tijdens de opgravingen die werden uitgevoerd door archeoloog Ralph Solecki van de Columbia University in New York. Voordat ze werd begraven, was dat meisje bedekt met bosjes bloemen, zoals blijkt uit het stuifmeel dat nog op haar skelet aanwezig was. De duidelijke bloemenhulde van een rouwende familie, of een metgezel die alleen is gelaten. Recente opgravingen op dezelfde locatie bevestigen de gewoonte van deze graven.

Daarom zal ik geloven dat de computer de menselijke geest kan evenaren als ik een robot verliefd zie worden op een andere machine, en dan medelijden heb met zijn "dood" en hem "begraaf" ter ere van zijn lichaam zoals de Neanderthalers 50.000 jaar geleden deden. En ik zou ook graag willen dat deze cmputer, die de erbarmelijke ceremonie uitvoert, de geheime hoop heeft zijn "geliefde machine" weer te ontmoeten in een hypothetisch "leven na de dood".

Occam's scheermes.

"Occam's scheermes".

Een beroemd fragment van de Griekse dichter Archilochus luidt als volgt:

> "De vos weet veel dingen, terwijl de egel er maar één weet, maar belangrijker".

In 1953 creëerde de in Letland geboren filosoof Isaiah Berlin, nadenkend over de betekenis van dit aforisme, een van zijn beroemdste werken: "The Hedgehog and the Fox". Natuurlijk duiden de twee dieren op twee verschillende methoden om de realiteit van het leven te benaderen, die door Jesaja Berlin worden verdiept.

Vossen zijn sluwe dieren, begiftigd met een flexibele en veelzijdige intelligentie, die ze toepassen wanneer ze op een egel willen jagen voor voedsel. Egels daarentegen hebben een uniek maar zeer pragmatisch geloof: in aanwezigheid van vossen rollen ze zich op als doornige ballen.

Wie wint, de veelzijdige jachttechniek van de vos of de enige verdedigingsstrategie van de egel? De egel wint altijd.

De egel heeft in feite geleerd dat het nutteloos zou zijn om te pronken met vindingrijkheid en genialiteit om een betere verdediging te organiseren. De enige techniek die hij kent, werkt heel goed, en het is niet nodig om het ingewikkeld te maken. Zonder filosofie of militaire kunsten te hebben gestudeerd, past onze netelige vriend een principe toe dat normaal gesproken wordt aangeduid als "Occam's Razor". (of die van Ockham). Het is een principe dat als volgt kan worden uitgedrukt:

"Vermenigvuldig de elementen niet meer dan nodig is"

Of:

"Het heeft geen zin om met meer middelen te doen wat je kunt doen met minder"

Het scheermes van Occam is een methodologisch principe, in het Latijn "Novacula Occami" genoemd, dat een zeer modern pragmatisme heeft, zelfs als het dateert uit Archilochus of misschien zelfs eerder. Volgens de overlevering werd het echter organisch tentoongesteld door de Engelse Franciscaner monnik William van Ockham. Dit principe wordt ook wel het "principe van de economie" genoemd. Het wordt in verschillende vormen geciteerd, maar de meest gebruikte is "entiteiten mogen niet meer vermenigvuldigen dan nodig is" (non sunt multiplicanda entia sine necessitate).

Het principe van Occam in de moderne wetenschap.

Dit principe is vooral ontleend aan wetenschappelijke kringen, het is inderdaad de basis van het moderne wetenschappelijke denken. Simpel gezegd, het stelt dat het nutteloos is om meer hypothesen te formuleren dan nodig zijn bij het zoeken naar de verklaring van een bepaald fenomeen. Over het algemeen zijn de initiële hypothesen meer dan voldoende om geldige antwoorden te geven zonder tijd te verspillen aan het uitvinden van andere.

Tegenwoordig is het moeilijk om voorbeelden van wetenschap voor wetenschap te vinden, maar wetenschap is bijna altijd de dienstmaagd van het bedrijfsleven, dus het moet met grote stappen lopen, het moet sneller en sneller denken om snel geldige resultaten naar huis te brengen. Zo wordt het scheermes van Occam een bijna onmisbare onderzoeksmethode.

Dit is een belangrijke verandering ten opzichte van de tijd dat het principe werd verkondigd. Het gebeurde dat de onderzoekers van die tijd, eenvoudiger gedefinieerd als denkers, verdwaald raakten in het demonstreren van zeer gecompliceerde theorieën met al even gecompliceerde vertakkingen. Zo verloren ze het doel van het onderzoek uit het oog.

Daarom zijn wetenschappers dol op het zoeken naar eenvoud, onder wie Galileo, Newton, Lavoisier en Einstein die het belang ervan hebben benadrukt.

Een lastige filosoof zou echter een gênante vraag kunnen stellen, wat ook voor Willem van Occam problemen zou hebben opgeleverd. Wat is eenvoud?

Maar misschien zou William zich niet voor deze vraag hebben geschaamd. Hij had een heel precies concept van eenvoud: aangezien de wereld door God alleen op basis van zijn wil is geschapen, zijn alle concepten met betrekking tot regels en wetten nutteloos.

Een minder fideïstische benadering moet zich echter aanpassen aan het wetenschappelijke gebruik dat van het scheermes van Occam wordt gemaakt, want wanneer de wetenschap een waarde naar voren brengt, moet ze deze definiëren, vooral als ze deze als een discriminator gebruikt in haar evaluaties.

Vooral omdat de wetenschap het gebruik van scheermessen veroordeelt in die gebieden die worden gedefinieerd met een zekere stank onder de neus "pseudowetenschappen".

De zogenaamde pseudowetenschappen zouden die wetenschappen zijn die proberen min of meer mysterieuze verschijnselen te verklaren, vaak gekoppeld aan de psyche zoals buitenzintuiglijke verschijnselen, maar soms ook gekoppeld aan materie. Dit vloeit voort uit het feit dat, om een min of meer mysterieuze theorie te verklaren, andere, zelfs nog onwaarschijnlijkere hypothesen worden verondersteld.

Laten we het geval nemen van de prehistorische cyclopische muren, aanwezig over de hele planeet en gebouwd met zo'n verfijnde techniek dat het zelfs vandaag de dag niet kan worden nagebootst.

Het zijn architectonische wonderen en we weten niet hoe die oude volkeren ze hebben kunnen maken. Daarom zijn er mensen die beweren dat het alleen mogelijk was dankzij buitenaardse technologieën. Volgens het scheermes van Occam zou het echter logischer zijn te geloven dat de primitieve bouwers er op eigen kracht in slaagden door ingenieus gebruik te maken van de kennis van die tijd. Op deze manier kunnen we complexe hypothesen wegnemen, zoals dat buitenaardse wezens bestaan, dat ze op aarde zijn aangekomen, met die volkeren hebben gecommuniceerd en zijn vertrokken zonder sporen achter te laten. Het scheermes van Occam zou het mogelijk maken om deze gecompliceerde hypothesen te elimineren om te ondersteunen, en de hypothese dat we die muren zelf hebben gebouwd, geldig te houden.

Op dezelfde manier zouden we het bestaan van een aards paradijs kunnen betwisten, een onbewezen hypothese die alleen kon worden aangetoond door een andere onbewezen hypothese voor te stellen, die van het bestaan van God.

Maar wat is eenvoud?

Daarom stelt de wetenschap, gesterkt door haar vooronderstellingen, vast wat eenvoudig, of eenvoudiger, of minder eenvoudig, of niet eenvoudig zou moeten zijn.

Dus laten we proberen om "eenvoud" te definiëren.

Laten we eerst vaststellen dat er verschillende soorten eenvoud zijn.

Kwantitatieve eenvoud: het is degene die minder elementen nodig heeft om een realiteit te definiëren.

De kwalitatieve eenvoud: het is degene die minder verschillende soorten entiteiten vereist.

De eenvoud van het proces: het proces dat minder causale stappen vereist.

De eenvoud die het gebruik van minder hulphypothesen vereist dan de hoofdhypothese.

De eenvoud van symmetrie: degene die minder asymmetrieën vertoont dan een referentiehypothese.

... En andere soorten zijn denkbaar.

De wetenschapsfilosofie stelt minstens een dozijn verschillende definities van eenvoud voor. De hypothesen van eenvoud kunnen ook subjectief zijn: we kunnen eenvoud definiëren op basis van wat we geloven over de realiteit waarin we leven: hoeveel elementaire deeltjes bestaan er, hoeveel elementaire krachten zijn er. De vandaag bekende elementaire krachten zijn vier, maar er is al sprake van een vijfde. De deeltjes dan (een niet onbelangrijk detail, want we zijn gemaakt van deeltjes) zijn ontelbaar, omdat er voortdurend nieuwe worden ontdekt.

Kortom: hoe stellen we de eenvoud vast van een onderwerp dat misschien eenvoudiger is vanuit een van deze hoeken, maar minder eenvoudig vanuit andere hoeken?

De wetenschap loopt immers over van simpele theorieën die onjuist zijn gebleken en zijn vervangen door meer gecompliceerde theorieën.

Zie Ptolemaeus' overtuiging dat de aarde in het centrum van het universum was, Zie Galileo's overtuiging dat de banen van de planeten cirkelvormig waren. Zie Lavoisier's overtuiging dat de Tafel der Elementen 33 elementaire stoffen bevatte (tegenwoordig kennen we er 118). Zie Einsteins theorie over het bestaan van de ether.

Het scheermes van Occam in ons dagelijks leven.

Het mooie is wat ons betreft dat we in totale willekeur kunnen bepalen wat eenvoudig is en wat niet.

Natuurlijk, als we Occam's scheermes zouden gebruiken om onze vrienden op Facebook te rationaliseren, zouden we veel vinden om te snijden. We zouden kunnen vaststellen dat de kwalificatie 'eenvoudiger' moet worden toegeschreven aan de meest ontwikkelde, of zelfs aan de onbeschoften, zolang ze mooi zijn.

In het leven gebruiken we het scheermes van Occam al wanneer we besluiten om onszelf alleen in de goedkoopste winkels te leveren, of de meest stimulerende te nemen vanwege de verscheidenheid aan producten of andere criteria. Wanneer we een nieuwe winkel ontdekken, "scheren" we deze of niet.

Daarom zou ik aan het eind van een lange toespraak zeggen dat we het hadden over iets dat we heel goed wisten, zelfs als iemand niet wist dat het zo heette. Het gebeurt.

Een paar woorden over Willem van Ockham.

Geboren in Ockham, Surrey, eind 18e eeuw. 13°. Overleden in 1349 of 1350.

Nadat hij tot de Franciscaanse orde was toegetreden, studeerde hij in Oxford, waar hij in 1319 professor was. Tijdens deze periode was hij vooral bezig met filosofische problemen. Ockham werd beschuldigd van ketterij en moest zich in 1324 melden bij de pauselijke curie in Avignon, waar hij vier jaar werd vastgehouden. Toen hij erin slaagde te ontsnappen, ging hij naar Pisa met de pater-generaal van de Franciscaanse orde, Michele da Cesena. Michael was ook in conflict met paus Johannes XXII, over de kwestie van de armoede van de orde. Bij hen was ook hun broer Bonagrazia uit Bergamo, die ook in conflict was met de paus. De drie Franciscanen werden geëxcommuniceerd, maar kregen bescherming van de keizer en trokken zich terug naar München. In deze stad schreef William Ockham zijn politieke verhandelingen, ter ondersteuning van het beleid van de keizer, die het keizerlijke gezag wilde bevrijden van dat van het pausdom.

"Oves et boves et universa pecora". Op welke boerderij wonen we?

"Post-Orwelliaanse beelden?".

> *Laten we een oefening in verbeelding doen door onze planeet voor te stellen als een grote boerderij, waar ieder van ons een rol speelt die vergelijkbaar is met die van verschillende dieren. In feite zouden we er allemaal naar streven om de bepalende factoren op de boerderij te zijn, maar onze rol is veel minder. Een riskante en vernederende hypothese? Misschien niet. Deze Orwelliaanse boerderij zou het startpunt kunnen zijn dat via opeenvolgende culturele synchronismen zal leiden tot het bereiken van het "Omega Point".*

Oves et boves.

De uitdrukking "Oves et boves" lijkt veel op de uitdrukking die momenteel wordt gebruikt, die luidt "Honden en varkens", dat wil zeggen "alles". Etymologisch gezien is het een oude notariële formule die wordt gebruikt bij de verkoop van een boerderij met al het vee.

Met “Oves et boves” bedoelden we kostbare dieren zoals schapen en runderen, waarschijnlijk ook varkens. Voor verdere scrupules werd "et universa pecora" toegevoegd, verwijzend naar de "pecus", dat wil zeggen naar alle andere kleine dieren zoals bijvoorbeeld kippen en andere vogels, katten, honden, amfibieën, knaagdieren, enz. hondenteken, regenwormen en druivenvliegen. Inderdaad, geen levend wezen kon ontsnappen aan de heerschappij die door de factor in zijn eigendom werd uitgeoefend.

Op dit punt kunnen we een fantasie-oefening doen door onze planeet voor te stellen als een grote boerderij, waar ieder van ons een rol speelt die vergelijkbaar is met die van de oves, of boves, of de laagste categorie genaamd "et universa pecora". Maar eigenlijk zouden we allemaal liever de boerderij bezitten.

Een riskante en vernederende hypothese? Niet zo. Laten we een van de bekendste fictieve boerderijen als voorbeeld nemen.

De boerderij van Orwell.

Animal Farm is een allegorisch kort verhaal van George Orwell dat voor het eerst werd gepubliceerd op 17 augustus 1945.

De roman speelt zich af op een boerderij in de buurt van Willingdon, Engeland, waar dieren, het zat om onderworpen te worden aan de uitbuiting van hun boer, in opstand komen. De opstand is succesvol, en de dieren hernoemen de boerderij als "Animal Farm". Op dit punt schrijven ze de Zeven Geboden: het belangrijkste is: "Alle dieren zijn gelijk." Al snel geloven varkens echter dat ze meer gelijk zijn dan anderen en besluiten dat ze de nieuwe factoren zullen zijn, superieur aan andere dieren.

De boerderij van Orwell is het paradigma van een grote waarheid: er is nooit een gemeenschap (dier of mens) in de geschiedenis van de mensheid geweest die niet met de beste bedoelingen is begonnen en verkondigde dat 'oves et boves gelijk zijn aan alle andere dieren.

Helaas wordt dit principe van egalisatie altijd teniet gedaan door het bestaan van een "factor" die de regels schrijft en daarom gelijker is dan de andere.

De menselijke gemeenschap.

De menselijke gemeenschap als geheel, en elke gemeenschap, ontsnapt nooit aan deze regel. Vanuit het oogpunt van sociale organisatie is er altijd een koning die hen ter wille van zijn volk ter dood stuurt door oorlogen te voeren in naam van onwaarschijnlijke idealen zoals 'de verdediging van heilige grenzen' of andere extravagante motieven.

Vanuit het oogpunt van spirituele organisatie hebben de religieuze kasten van alle tijden de gelijkheid van mannen gepredikt om vast te stellen dat de kasten gelijker zijn, en ze kunnen de macht claimen om regels vast te stellen en ceremoniën, geopenbaarde waarheden en dogma's op te leggen.

Op het niveau van individuele relaties, in elke samenleving, tot aan de "familieboerderijen" toe, stollen gewoonten en gewoonten die prioriteiten en rechten vaststellen die alleen aan sommigen zijn voorbehouden, bijvoorbeeld aan mannelijke individuen, terwijl andere sociale groepen onderworpen zijn en bijna gereduceerd zijn tot slavernij.

Een onvolledige evolutie.

Ons brein evolueert op een buitengewone manier vanuit het oogpunt van praktische vaardigheden. We zijn bijvoorbeeld allemaal in staat om een auto te besturen en weten in het geval van inhalen complexe berekeningen nauwkeurig uit te voeren, zoals de evaluatie van de snelheid van ons voertuig, het voertuig voor ons en het voertuig dat aankomen in de baan tegenover. Met deze informatie beslissen we of inhalen mogelijk is. We doen het zonder pen en papier, noch met rekenmachines van welke aard dan ook. We weten meesterlijk om te gaan met zeer gecompliceerde tools zoals moderne computers en mobiele telefoons. Onze "technische" intelligentie is enorm geëvolueerd sinds we nauwelijks wisten hoe we een steen moesten hakken om als wapen te gebruiken.

Onze sociale intelligentie en gevoeligheid hebben zich echter niet in dezelfde mate ontwikkeld. Wanneer onze belangen op het spel staan, blijft egoïsme de overhand hebben.

Zal het altijd zo zijn?

Velen zeggen dat de menselijke evolutie slechts de chaotische som is van oneindige willekeur. In feite zijn we tegenwoordig veel beter af dan onze holbewonersvoorouders. Laten we zeggen dat we tegenwoordig veel beter leven, ondanks onszelf. Het lijkt bijna alsof een "kracht" ons langs een pad heeft geleid waarvan we altijd hebben geprobeerd af te wijken, maar zonder (gelukkig) te slagen.

Terwijl deze kracht ons leidde op het pad van constante technische en civiele vooruitgang, organiseerden we oorlogen, planden moorden en vernietiging, vochten om de meesters van onze boerderijen te worden.

Gelukkig was de "kracht" tot nu toe krachtiger dan wij, dus onze soort heeft het overleefd en vandaag lanceren we hier sondes naar Mars die we binnenkort zullen koloniseren.

De synchroniciteiten getheoretiseerd door Carl Jung.

Volgens Carl Jung, Zwitserse psychoanalyticus en filosoof, wordt deze 'kracht' uitgedrukt met bepaalde acties die synchroniciteit worden genoemd. Jung verklaarde dat synchroniciteiten kunnen worden beschouwd als "boodschappen" gericht aan individuele mensen, en worden uitgedrukt door het optreden van bijzondere toevalligheden die hij definieert als "numineuze". De som van deze vreemde toevalligheden kan 'twijfels' of 'vragen' in de psyche van een persoon oproepen, waardoor ze worden aangemoedigd om na te denken over bepaalde aspecten van hun leven.

Vervolgens perfectioneerde een exegeet van Jung, Joseph Cambray, deze theorie.

Joseph Cambray is een internationaal bekende Jungiaanse psychoanalyticus die een belangrijke rol vervult in verschillende verenigingen, en is een vaste aanstelling als professor aan de Harward Medical School.

In zijn boek "Synchroniciteit. Materie en psyche in een onderling verbonden universum "Cambray stelt een uitbreiding van Jungs theorie voor, en suggereert dat er aan de basis van vele culturele evoluties van de mensheid een "synchronistisch mechanisme" ligt. Dit mechanisme heeft synchroniciteiten bevorderd en begeleid in hun ontwikkeling.

In de praktijk verbetert Cambray de werking van synchroniciteiten, aangezien ze zowel effectief zijn als in de individuele sfeer, ook in de collectieve van menselijke groepen, volkeren en het hele universum. Hij definieert ze als "culturele synchroniciteiten".

Bij wijze van voorbeeld stelt Cambray de gebeurtenissen die gepaard gingen met de geboorte van de democratie in het oude Griekenland in een synchrone toon opnieuw voor.

Deze synchroniciteit zou zich hebben ontvouwd over een historische tijdspanne van tientallen jaren. Ten slotte zou het uitmonden in de Cleisthenes-hervorming, die plaatsvond in 508-507 voor Christus.

Dit evenement interesseerde aanvankelijk een klein volk, maar het heeft de wereld besmet en tegenwoordig oefenen veel landen een democratisch regime uit.

Daarom zou de mysterieuze 'kracht' die de mensheid naar steeds verder gevorderde evolutionaire stadia leidt, sterk kunnen lijken op de door Carl Jung getheoretiseerde synchroniciteiten.

Waar ontstaan deze synchroniciteiten? Volgens Jung ligt hun bron in het collectieve onbewuste, dat alle ervaring van de mensheid bevat, in de vorm van archetypen. Archetypen kunnen in de vorm van synchroniciteit van het collectieve naar het individuele onbewuste stromen. Als ze dat doen, betrekken ze het individu (of de gemeenschap) bij een reeks 'numineuze' toevalligheden.

Als je vreemde gebeurtenissen hebt meegemaakt waarvoor je geen logische verklaring kunt bedenken, begin je je af te vragen of dit geen synchroniciteit was, dat wil zeggen een boodschap aan jou vanuit een "universeel bewustzijn".

Het Omega-punt en de ideale "boerderij".

> We mogen een profetie, geformuleerd door een wetenschapper, Pierre Teillard de Chardin, niet vergeten. Volgens zijn theorie evolueert het universum voortdurend naar hogere niveaus van complexiteit en bewustzijn, variërend van de geosfeer tot de biosfeer en de noösfeer. Voor Teilhard de Chardin kan het universum, als het wordt aangetrokken door een opperste punt van complexiteit en bewustzijn, bewegen in de richting van toenemende complexiteit en groeiend bewustzijn. Hiervoor formuleerde Teilhard de Chardin het concept "Omega Point". Het is niet alleen het hoogtepunt van het evolutionaire proces. Inderdaad, het Omega Punt is het toppunt van complexiteit en bewustzijn.

> Dus, is de toekomstige mensheid voorbestemd om het concept van de Orwelliaanse boerderij te overwinnen? Leven we op een ideale boerderij waar alle dieren echt allemaal hetzelfde zijn?

De ideale boerderij blijft voorlopig slechts een mystieke profetie. We vinden het in een religieuze tekst, het boek van de profeet Jesaja (11,6-8):

"De wolf zal bij het lam wonen,

de panter zal naast het kind gaan liggen;

het kalf en de jonge leeuw zullen samen grazen ...

Het kind zal spelen op de pit van de adder;

het kind zal zijn hand in het hol van giftige slangen steken."

Pandemieën. Is het allemaal de schuld van de vleermuizen?

"Pandemieën. Is het allemaal de schuld van de vleermuizen?".

Dieren zijn wreed omdat het moet, ze hebben niet de wil om anders te beslissen en ze zijn zich niet bewust van hun wreedheid. Het grote verschil is dat wij ons er wel van bewust zijn. We zouden wreedheid kunnen vermijden. Ondanks dat zijn we wreed. Geen enkel deel van de schepping ontsnapt aan onze hebzucht. Er is waarschijnlijk geen zichtbaar biologisch wezen dat, ergens op planeet Aarde, niet wordt bejaagd, wreed wordt gedood, uiteengereten en verscheurd, meer voor de lol dan voor de hongerdood.

De primaire bron van de pandemie.

De officiële wetenschap heeft vastgesteld dat de primaire bron van de huidige pandemie (zoals bij veel eerdere pandemieën) bij vleermuizen ligt. Het virus leeft in vleermuizen zonder ze te schaden. Van de vleermuizen zou het virus zijn overgegaan naar een tussengastheer, waarschijnlijk een civetkat of een slang, en van deze naar de mens. Maar hoe kon het virus van deze dieren op mensen 'springen'? Simpel, hij deed het omdat mensen normaal al deze dieren eten, en vele anderen. De Wuhan-markt bevatte duizenden kraampjes, waarvan er vele gewoonlijk nog levende vleermuizen, civetkatten en slangen verkochten. Dit gebeurt in bijna heel Azië. Kopers regelen om de dieren in hun huizen te doden, om ze te koken. Ze raken dus besmet met hun bloed.

Een onthullend interview.

Op 16 april 2020 publiceerde de Italiaanse krant "La Repubblica" een interview met David Quammen (auteur van de bekende tekst "Spillover") door een groep studenten. Hier zijn enkele belangrijke fragmenten.

"Meneer Quammen, dus Covid-19 is de grote epidemie, de 'Big One' waarover u schreef?"

"Ja, Covid-19 is het soort epidemie waarvoor ik alarm heb geslagen. Het is de eerste met wereldwijde dimensies na de uitgave van mijn boek, maar het is niet de laatste zoönose met het potentieel om een pandemie te worden. We moeten anderen verwachten en hiervoor moeten we ons beter voorbereiden, zodat de volgende overloop niet weer een wereldwijde Big One wordt, een nieuwe pandemie ".

"Waarom is deze epidemie nu uitgebroken? Hebben wij mensen iets verkeerd gedaan?"

"Het begon allemaal als een kleinigheidje, nadat het virus van vleermuizen op mensen was overgegaan. Het begon omdat er een destructief contact is tussen mens en natuur. Dit gebeurt niet alleen in China, maar over de hele wereld. In China hadden we deze keer echter bijzonder veel pech. Het virus dat van vleermuizen tot ons kwam, was bijzonder veelzijdig, in staat om zich bij mensen te vermenigvuldigen en gemakkelijk van de ene persoon op de andere over te gaan. Hier waren we niet op voorbereid. In werkelijkheid wisten wetenschappers dat het kon gebeuren, maar politici weigerden geld uit te geven om zich erop voor te bereiden. Dus nu hebben we een wereldwijde ramp".

"Zelfs het ebolavirus is misschien van vleermuizen op ons overgegaan. Zou het niet veiliger zijn om alle vleermuizen te doden, of in ieder geval elk contact met deze dieren te vermijden?"

"Ja, veel nieuwe virussen die epidemieën bij mensen veroorzaken, zijn afkomstig van vleermuizen. Een soortgelijk virus was waarschijnlijk al duizenden jaren onder hen, maar de evolutie had het voor hen mogelijk gemaakt om niet ziek te worden. De oplossing wordt echter niet overwogen bij het uitroeien van vleermuizen. We hebben het nodig in onze ecosystemen. De oplossing is om ze in vrede te laten leven".

"Is er een les die we kunnen leren van Covid 19 om te proberen andere pandemieën te vermijden?"

"Ja, minstens twee. Eerste les, klein en makkelijk: laten we de vleermuizen met rust laten en weg van ons. Tweede les, moeilijker: we moeten de vernietiging van de natuurlijke wereld verminderen en dit betekent het verminderen van de groei van de wereldbevolking en het verminderen van het tempo van onze consumptie".

Een verkeerde benadering.

Zoönose is een infectie die van dieren op mensen overgaat omdat we hetzelfde biologische koninkrijk delen. Maar als we zo op elkaar lijken, waarom veroorzaakt de overgang tussen soorten dan zulke verwoestende effecten?

De oorzaken moeten zeker worden gezocht in de verkeerde benadering die we hebben met soorten die biologisch vergelijkbaar zijn met de onze, maar niet de mens. De onze is geen houding van coëxistentie, maar van roof. De waarheid over hoe we onze relatie met de natuur zien, komt duidelijk naar voren in de vraag die een student aan Quammen stelde in het hierboven aangehaalde interview:

'Zou het niet veiliger zijn om ze allemaal uit te schakelen?'

Deze manier van redeneren komt ons natuurlijk en begrijpelijk voor. Het is zelfs in de verste verte niet voorstelbaar dat niet-menselijke soorten respect zouden krijgen als ze ons lastig vallen.

Het is buitengewoon vervelend om elke poging te moeten bedenken om hun behoeften te begrijpen. Het is duidelijk dat de "inferieure" soorten moeten worden opgesloten, gebruikt, uitgebuit, gemarteld, gedood, opgegeten, overweldigd in het niets dat ze bezitten om ze te buigen, voorbij een werkelijke behoefte, maar met het grootste sadisme, ze onderwerpend aan onze meest nutteloze behoeften.

De mens heeft deze methoden altijd op andere mensen toegepast, we kunnen ons voorstellen dat hij ooit gewetensvol kan zijn om ze op dieren toe te passen.

Toegegeven, zelfs dieren zijn wreed. Vleermuizen hebben er geen probleem mee om honderden insecten die tijdens een jachtnacht zijn gevangen, met hun scherpe tanden te vermorzelen. Maar dit maakt deel uit van een onontkoombare dierlijkheid, van een instinct dat geen alternatieven voorziet.

Dieren zijn wreed.

Dieren zijn wreed omdat het moet, ze hebben niet de wil om anders te beslissen en ze zijn zich niet bewust van hun wreedheid. Het grote verschil is dat wij ons er wel van bewust zijn. We zouden wreedheid kunnen vermijden. Ondanks dat zijn we wreed. Geen enkel deel van de schepping ontsnapt aan onze hebzucht. Er is waarschijnlijk geen zichtbaar biologisch wezen dat, ergens op planeet Aarde, niet wordt bejaagd, wreed wordt gedood, uiteengereten en verscheurd, meer voor de lol dan voor de hongerdood.

Hoeveel vlees levert een vleermuis van een paar gram op? Op veel trendy plekken die door de nieuwe Aziatische burgerij worden bezocht, worden vleermuizen niet geserveerd als remedie om de honger te stillen, maar als verfijnd voedsel dat is gereserveerd voor een elite van fijnproevers.

Hieruit ontstaat de kreet van ondraaglijke pijn die niet voortkomt uit de kracht en wil van individuele dieren. Het is een kreet die de harmonie van het universum verontwaardigd en verscheurt. Het dier kan zijn lot begrijpen als het op de bodem van de kooi krimpt of als het met angstige ogen naar zijn kwelgeest staart, maar het kan niet om wraak schreeuwen, omdat het dit gevoel niet kent. Het dier kan rebelleren door te krabben en te bijten, maar dit is niet de effectieve rebellie.

De ware rebellie is die welke voortkomt uit de onmacht van de nederige en wordt gegenereerd door de geesten van de soort, uit de diepten van geschonden harmonieën, uit de genegeerde, beledigde en vernederde beschermgoden, uit het mededogen van hemel en aarde voor de verraden en verkrachte wezens. De ziel van de wereld huilt en schreeuwt om wraak voor degenen die het niet kunnen. Medelijden, vertrapt voor andere wezens, is hetzelfde dat de mens vertrapt vindt wanneer hij het voor zichzelf zoekt. Barmhartigheid is voor iedereen hetzelfde. Vertrapte genade is een plant die altijd bloeit. De bloem is optimistisch, heeft scherpe tanden en lange, scherpe klauwen. Zijn naam is Nemesis.

Dood niet.

Het bijbelse gebod komt zowel in hoofdstuk 20 van de Exodus als in hoofdstuk 5 van Deuteronomium voor. In beide gevallen is het gebod voorbeeldig beknopt en zegt het precies zo:

"Dood niet."

Beknoptheid komt de duidelijkheid enorm ten goede. Er zijn geen voorwaarden, waarschuwingen of interpretatieve codes. Het bevel is droog, dwingend, uniek in zijn uitspraak. Het is gemakkelijk te begrijpen en laat geen ruimte voor dubbelzinnige interpretaties.

Geen enkel ander heilig boek had dit gebod eerder verkondigd, en sindsdien heeft niemand dat meer gedaan. Net als alle andere is dit gebod niet alleen geschreven voor de Israëlieten in de woestijn, maar voor de hele mensheid en voor alle tijden.

Veel geboden worden tegenwoordig anders geïnterpreteerd dan de oorspronkelijke interpretatie. Het gebod "Gij zult niet doden" is tot nu toe geïnterpreteerd in de zin van "Gij zult uw vriend niet doden".

Maar het gebod zegt dat niet. De precieze tekst is "Gij zult niet doden."

Waarschijnlijk (en hopelijk) zal de tijd komen dat het mogelijk wordt om de interpretatie uit te breiden naar de meer letterlijke zin: niet doden, punt uit. Niet eens een vlieg? Nee, zelfs geen vlieg.

Om dit te bereiken zal een grote evolutionaire mutatie van de mens nodig zijn. De bijbelse God heeft het voorzien, daarom schreef hij duidelijk "Gij zult niet doden" zonder specificaties of uitzonderingen. Hierin laat de Bijbel zien dat het het boek voor alle tijden is. Het is niet alleen modern, het is futuristisch. "Gij zult niet doden" is een instructie die in de toekomst zijn vervulling zal vinden. We moeten wachten op een krachtige mutatie van de menselijke soort.

Maar bestaat het universum echt?

"Maar bestaat het universum echt? Totaal nul-energie universum".

Als materie en energie in het universum nul zijn, dan bestaan materie en energie niet. Dus, over welke "geest" van het universum hebben we het? Deze theorie (ondersteund door Stephen Hawking) is gebaseerd op de hypothese dat de totale energie van het heelal precies nul is. In de praktijk zou de positieve energie als gevolg van materie precies worden gecompenseerd door de negatieve zwaartekracht-energie.

Totaal nul-energie universum,

Kwantumkosmologen hebben een werkelijk verrassend voorstel gedaan om deze vraag te beantwoorden.

Het voorstel bestaat uit de zogenaamde "Universe with zero total energy"-theorie.

Deze theorie is gebaseerd op de hypothese dat de totale energie van het heelal precies nul is. In de praktijk zou de positieve energie als gevolg van materie precies worden gecompenseerd door de negatieve zwaartekrachtsenergie en daarom zou het teniet worden gedaan door het onweerlegbare principe dat als we +1 bij -1 optellen, het totaal nul is.

Wat Stephen Hawking dacht.

Stephen Hawking schrijft in een van zijn artikelen:

> "In het gebied van het universum dat we kunnen waarnemen, bevinden zich ongeveer 10^80 materiedeeltjes. Waar komen deze deeltjes vandaan? Het antwoord is dat in de kwantumtheorie deeltjes kunnen worden gecreëerd uit energie in de vorm van paren bestaande uit een deeltje en zijn antideeltje. Op dit punt doet zich echter het probleem voor waar deze energie vandaan kwam. Het antwoord is dat de totale energie van het heelal precies nul is.
>
> De materie van het universum bestaat uit positieve energie. Men moet echter bedenken dat alle materie elkaar blijft aantrekken door middel van de zwaartekracht. Twee stukken materie die dicht bij elkaar zijn geplaatst, hebben minder energie dan twee identieke stukken, waartussen echter een grote afstand is: dit komt omdat er energie moet worden besteed om ze gescheiden te houden tegen de zwaartekracht, waardoor ze naderen (en waarvan het effect , zou in het tweede geval verwaarloosbaar zijn). Dus in zekere zin heeft het zwaartekrachtveld negatieve energie. Als we dan het hele heelal nemen, is het mogelijk om aan te tonen dat de hoeveelheid van deze negatieve gravitatie-energie precies zo groot is dat de positieve energie van de materie wordt opgeheven; zodat de totale energie van het heelal nul is."

Schepping uit het niets.

Fracastorio's bevestiging in "Cena de le ceneri" (door Giordano Bruno) is weer actueel. "Nullibi ergo erit mundis. Omne erit in nihilo:" (Dan zal de wereld nergens zijn, dan zal het schoon zijn. Alles zal niets zijn, gelijk aan nul).

Volgens de theorie van "Universum zonder totale energie", is de massa die in het universum bestaat, die een positief teken heeft, precies gelijk aan zijn zwaartekrachtsenergie, die een negatief teken heeft. Aangezien de uitdijing van het heelal een toename van de negatieve zwaartekracht genereert, genereert dit op zijn beurt een toename van de massa van positieve waarde.

Daarom. massa zou op natuurlijke wijze ontstaan, ten koste van de toenemende zwaartekracht.

Concluderend, de wetenschapper Edward Tyron gelooft dat de schepping van het universum mogelijk is uitgaande van de specifieke kwantumfluctuaties van het initiële vacuüm die "deeltje-antideeltje"-paren genereren. Deze fluctuaties, beginnend vanuit een microscopisch gebied, zouden kleine onstabiele inhomogeniteiten hebben veroorzaakt vanuit het oogpunt van de massa / zwaartekracht-verhouding. Deze niet-homogeniteiten, vergroot door een proces dat inflatoir wordt genoemd, zouden aanleiding hebben gegeven tot steeds grotere structuren tot sterrenstelsels en clusters van sterrenstelsels.

Het kwantumvacuüm.

Met andere woorden, als we het oorspronkelijke bestaan van het kwantumvacuüm veronderstellen, zou de "ex nihilo"-vorming van het universum mogelijk zijn en voortkomen uit natuurwetten. Blijft de vraag wie deze wetten zou schrijven.

Er is nog een probleem dat hier niet kan worden opgelost. Als materie en energie in het universum nul zijn, dan bestaan materie en energie niet. Dus over welk spookuniversum hebben we het? Is er echt iets "ex nihilo" gecreëerd, of is het allemaal slechts een grote illusie? Misschien is alles wat we denken te zien alleen het product van een intelligentie die een realiteit bouwt die alleen terug te voeren is op een grote droom.

De meta-plaatsen. Eén, geen, veel of oneindig?

"Meta-plaatsen. De vele kinderen van de kwantumplaats".

De "lokaliteit" is een principe dat aan de basis van de Newtoniaanse fysica ligt. Alles wat plaatsgebonden is, kan in het laboratorium worden gewogen, gemeten en gereproduceerd. Vandaar het onvermijdelijke en onwankelbare geloof dat de werkelijkheid uitsluitend materialistisch is. Er is echter aangetoond dat er een niet-Newtoniaanse plaats bestaat, die precies "niet-plaats" wordt genoemd. Wat gebeurt hier?

Plaatsen en metaplaatsen.

Voordat we het over meta-plaatsen hebben, moeten we het eens zijn over het concept van plaats. Vanuit het oogpunt van de klassieke natuurkunde is de plaats een materieel en tijdelijk beperkt deel van de ruimte. In dit deel van de ruimte vinden de bekende natuurkundige verschijnselen plaats. Op basis van dit kenmerk worden fysieke verschijnselen "lokaal" genoemd. De plaats is een onmisbaar kenmerk voor de validatie van elk fenomeen. We leven in een gelokaliseerd universum. Alle Newtoniaanse fysica, en zelfs de Einsteiniaanse relativiteit, werken omdat ze verschijnselen beschrijven die perfect overeenkomen met de kenmerken van de plaats. Alles wat plaatsgebonden is, kan in het laboratorium worden gewogen, gemeten en gereproduceerd (of met voldoende nauwkeurige instrumenten). Vandaar het onvermijdelijke en onwankelbare geloof dat de werkelijkheid uitsluitend materialistisch is. Als een 'ding' materie is, zoals bijvoorbeeld een steen, kan die steen worden gewogen, gemeten en gereproduceerd. Dus de studie van stenen wordt toegeschreven aan de natuurkunde. Omgekeerd zijn "dingen" zoals Shambala, El Dorado, het land van speelgoed, Midden-aarde, de hemel, de hel en het vagevuur niet te lokaliseren, daarom zijn ze niet weegbaar of meetbaar en daarom worden ze in de meest welwillende gevallen fantastische plaatsen of uitvindingen voor de dwazen. De studie van deze 'dingen' wordt toegeschreven aan de metafysica.

Daarom, aangezien metafysica gevallen beschrijft die niet in het domein van de fysica kunnen worden geplaatst, kunnen deze plaatsen worden gedefinieerd als meta-plaatsen.

Op zoek naar een bestaande meta-plek.

In feite zou het voldoende zijn om aan te tonen dat er maar één metaplaats bestaat, om de weg vrij te maken voor de bevestiging dat alle metaplaatsen bestaan, of in ieder geval zouden kunnen bestaan, al was het maar dankzij de transitieve eigenschap die stelt:

als A = B en B = C dan is A = C.

Stel dat metaplaats B bewezen is te bestaan.

A = alle meta-plaatsen;

B = een van de vele meta-plaatsen;

C = bevestigd bestaan.

Aangezien A = B en B = C, dan is A = C.

Het probleem is dat tot een paar decennia geleden nog nooit was bewezen dat er een metaplaats bestond. Hoewel legioenen geleerden en filosofen erover hadden geschreven, waren zelfs de meest fascinerende metaplaatsen, zoals Plato's Wereld van Ideeën of Carl Jung's collectieve onbewuste, niet aangetoond.

De kenmerken van een meta-plek.

Zoals reeds gezegd, moet een plaats, om als een metaplaats te worden beschouwd, vrij zijn van alle beperkingen die typisch zijn voor de Newtoniaanse plaats, voornamelijk:

1) Het mag geen "afmetingen" hebben zoals lengte, breedte, hoogte en gewicht. De verschijnselen daarbinnen zouden niet worden afgezwakt door afstand, omdat er geen afstanden zouden zijn. De snelheid van het licht zou niet logisch zijn, de uitwisseling van informatie zou onmiddellijk en totaal zijn.

2) Het mag niet onderhevig zijn aan de pijl van de tijd. Er mogen geen begrippen als "voor" en "na" in voorkomen. Daarom zouden de materialistische concepten van causaliteit en determinisme, volgens welke elke gebeurtenis wordt veroorzaakt door een gebeurtenis die eraan voorafgaat, en latere gebeurtenissen bepaalt, niet langer toepasbaar zijn in een meta-plaats.

Denk je dat zo'n plek (of meta-plek) nooit zou kunnen bestaan? Je hebt het helemaal verkeerd. Het bestaat zeker, en het bestaan ervan is al in de jaren 80 van de vorige eeuw wetenschappelijk bewezen.

Jaar 1982: een schokkend experiment.

Ik heb al in andere berichten het fenomeen van kwantumverstrengeling beschreven, gedemonstreerd in 1981-82 door Alain Aspect door de implementatie in het laboratorium van een experiment voorgesteld door Stewart Bell in zijn stelling genaamd "Bell-ongelijkheid". Deze stelling wilde licht werpen op het vorige gedachte-experiment genaamd EPR, voorgesteld door het trio Einstein, Podolski en Rosen. EPR zette vraagtekens bij de kwantumtheorieën die zijn geformuleerd door Niels Bohr's "Copenhagen School". In werkelijkheid wilde EPR het onverklaarbare verklaren vanuit verkeerde aannames.

Alain Aspect was de eerste die zonder twijfel het werkelijke bestaan van het fenomeen "kwantumverstrengeling" aantoonde".

Quantum non-lokaliteit is geboren.

Als twee deeltjes (bijvoorbeeld twee fotonen van licht) geboren uit dezelfde gebeurtenis naar astronomische afstanden worden verplaatst, zelfs naar de uiterste kanten van het heelal, kunnen ze nog steeds met elkaar communiceren alsof ze één zijn. Hun gedrag is wederkerig en eigentijds. Als een deeltje zijn "spin" verandert, verandert tegelijkertijd ook het andere deeltje, op elke afstand in de ruimte.

Het is duidelijk dat dit alles plaatsvindt buiten de criteria van plaats die kenmerkend zijn voor de klassieke natuurkunde.

In feite is er geen bemiddelaar die in staat is om informatie "fysiek" op een eigentijdse manier tussen de twee fotonen te verplaatsen. Informatie zou op zijn minst met de snelheid van het licht moeten bewegen.

In feite stelt het lokaliteitsprincipe dat verre objecten GEEN directe invloed op elkaar kunnen hebben - een object wordt alleen rechtstreeks beïnvloed door zijn directe omgeving.

Het Aspect-experiment laat zien dat in ieder geval in één geval het tegenovergestelde kan gebeuren.

Dit Aspect-experiment is honderden keren herhaald in tientallen laboratoria, met steeds geavanceerdere methoden. Momenteel is het experiment op een buitengewone manier geëvolueerd: vandaag worden niet alleen twee fotonen in een staat van "verstrengeling" geplaatst, maar miljarden deeltjes tegelijkertijd.

Voor materialistische natuurkundigen was en is niet-lokaliteit als een mes dat het vlees doorboort. Omdat ik niet in staat was het bewijsmateriaal te bespotten of te verdoezelen, werd de grote verlegenheid opgelost door het conflict te normaliseren. Het fenomeen werd met geweld geaccepteerd door het te catalogiseren met een nieuw label zonder het voorvoegsel "para". Zo werd de "niet-lokaliteit" geboren. Zoals Mao cynisch zei in zijn Rode Boekje: "Als je je tegenstander niet kunt vernietigen, word dan zijn vriend." Een gezond Chinees pragmatisme toegepast op de actualiteit van de natuurkunde!

Toekomstperspectieven.

Wie weet of het in de toekomst mogelijk zal zijn om twee mensen in een staat van verstrengeling te brengen, dat wil zeggen, twee hersenen? Het zou niets anders doen dan wetenschappelijke waardigheid geven aan het 'parafenomeen' telepathie.

Natuurlijk wil deze post niet het werkelijke bestaan van alle mogelijke meta-plaatsen bevestigen, zelfs als een bepaalde kwantumtheorie, die van de multiversa, deze hypothese aannemelijk zou maken.

Voorlopig zien we dat veel verschijnselen die paranormaal of buitenzintuiglijk worden genoemd, mogelijk en normaal worden op het niveau van de kwantumrealiteit. Bijvoorbeeld, naast telepathie, kennis van het verleden en de toekomst, aangezien er geen "voor" of "na" is in niet-lokaliteit. Hoe toegang krijgen tot deze realiteit? Het kwantumniveau is ontoegankelijk voor onze vijf zintuigen, gekalibreerd voor het macroscopische niveau. Het is echter volledig toegankelijk voor ons zevende zintuig, bewustzijn.

Het antropische principe.

"Het antropische principe.
O stralende zon, wat zou je zijn?
als ik niet hier beneden was om te schitteren?".

In algemene zin stelt het antropische principe dat het menselijk bewustzijn niet het toevallige resultaat is van de evolutie van de materie, maar het punt van aankomst van een evolutie van het universum die juist neigde naar de geboorte van bewustzijn. Dit principe vertegenwoordigt een verrassende metafysische interpretatie van uitgebreide wetenschappelijke observaties.

De rol van de mens in het universum.

"O stralende zon, wat zou je zijn,
als ik niet hier beneden was om te schitteren?"

Dit citaat van Friedrich Nietzsche, uit "Aldus sprak Zarathustra", kan op een plastische manier dienen om het onderwerp van dit bericht, dat wil zeggen het antropische principe, op een plastische manier weer te geven.

Dit principe vertegenwoordigt een verrassende metafysische interpretatie van uitgebreide wetenschappelijke observaties. Het is zo geloofwaardig dat zelfs Stephen Hawking, een bekende recent overleden wetenschapper, vaak naar dit principe verwijst in zijn boek "The Universe in a Nutshell". Het boek is gerelateerd aan de "M-theorie" over het multidimensionale universum. (Theorie M = Theorie "Moeder van alle theorieën", in staat om alle bekende natuurkundige theorieën te verenigen).

Laten we doorgaan met bestellen.

Het idee volgens welke een universele geest door perioden van individuele of collectieve synchroniciteit werkt voor de culturele ontwikkeling van de mensheid veronderstelt dat een centrale rol wordt toegekend aan de mens die op planeet Aarde leeft. De mens zou het voorwerp zijn van aandacht, bescherming en leiding van deze Geest.

Omgekeerd vertegenwoordigt de mens in de Newtoniaanse wetenschappelijke kosmologie niets meer dan een toevallig product van de evolutie van de materie. Volgens een materialistische filosofie is de aanwezigheid van de mens absoluut niet relevant voor de initiële ontwikkeling van de planeet Aarde, vooral voor de ontwikkeling van het heelal.

Zoals we weten, plaatste de culturele visie tot de 16e eeuw de mens in het centrum van het universum. Copernicus wees er vervolgens op dat de planeten om de zon draaien en dat de aarde niet langer het middelpunt van het heelal was, een simpele kleine planeet. Bijgevolg werd ook de mens slechts een van de vele wezens die willekeurig in een klein deel van het universum leefden.

Brandon Carter en het antropische principe.

Brandon Carter is een Australische natuurkundige, bekend om zijn studies over de eigenschappen van zwarte gaten en voor de ontdekking van een vierde bewegingsconstante, gedoopt met verwijzing naar zijn naam "Carter's constante". Hij is dan ook een wetenschapper van kaliber en dit heeft hem bijzonder betrouwbaar gemaakt.

In 1973 werkte Brandon Carter een nieuwe formulering uit van de relatie die de mens met het universum verenigt, noemde het het "antropische principe" en presenteerde het aan de wetenschappelijke gemeenschap tijdens een symposium over "Vergelijking van kosmologische theorieën met gegevens uit waarnemingen", dat het werd gehouden in Krakau als onderdeel van de viering van de 500e verjaardag van de geboorte van Nicolaus Copernicus. Dit principe, dat veel omstreden is in zijn zogenaamde forte-formulering, zet de huidige kijk op de relatie tussen mens en de kosmos omver en herstelt zijn centrale positie in de mens.

Het moet gezegd dat, zelfs voordat Carter de theorie openbaar maakte, deze al was gedeeld met andere wetenschappers zoals Martin Rees, Freeman Dyson, John Wheeler en anderen.

In zijn algemene lijnen houdt dit principe in dat het menselijk bewustzijn niet het toevallige resultaat is van de evolutie van de materie, maar het punt van aankomst van een evolutie van het universum die juist neigde naar de geboorte van bewustzijn. Het principe, zoals Carter het in Krakau verkondigde, heeft twee formuleringen, zwak en sterk genoemd.

Het zwakke antropische principe.

Het zogenaamde "zwakke antropische principe" stelt dat onze positie in de ruimte-tijd van het universum zeker bevoorrecht is omdat alle constanten die ten grondslag liggen aan het functioneren van het universum zijn gekalibreerd op de waarden die het meest geschikt zijn voor de ontwikkeling van ons type van leven. Voor een reeks ongelooflijke toevalligheden zijn de wetten die het universum beheersen consistent met de mogelijkheid dat intelligent leven bestaat. Als de zon bijvoorbeeld iets anders in grootte zou zijn, of als de aarde op een minimaal andere afstand om de zon zou draaien, zouden de zeeën kokende potten of ijsbergen worden. De aarde roteert met een zeer kleine excentriciteit, gelijk aan 2%, en de helling van de rotatie-as is zodanig dat de afwisseling van de seizoenen nauwkeurig mogelijk is.

Het leven op aarde is gebaseerd op koolstof, dat op onze planeet werd gegoten na de explosie van de sterren waarin het werd gevormd. De vier fundamentele krachten die de kosmos beheersen, zijn afhankelijk van een aantal fysieke constanten zoals bijvoorbeeld de Hubble-constante, de Planck-constante, de universele zwaartekrachtconstante, de elektrische lading en de massa van het elektron.

Het feit dat al deze constanten precies zijn afgestemd op waarden die de ontwikkeling van het leven mogelijk maken, is ongelooflijk verrassend: het zou genoeg zijn als iemand een minimaal andere waarde heeft om het leven onmogelijk te maken.

De mogelijke waarden van de vier fundamentele interacties (zwaartekracht, elektromagnetisch, zwak nucleair en sterk nucleair) en van de subatomaire deeltjes (proton, neutron, elektron) zouden oneindig kunnen zijn. Deze waarden zijn echter precies wat nodig is om een interactief netwerk te creëren dat in staat is een universum te creëren dat leven voortbrengt. Onder de oneindige configuraties werd, verrassend genoeg, wonderbaarlijk, de meest nauwkeurige gekozen om onze aanwezigheid te bevorderen. Stephen Hawking schrijft in "Van zwarte gaten naar het universum":

> "Als de dichtheid van het heelal één seconde na de oerknal groter was geweest dan de kritische dichtheid met één op honderd miljard, zou het heelal na 10 jaar zijn ingestort. Als het daarentegen minder dan dezelfde waarde was geweest, zou het heelal na 10 jaar bestaan al leeg zijn".

Het Weak Antropisch Principe pleit echter alleen voor de buitengewoonheid van deze toevalligheden en suggereert dat een causaal verband tussen het scheppingscomplex en de ontwikkeling van het leven "theoretisch mogelijk zou zijn". Om deze reden bleef het 'zwakke principe' vrij onopgemerkt onder toezicht van de materialistische meerderheid van de wetenschappelijke gemeenschap. Weinigen schonken aandacht aan dit bericht.

John David Barrow en Frank Tipler.

Natuurkundigen Barrow en Triple publiceerden "The Anthropic Cosmological Principle" in 1986 in de Verenigde Staten. In dit boek gaan de twee wetenschappers uitgebreid in op de antropische theorie van Carter en stellen ze een verdere belangrijke ontwikkeling voor.

De twee auteurs beschrijven uitgebreid de conceptuele basis: als er niet een zeer groot aantal buitengewone toevalligheden in de vorm van fysieke wetten en in de waarden van de natuurconstanten zouden zijn, zou biochemie, biologisch leven en intelligent leven niet mogelijk zijn. Een universum dat door toeval is geschapen, zou geen leven toestaan, en zelfs gewone astronomische objecten en gewone materie zouden niet mogelijk zijn.

Uitgaande van deze observatie komen ze tot de conclusie dat er een voorbestemde noodzaak is in de schepping, en het zwakke antropische principe, dat stopte bij de erkenning van de feiten, evolueert naar het sterke.

Het sterke antropische principe.

Het sterke principe stelt dat het universum precies moest zijn zoals het is om de ontwikkeling van leven mogelijk te maken. Onder de vele universums die uit de oerknal zouden kunnen zijn ontstaan, heeft zich precies het universum ontwikkeld dat ons in staat stelt om hier vandaag te zijn. De kans dat dit gebeurt is één op enkele miljarden. Als het bij toeval was gebeurd, zou het toeval een onmogelijke loterij hebben gewonnen.

De sterke theorie stelt zeker dat het universum precies is ontworpen om ons in staat te stellen hier vandaag te zijn. Het universum heeft maar één doel: de mens herbergen.

Daarom zou de mens geen gast zijn die toevallig door een bizar toeval in een universum is dat hem negeert, maar de reden en het doel waarvoor het universum bestaat. Deze theorie houdt in dat het universum werd gevormd met het doel het leven en de ontwikkeling van bewustzijn te bevorderen; dat wil zeggen dat het universum is ontworpen als een cocon, een placenta waarin het leven in het algemeen en het menselijk bewustzijn in het bijzonder zou kunnen ontstaan.

De veronderstelling dat het universum voor ons is geschapen, kent ongetwijfeld een doel toe aan de kosmos, die niet langer een chaotische massa van brute materie is, maar beantwoordt aan een project voor de realisatie van de mens in een niet langer aan het toeval toevertrouwd worden. Bovendien vereist de sterke antropische theorie de aanwezigheid van een intelligent Ontwerp, en dus het bestaan van een Ontwerper of in ieder geval van een universele Geest.

Het "ultieme" antropische principe.

Barrow en Tipler veronderstellen een derde vorm van het Antropische Principe, het Ultieme Antropische Principe, volgens welke "een intelligente verwerking van informatie in het universum zich noodzakelijkerwijs moet ontwikkelen en als deze eenmaal verschijnt, zal deze nooit uitsterven".

Volgens de twee geleerden zou een universum met het vermogen om intelligent leven te produceren geen zin hebben als het niet lang genoeg zou duren om het doel van de schepping te kunnen ontwikkelen en voltooien.

Daarom voorziet het ultieme antropische principe ook in een 'bescherming' van het leven, na de schepping: de menselijke soort is voorbestemd om te evolueren naar een onbekend eindstadium. De Franse wetenschapper Teilhard de Chardin noemt deze toestand het "Omegapunt", dat wil zeggen het hoogste niveau van complexiteit en bewustzijn waarnaar het universum in zijn evolutie lijkt te neigen.

Het participatieve antropische principe.

Deze vorm van het antropische principe wordt voorgesteld door John Archibald Wheeler, als alternatief voor het sterke principe. Volgens Wheeler, die gebruikmaakt van de kennis van de kwantumfysica, zijn waarnemers noodzakelijk voor het leven van het universum, zoals ze noodzakelijk zijn voor de kennis ervan. We weten dat elke kwantuminstorting, dat wil zeggen elke 'consolidatie' van een waarschijnlijkheid, een waarnemer nodig heeft. Daarom neemt de mens, als waarnemer van het universum, actief deel aan zijn eigen bestaan, inderdaad, het is onmisbaar.

Het antropische principe en tijd.

De meest objectieve (niet-materialistische) wetenschap erkent de redelijkheid van het antropische doel, aangezien het beslist absurd zou zijn als zo'n perfecte kosmische constructie voortkomt uit toeval en geen doel heeft. Als dit het geval is, wordt ook een veel voorkomend bezwaar beantwoord: "Als het doel de mens is, die alleen op planeet Aarde leeft, waarom heeft het universum dan zoveel ruimte en materie nodig?".

Het antwoord is dat de constanten die het leven mogelijk maken, tijd en ruimte hebben gekost om zich te materialiseren. Het heelal moest verouderen en uitzetten om de sterren in staat te stellen de chemische elementen te vervaardigen die de basis vormen van het leven op aarde, zoals koolstof. Bovendien is het bestaan van andere planeten waarop hetzelfde leven zich heeft ontwikkeld niet uitgesloten, evenmin als het niet is uitgesloten dat de mens zijn beschaving kan exporteren naar andere planeten en sterrenstelsels.

The Omega Point door Frank Tipler.

Frank Jennings Tipler, co-auteur met John Barrow van "The Anthropic Principle", is een Amerikaanse docent en schrijver die wiskundige natuurkunde doceert aan de Tulane University in New Orleans. De meeste van zijn studies waren gericht op de fysica van tijdreizen.

Hij staat ook bekend als de auteur van de Omega Point-theorie, die in feite de gelijknamige theorie overneemt die eerder is ontwikkeld door de Franse jezuïetwetenschapper Pierre Teilhard de Chardin.

Tipler probeert het uiteindelijke lot van het universum te bestuderen op een vergelijkbare manier als Isaac Asimov doet in "The Last Question". Tipler vertrekt vanuit het concept van "eeuwige vooruitgang" om het toekomstige bestaan van een God te veronderstellen, dat wil zeggen een mens die onsterfelijk is geworden. Hij veronderstelt ook de opstanding van de doden door de computer en "mind uploading", dat wil zeggen het herstel en de overdracht van het mentale patrimonium van een individu van het oude naar een nieuw lichaam, of naar het lichaam dat uit de dood is opgestaan.

Bovendien veronderstelt Tipler dat, dankzij een supercomputer, het universum zou kunnen worden gebogen naar de wensen van de mensheid, en zelfs zou kunnen handelen op basis van het verleden; op deze manier zou het mogelijk zijn om gebeurtenissen, werelden en mensen te reconstrueren, met een techniek van eeuwige geleide terugkeer.

Het is een perspectief gekoppeld aan het transhumanisme, een culturele beweging die pleit voor het gebruik van wetenschap en technologie om fysieke en mentale capaciteiten te vergroten en om alle ongewenste of schadelijke aspecten van de menselijke conditie, zoals ziekte en veroudering, te verhelpen. voorbij de menselijke conditie.

In het spirituele centrum van het universum.

Samenvattend kunnen we zeggen dat we hier zijn vanwege het universum en het universum is hier vanwege ons. Het Antropisch Principe herconfigureert het moderne wetenschappelijke denken. Dit begon met Copernicus en zijn ontdekking dat de aarde en de planeten om de zon draaien.Hiermee had Copernicus het Aristotelische denken ondermijnd dat de aarde en de mens in het geografische centrum van het universum plaatste.

De ontwikkelingen in de moderne natuurkunde maken een nieuwe ommekeer. Deze keer doet de mens, hoewel hij niet langer het geografische centrum is, zoals Copernicus terecht heeft aangetoond, zich stevig gelden als een spiritueel centrum.

Entropie: destructieve of creatieve kracht?

"Entropie: destructieve of creatieve kracht?".

Entropie (tweede wet van de thermodynamica) is een natuurkundige wet volgens welke het hele universum in de richting gaat van verval en zelfvernietiging, evenals alle levende wezens.

We gaan ervan uit dat entropie op het niveau van onze zintuiglijke ervaring precies functioneert als een kracht die desintegratie initieert en werkt in de richting van de tijd. Als we echter ons niveau verlaten om niveaus van ruimte en tijd binnen te gaan die onze directe ervaring te boven gaan, kunnen we entropie verschillende gezichten en betekenissen geven.

De wet van de tube tandpasta.

Het is de wet volgens welke een roerei niet kan worden hersteld in het oorspronkelijke ei, dat wil zeggen dat het onmogelijk is om de film van de verstreken tijd terug te spoelen.

Waarom gaan we dood? Het hangt allemaal af van een wet die entropie wordt genoemd of, meer technisch, de tweede wet van de thermodynamica. Simpel gezegd, entropie betekent dat als je een glas breekt, je elk stuk in verdere sub-stukken kunt breken, en vervolgens elk sub-stuk in opeenvolgende sub-sub-stukken, maar je kunt het glas nooit in zijn oorspronkelijke staat van integriteit herstellen. . Dat wil zeggen, alles gaat in de richting van verval volgens de pijl van de tijd.

In feite vertoont zelfs entropie aspecten volgens welke het niet precies is wat het op het eerste gezicht lijkt, namelijk dat "onherstelbare probleem" beschreven door Boris Yellnikoff in de film "Whatever Works". De film bevat de bekende zin: “Het heet entropie; het is alsof de tandpasta uit de tube komt en er niet meer in kan.”

Is entropie een desintegrerende kracht?

We gaan ervan uit dat entropie op het niveau van onze zintuiglijke ervaring precies functioneert als een kracht die desintegratie veroorzaakt en die in de richting van de tijd werkt. Als we echter ons niveau verlaten om niveaus van ruimte en tijd binnen te gaan die onze directe ervaring te boven gaan, kunnen we entropie verschillende gezichten en betekenissen geven.

Laten we een voorbeeld nemen met onze planeet, de aarde, en vergelijken wat het was in het begin en wat het nu is.

Het uiterlijk van de oeraarde, ongeveer 4,5 miljard jaar geleden, was absoluut anders dan de huidige; het oppervlak werd voortdurend verscheurd door machtige vulkaanuitbarstingen en gehavend door aanhoudende regens die miljoenen jaren zouden duren, tot aan het genereren van de oceanen. Daarom een bijna hels panorama van kale vulkanische rotsen verlicht door de gloeiende lava's van de nieuwe uitbarstingen. Zeker, een plek waar het onmogelijk zou zijn om te wonen.

Hoe dan ook...

Desondanks verscheen al snel het leven; de oudst bekende sporen dateren van 3,8 - 4 miljard jaar geleden en zijn de voorouders van de huidige bacteriën.

Maar hoe was de ontwikkeling van deze oerwezens mogelijk uitgaande van de eenvoudige organische moleculen die vier miljard jaar geleden in de atmosfeer aanwezig waren? Wat deed entropie terwijl dit gebeurde? Want als we eerlijk zijn, moeten we erkennen dat het een proces van opbouw was, niet van vernietiging.

Zonder entropie zouden we hier vandaag niet zijn.

De uiteindelijke actie van entropie is niet destructief maar creatief.

Het is waar dat de smerige en kale grijsachtige vulkanische rotsen die onderworpen waren aan de wet van entropie in de loop van de millennia afbrokkelden, en hele bergketens verdwenen en vlakten af, zodat elke menselijke waarnemer, naar zijn ervaring, de vernietigende kracht van entropie kon bevestigen. Maar laten we ons voorstellen dat die waarnemer bevrijd was van de tijdelijke beperkingen van zijn observatie, en de aarde gedurende de millennia had geobserveerd. Hij zou de rots in steeds kleinere delen hebben zien veranderen totdat het aarde werd; dan zou hij de aarde zien uitgespreid over uitgestrekte vlakten om een gunstige leefomgeving te bieden. Een waarnemer zou zeker hebben gezien hoe de wateren eroderen en de rotsen uitgraven, hun weg openen en de doorkruiste omgeving vernietigen, om vervolgens in rivieren te veranderen die in staat zijn om bemestende elementen te vervoeren in de landen die zijn geboren uit het uiteenvallen van de rotsen, waardoor de ontwikkeling van kruiden mogelijk is , planten, bloemen. , insecten en andere levende wezens van alle soorten, dat wil zeggen, van die aard die we vandaag de dag definiëren als wonderbaarlijk en die de basis is van onze voedselcyclus en ons voortbestaan.

Laten we eerlijk zijn: zonder entropie zouden we hier vandaag niet zijn. Daarom is de uiteindelijke actie van entropie niet destructief, maar creatief.

De territoria van de sjamanistische reis.

"De territoria van de sjamanistische reis. Nieuwe perspectieven op het bestaan van de werelden van de geest".

Kwantumverstrengeling opent nieuwe perspectieven op het bestaan van de werelden van de geest. Experimenten bevestigen dat er in de wereld van elementaire deeltjes, dat wil zeggen in de extreem kleine, geen grenzen zijn aan ruimte of tijd. Het hele universum communiceert als één geheel en de informatie reist zonder beperkingen van de zwaartekracht, noch van de snelheid van het licht, noch van de unidirectionele grenzen van de pijl van de tijd.

Een oude praktijk.

Sjamanisme is waarschijnlijk de oudste spirituele praktijk ter wereld. Bewijs van sjamanistische praktijken dateert uit het paleolithicum, meer dan 20.000 jaar geleden. Zelfs vandaag de dag, vooral onder bevolkingsgroepen die meer in harmonie met de natuur leven, is het sjamanisme bekend en beoefend. De sjamaan heeft de neiging zichzelf te leren kennen, zijn natuurlijke instinct weer in bezit te krijgen. De "reis" is een methode van directe openbaring: alles wordt persoonlijk ervaren. Er zijn geen regels of vormen van liturgie om te volgen, want elk heeft een uniek potentieel dat hij op een persoonlijke en originele manier ervaart.

Sjamaan zijn betekent jezelf zien als een actief onderdeel van de schepping en het universum ervaren als een verlengstuk van het Zelf. In deze dimensie breidt de geest zich uit en omarmt hij op harmonieuze wijze de wereld om de constante hulp van natuurlijke geesten te ontvangen. Normaal gesproken betreedt men met de sjamanistische beoefening de onontgonnen gebieden van de werkelijkheid, dat wil zeggen, een dimensie die kan worden bezocht in een veranderde bewustzijnsstaat

De sjamanistische reis, opgevat als een spiritueel pad, is altijd een pad van innerlijke genezing voor de sjamaan die het beoefent, maar niet alleen; vaak kan dit de drager zijn van de behoeften van degenen die op hem hebben vertrouwd om de welwillendheid te verkrijgen van de geesten die droefheid of ziekte veroorzaken. In die zin vertegenwoordigt de sjamanistische reis een bemiddelende ontmoeting van genezing tussen de mensen die lijden en de geesten die ziekte veroorzaken.

Interpretatie volgens de moderne psychologische sleutel.

Volgens de Jungiaanse psychologie zouden we de bestemmingen van sjamanistische reizen kunnen begrijpen als de dimensie die wordt gedefinieerd als het 'collectieve onbewuste' waar de geesten die menselijke gebeurtenissen veroorzaken het gezicht van 'archetypen' aannemen. De archetypen kunnen worden beschouwd als alle ideeën van het goede van het kwaad die in het geweten van de mens leven. In dit gebied van de psyche worden bepaalde gebeurtenissen geactiveerd die in staat zijn de archetypen van het collectieve onbewuste in communicatie te brengen met het individuele geweten. Elke persoon kan bepaalde signalen of waarschuwingen in zijn onbewuste ontvangen, die zich manifesteren met vreemde en significante toevalligheden, voorgevoelens, waarnemingen van verschillende soorten. Wanneer dit gebeurt, treden er volgens Jung synchroniciteiten op. Dit zijn praktische gebeurtenissen, maar van onbegrijpelijke aard, die de mens naar het goede kunnen leiden.

In die zin is het mogelijk dat de sjamaan, die in hetzelfde psychische gebied reist, de kracht heeft om zeer krachtige positieve synchroniciteiten op te wekken, omdat ze specifiek gericht zijn tot degenen die zich aan hem hebben toevertrouwd voor hulp bij genezing. De sjamaan zou in staat zijn om op een uitzonderlijke manier de natuurlijke werking van heilzame uitwisseling die al bestaat tussen het collectieve onbewuste en het individuele geweten te versterken, en vooral zou hij het kunnen katalyseren naar degenen die van plan zijn te helpen.

Daarom zouden de 'geesten' die de sjamaan op zijn reis tegenkomt, het geweten van de wereld vertegenwoordigen, dat wil zeggen, die positieve kracht die de gebieden van het collectieve onbewuste beheert. Diezelfde Kracht genereert synchroniciteiten, waarmee ieder van ons vaak wordt geconfronteerd zonder de betekenis of oorsprong ervan te begrijpen.

Interpretatie volgens de traditionele wetenschappelijke sleutel.

Maar waar hebben we het over? Welk wetenschappelijk bewijs hebben we voor het bestaan van gebieden van de geest, of van het collectieve onbewuste, waar de ziel kan reizen om de bronnen van welzijn en ziekte te ontmoeten en positieve krachten aan te trekken?

Wetenschappelijk bewijs vereist dat het experimentobject kan worden gewogen en gemeten, en dat de werking ervan kan worden gereproduceerd. De Newtoniaanse fysica waarin we leven, tot aan onze nek ondergedompeld, voorspelt het bestaan van MATTER die onderworpen is aan verschillende wetten (zwaartekracht, magnetisme, snelheid, pijl van de tijd). Wat stoffelijk is, kan met deze natuurwetten worden vergeleken, terwijl wat psychisch is dat niet kan; daarom was tot een paar decennia geleden de conclusie dat het paranormale gewoon niet bestaat, het is het resultaat van illusie, het is een afvalproduct van onze hersenverwerking.

Interpretatie volgens de sleutel van de kwantumfysica.

Nou, dat is tegenwoordig niet meer het geval. De experimenten met elementaire deeltjes die vanaf 1980 in honderden laboratoria zijn uitgevoerd, hebben de realiteit aangetoond van een fenomeen dat bekend staat als "VERWIKKELING", dus vandaag zijn we er absoluut zeker van dat op subatomair niveau de Newtoniaanse fysica niet langer geldig is: in de wereld van deeltjes elementaire , dat wil zeggen, in het extreem kleine, zijn er geen grenzen van ruimte of tijd, het hele universum communiceert als één en de informatie reist zonder grenzen van de zwaartekracht, noch de grenzen van de lichtsnelheid, noch de grenzen van eenrichtingsverkeer van de pijl van de tijd .

Het is het niveau van de zuivere psyche of de zuivere geest, waar alle tot gisteren ontkende buitenzintuiglijke waarnemingen mogelijk worden, waar de reis zonder obstakels kan plaatsvinden en waar gisteren, vandaag en morgen al bekend zijn en het boek van het leven kan worden geopend om gidsen en hulp te krijgen voor degenen die, beperkt door hun lichamelijkheid, elke dag doorgaan met de confrontatie met de Newtoniaanse fysieke realiteit die we kennen. De beperking is fysiek en betreft het lichaam, maar de ziel kan vliegen.

Geobiologische netwerken.

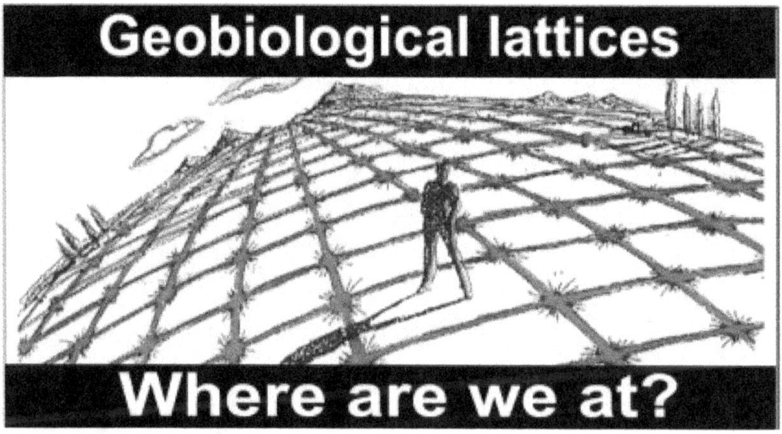

"Geobiologische netwerken".

Geobiologie heeft tot doel de energetische aspecten van een bepaalde plaats te meten. In de praktijk heeft elke plaats kenmerken om levende wezens te beïnvloeden door middel van "energieën".

Etymologisch is het woord geobiologie afgeleid van de associatie van de Griekse termen geo (aarde), bio (leven) en logos (leer). De term werd in de jaren vijftig voorgesteld door Duitse onderzoekers.

In het bijzonder worden tellurische verschijnselen zoals breuken, ondergrondse waterlopen, holtes bestudeerd, evenals "tellurische schoorstenen", het "Hartmann-netwerk" en het "Curry-netwerk"-

De energie van de bodem.

Is er een bodemenergie? Er zijn zeker krachten die op dat gebied werken. Levende wezens ontwikkelen zich in een context van omgevingsinvloeden die normaal niet worden waargenomen. Ten eerste is de planeet Aarde een elektrisch geleidend lichaam, met verschillende geleidbaarheid afhankelijk van de afstand tot het centrum en de samenstelling ervan.

Ten tweede heeft de aarde haar eigen magnetisch veld waarvan de vormingsmodaliteit nog niet is begrepen. Dit magnetische veld interageert echter met de stromen die aanwezig zijn in de ionosfeer en magnetosfeer, waardoor elektromagnetische velden met een zeer lage frequentie worden gecreëerd die in staat zijn om op levende organismen in te werken. Verder heeft het aardmagnetisch veld twee magnetische polen (Zuid en Noord) die onderhevig zijn aan omkering, zoals in het verleden is gebeurd. Bovendien is dit veld niet constant maar neemt het verschillende waarden aan in verschillende delen van de planeet.

Het is ook noodzakelijk om de invloed van GMT te onthouden, of het aardmagnetisch veld, dat snel kan variëren, afhankelijk van verschijnselen buiten de planeet, zoals de zonnewind en variaties in zonnestraling. Zoals bekend, genereren de elektrische stromen in de ionosfeer en magnetosfeer elektrische stromen in de aarde.

Dit zijn allemaal krachten die bekend en erkend zijn door de wetenschap, die echter niet de mogelijkheid erkent dat er nog onbekende krachten zijn, noch dat deze bekende in staat zijn om het biologische leven significant te beïnvloeden.

Vandaar de noodzaak om de intensiteit van deze krachten te meten en de verschijnselen die aan hun aanwezigheid kunnen worden toegeschreven, wetenschappelijk te analyseren. Afgezien van enkele elektronische apparaten van de recente generatie, waren in het verleden de meest populaire meetmethoden wichelroedelopen en radiësthesie. Wichelroedelopen is een methode waarmee u materialen en stoffen kunt identificeren door de "trillingen" op te vangen die afkomstig zijn van stokken van hout of non-ferro materiaal met een vorkvorm. Radesthesia bestaat uit het identificeren van vormen van "energie" die niet waarneembaar zouden zijn door de vijf zintuigen, met behulp van hulpmiddelen zoals de slinger of, zoals gezegd, nieuwe elektronische instrumenten.

Geobiologie vertegenwoordigt een evolutie in een meer wetenschappelijke richting dan wichelroedelopen. Het voorspelt met name de aanwezigheid van energienetwerken en bestudeert hun schadelijkheid. Volgens deze studies zijn er "reticulaire energievelden" die het aardoppervlak omhullen in mazen van enkele vierkante meters.

Op dit moment wordt uitgegaan van het bestaan van twee roosters, te onderscheiden voor oriëntatie.

Het zogenaamde "Hartmann"-rooster is evenwijdig aan het magnetische noorden, met mazen (op de 45e breedtegraad) van 2,05 tot 2,10 meter richting Noord-Zuid en 2,55 tot 2,60 meter richting Oost-West. De "wanden", dat wil zeggen de dikte van de mazen, zouden 21 centimeter zijn.

In plaats daarvan zou het zogenaamde Curry-rooster diagonaal zijn ten opzichte van het magnetische noorden, met bredere mazen, ongeveer 3,5 meter aan elke kant en met de "muren" ongeveer 40 centimeter breed.

Deze twee energievelden zijn onafhankelijk van elkaar en interfereren niet met elkaar, daarom zijn er geen "kruisingen" tussen de wanden van het Hartmann-rooster en de wanden van het Curry-rooster. Bovendien worden beide roosters niet beïnvloed door andere energievelden die in de omgeving aanwezig zijn, noch door werken die zijn gebouwd om energieën te kanaliseren, zoals bijvoorbeeld stenen monolieten.

Houd er rekening mee dat de roosters zijn gericht op het magnetische veld van de aarde. Als het magnetische veld verandert, veranderen ook de roosters, zich aanpassend aan zijn variaties.

Gevaren voor het milieu en de mens.

BELANGRIJKE NOTITIE.

Veel onderzoekers hebben de parameter van de verspreiding van tumoren gebruikt in relatie tot de geobiologie van het terrein. Dit waren onderzoekshypothesen op basis van gemakkelijk detecteerbaar bewijs. Studies suggereren echter dat geobiologische trillingen kanker kunnen veroorzaken, maar OP GEEN ENKELE MANIER KAN GEOBIOLOGIE BEDOELD WORDEN ALS EEN GIDS VOOR DIAGNOSE OF BEHANDELING VAN TUMOR AFFECTIES. Geen enkele geleerde heeft het ooit ondersteund.

De resultaten van het onderzoek hebben de ernst van de gevolgen voor onze gezondheid duidelijk gemaakt en het is daarom de moeite waard om de discussie te verdiepen, zodat iedereen kan leren de plaatsen waar ze wonen, en in het bijzonder de huiselijke omgevingen, te 'in kaart brengen'. .

Het gevaar voor de gezondheid is het grootst op de snijpunten tussen de shirts. De vorm van de roosters verandert in overeenstemming met waterlopen, elektrische geleiders, ijzer- of metaalresten in het algemeen of ander materiaal.

Bij afwezigheid van storingen heeft het rooster drie zones met verschillende intensiteit:

De neutrale zone.

Het gebied dat we als neutraal kunnen beschouwen, is opgenomen tussen de "muren" van elk vierkant. In dit gebied kunnen biologische activiteiten plaatsvinden zonder enige wijziging. Daarom zou het ideaal zijn om ervoor te zorgen dat de activiteiten waaraan meer tijd wordt besteed, binnen deze perimeters plaatsvinden. Bijvoorbeeld de bank, het bed, de werktafel.

De scheidingswanden van de panelen.

Het zijn de stroken die de vierkanten verdelen. Ze hebben een breedte van 21 cm (volgens het rooster van Hartmann) of 40 cm (volgens het rooster van Curry). Over hun hele oppervlak vertonen ze schadelijke straling, maar hun werking is zwak en normaal gesproken zijn ze niet schadelijk voor mensen.

De knopen van de roosters.

De knopen zijn de snijpunten van de muren en zijn dus vierkanten van ongeveer 21 cm per zijde (of 40 cm). Dit zijn de gebieden met de maximale intensiteit van tellurische straling. De grootte van deze knooppunten kan toenemen afhankelijk van de aanwezigheid van metalen voorwerpen in de ondergrond, vooral als ze zijn aangesloten op elektriciteit, waterlopen of ondergrondse holtes.

Gevaren van gebouwen.

Roosters vormen een bron van gevaar voor gebouwen die gebouwd zijn over geologische breuken in de grond, watervoerende lagen, ondergrondse bronnen, concentraties van methaan of andere gassen,

Op knooppunten van het netwerk stijgen alle stralingen die door deze elementen worden gegenereerd naar de oppervlakte en schaden de gezondheid. De situatie wordt ernstiger wanneer een pijler van de gewapend betonnen fundering op een knoop rust, omdat de elastische structuur de straling naar alle delen van het gebouw geleidt.

Ik vat enkele belangrijke punten samen:

1. Alle materialen trillen en stralen uit.

2. Het natuurlijke stralingsveld is de basis voor het ontstaan en het behoud van leven.

3 Er zijn natuurlijke golven die de grond verstoren. Naast wat al is gezegd, kunnen we de "sferische" golven noemen, ook wel "statica" genoemd. Het zijn natuurlijke signalen die zijn samengesteld uit elektromagnetische golven van zeer lage frequentie, dat wil zeggen radiogolven in de VLF-band, gegenereerd door bliksem die continu op de aarde worden ontladen.

4 Speciale vermelding verdient de Schumann-golven. Eeuwenlang hebben mystici met ons gesproken over energie, geest, relaties met het Absolute. Dit alles kan worden omschreven als een enorm veld van "intelligente energie van liefde". Voor de mystici is

'leven' zoals we het gewoonlijk begrijpen een leugen die door onze zintuigen wordt voortgebracht: voor hindoes is het Maya. De Veda's stellen dat waar scheiding is, er ook illusie is.

In 1953 ontdekte Winfried Otto Schumann, een Duitse natuurkundige, wiskundig een elektromagnetische emissie afkomstig van onze planeet, die de naam van de Schumann-frequentie ter ere van hem aannam. Het is iets dat sterk lijkt op de trillingen die door mystici worden waargenomen.

Het planeetoppervlak en de ionosfeer werken samen als twee platen van een gigantische condensator, waarin de aarde het negatieve deel is en de ionosfeer het positieve deel.

Deze energetische structuur, in constante trilling, creëert elektromagnetische golven met een zeer lage frequentie, waarvan de belangrijkste pieken 7,8, 14, 20, 26 en 33 Hz zijn. Op poëtisch niveau zouden we het kunnen definiëren als de "adem" of "de hartslag van de aarde ".

5. Aan alle reeds genoemde natuurlijke stralingen moeten die worden toegevoegd die door de mens zijn gecreëerd met onvermijdelijke wederzijdse interferentie. Deze interferenties zijn schadelijk gebleken voor de menselijke gezondheid.

6. Levende organismen zijn gevoelig voor EMV (elektromagnetische velden), zelfs wanneer hun intensiteit aanzienlijk lager is dan wat door het organisme als waarneembaar werd beschouwd. Het menselijk lichaam gebruikt in feite basisfrequenties om intern te communiceren. Het is bekend dat alle frequenties gestoord kunnen worden. Als een externe frequentie, zelfs als deze erg zwak is, onze interne frequenties overlapt, kan dit interfereren met het functioneren van het organisme. Hoe langer de storing duurt, hoe groter de schade.

7. Het goede nieuws is dat niet alle verstoorde gebieden schadelijk zijn. De effecten variëren van persoon tot persoon, maar als de persoon al aandoeningen heeft, worden deze ernstiger.

8. Het slechte nieuws is echter dat zich bij moderne biologische organismen een afname van de resistentie tegen ziekteverwekkende velden ontwikkelt. Dit is een functie van een toestand van algemene intoxicatie, veroorzaakt door een ongeordend leven vanuit elk gezichtspunt, te beginnen met voeding.

9 Hoe langer de blootstellingsperiode, hoe groter de kans om ziek te worden.

Aanvankelijk zijn de stoornissen niet van dien aard dat ze alarm slaan, maar ze hebben de neiging chronisch te worden met manifestaties van hoofdpijn, slapeloosheid, depressie, duizeligheid, slechte concentratie. Hart- en vaatziekten, celdegeneratie en tumoren kunnen na enkele jaren ontstaan.

Wat gebeurt er in huis?.

Elk apparaat dat op elektriciteit werkt, zendt een laagfrequent elektrisch veld en een magnetisch veld uit. Binnenshuis wekken huishoudelijke apparaten de meest relevante elektrische velden en magnetische velden op. Het magnetische veld wordt gemeten in microtesla (mT) en is afhankelijk van de stroom die in het apparaat circuleert, dus het is effectief wanneer het apparaat is ingeschakeld. Het elektrische veld, dat wordt gemeten in volt per meter (V / m), is afhankelijk van de spanning en wordt zelfs uitgezonden als het apparaat is uitgeschakeld, als de kabel op het stopcontact is aangesloten. Het elektrische veld en het magnetische veld worden opgewekt door vaste apparaten, zoals televisies en vaatwassers, maar ook door draagbare apparaten zoals haardrogers.

Volgens metingen in woningen is het elektrische veld meestal minder dan 5 V/m.

Op het kussen van het bed, als het tegen een muur leunt waar de elektrische draden van het systeem passeren, kan 10-15 V / m worden gedetecteerd.

Kleine geschiedenis van geobiologisch onderzoek.

Ongespecificeerde periode voor Christus. Feng Shui.

Feng Shui is een oude taoïstische geomantische kunst van China, een hulpmiddel van architectuur, vergelijkbaar met westerse geomantie, maar anders omdat het ook aspecten van de psyche en astrologie in aanmerking neemt.

Feng Shui betekent letterlijk "wind en water", ter ere van de twee elementen die de aarde vormen en die met hun stroming de min of meer gezonde eigenschappen van een bepaalde plek bepalen. Volgens het Taoïsme zijn er twee algemene principes die de ontwikkeling van natuurlijke gebeurtenissen leiden, namelijk de Ch'i en de dynamische balans van Yin en Yang. Yin is het donkere en vrouwelijke natte principe, terwijl yang het heldere en mannelijke warme principe is. In Feng Shui wordt yin vertegenwoordigd door water en yang is de wind, misschien meer als adem. Feng Shui wordt op sommige plaatsen gebruikt bij het inrichten van het interieur van gebouwen.

De oorsprong van Feng Shui, hoewel onzeker, lijkt erg oud en er zijn graven ontdekt die dateren uit het Neolithicum en die bij hun constructie de principes van Feng Shui lijken te volgen.

Nomadische populaties hebben altijd honden en paarden geobserveerd om de plaatsen voor hun kampen te kiezen.

Romeinse tijden

Vitruvius vertelt dat de Romeinen, voordat ze een nieuwe stad stichtten, een heel jaar lang rammen graasden in het aangewezen gebied, vervolgens de dieren slachtten en hun levers analyseerden. Als de lever niet in goede conditie was, kozen ze een ander gebied.

Middeleeuwen

Voorafgaand aan de bouw van belangrijke gebouwen, zoals kathedralen, werd bijzondere aandacht besteed aan de keuze van plaatsen die bepaalde geobiologische kenmerken moeten hebben.

1886- 1890: Haviland

Op basis van studies die in deze periode zijn uitgevoerd, stelt Dr. Haviland dat de Theems en zijn zijrivieren een uitgestrekt gebied doorkruisen met een hoge mortaliteit door kanker. Vervolgens voerde hij, sprekend voor de Londense medische vereniging, aan dat het in de meeste gevallen van de ziekte verband hield met de woonplaats.

1928: Georges Lakhowsky

Menselijke en dierlijke rassen, de vorm van planten en de typische smaak van een wijn, fruit of ander landbouwproduct drukken duidelijk deze grote invloed van de bodem uit. Bovendien weerspiegelen de wateren die door een bepaald gebied ploegen de chemische samenstelling van de stoffen die aanwezig zijn in de doorkruiste bodem.

Lakhoswky begon op basis van deze documentatie een reeks onderzoeken met als doel aan te tonen dat de verspreiding van kanker kan afhangen van de fysieke aard van het terrein waarop het onderwerp leeft.

1933-1939: Cody

Cody, een Franse elektronische ingenieur, gebruikte tussen de jaren '33 en '39 twee elektrometers die waren uitgerust met ionisatiekamers en speciale apparaten om elke invloed te elimineren als gevolg van vochtigheid, luchtbewegingen en andere accidentele omstandigheden die het vallen van de instrumentenbladen zouden kunnen veroorzaken. De duizenden metingen die in de stad Havre zijn uitgevoerd in de huizen waar kankergevallen waren, hebben ondubbelzinnige resultaten opgeleverd.

De valtijden van de bladeren van de referentie-elektrometer die op korte afstand van het bed waren geplaatst, waren vaak honderden keren langer dan die gemeten in het gebied met vermoedelijke emissie van tellurische straling.

1929: Gustav von Pohl

Van 13 tot 19 januari 1929 ondernam Gustav von Pohl, de beroemde waarzegger, een experiment om het verband tussen ondergrondse waterwegen en kanker aan te tonen.

In overleg met de burgemeester van Visbiburg in Beieren besloot hij zijn onderzoek in die stad uit te voeren. Vilsbiburg telde 565 woningen met circa 900 woningen en 3300 inwoners.

Op basis van officiële gegevens op het stadsdeelkantoor is een lijst opgesteld van sterfgevallen door carcinomen. Elke overeenkomst tussen de positie van de bedden van de patiënten in hun huis en de pathogene gebieden die door Von Pohl op de kaart zijn gemarkeerd, werd met uiterste precisie geverifieerd. Het resultaat was dat alle bedden van de mensen die stierven aan carcinomen op de gedetecteerde bestralingsbanden lagen. Met de verkregen resultaten is een protocol opgesteld.

1960: Ernst Hartmann

Het experiment van Hartmann, waarbij 24.000 laboratoriummuizen betrokken waren, is zeer beroemd. Na het in kaart brengen van het rooster in het experimentgebied, plaatste Hartmann kooien met 12.000 muizen in de neutrale delen van het netwerk. In plaats daarvan werden de kooien met de resterende 12.000 op de knooppunten van het rooster geplaatst.Alle muizen werden ingeënt met dezelfde hoeveelheid tumorcellen. In de komende weken werden de muizen die op de knooppunten leefden allemaal ziek met kanker en stierven ze binnen 40 dagen. In plaats daarvan, wat betreft de geënte muizen die in neutrale zones leefden, groeide de ziekte gedurende de eerste paar dagen, stabiliseerde zich en 8000 van hen overleefden omdat hun organismen, niet verzwakt door het verstoringsveld, erin geslaagd waren de ziekte te overwinnen.

ESSENTILE BIBLIOGRAFIE:

Faliero CAPINERI - Water en kanker (De boekentuin)

Blanche MERZ - Hoge plaatsen (Sugar Edizioni, 1983)

REMI 'Alexandre - Geobiology (rood / redactiestudio, Como 1991)

Massimo FRISARI-R.VALMI '- Gezondheid thuis, (Ediz. Sarva)

Paolo BENDA - Onbekende afmetingen, (in eigen beheer uitgegeven, Arezzo 1995)

Maakt een waterval die in een woestijnbos stroomt geluid?

"Maakt een waterval die in een woestijnbos stroomt geluid?".

We gaan er meestal van uit dat dingen op een bepaalde manier werken, dus een stromende waterval zou ALTIJD geluid moeten maken. Maar ... erover nadenken: wat is lawaai? Het is een prikkel die ons oor prikkelt en wordt doorgegeven aan de hersenen. Alleen in de hersenen wordt de stimulus ruis.

Nee, de waterval maakt niet altijd geluid.

Helaas leven we tussen 'schijn' en 'illusie' omdat we geconditioneerd zijn door onze zintuigen. Wat wij 'realiteit' noemen, is dat niet altijd.

In feite maakt de waterval alleen geluid als er iemand is om het te horen. Daarom, als het bos verlaten is, maakt de waterval geen geluid.

Wat is geluid eigenlijk? Het is een prikkel die ons oor prikkelt en wordt doorgegeven aan de hersenen: alleen in de hersenen wordt het geluid.

Daarom, zelfs als de vallende waterval trillingen in de lucht veroorzaakt, is dit helemaal geen geluid. Dat worden ze alleen als er een oor is dat de trillingen oppikt en doorgeeft aan een brein: hier worden de trillingen tenslotte geluid.

De vraag is geïnspireerd op de klassieke paradox van de filosoof Berkeley: maakt een vallende boom in een woestijnbos geluid?

We weten niet hoe de 'realiteit' werkelijk is.

Plato beschrijft ons als gevangenen, geketend in de spelonk van onze zintuigen.

Wat we als realiteit waarnemen, is niet de realiteit, maar de interpretatie die onze zintuigen ons geven van wat ons omringt.

In de bekende "mythe van de grot" beschrijft Plato gevangenen die vastgeketend zijn in een grot, gedwongen om altijd naar de achtermuur te kijken; hun schaduwen worden op deze muur geprojecteerd, dankzij de verlichting die erachter is geplaatst. Evenzo worden op de achterwand de schaduwen geprojecteerd van alle activiteiten die buiten plaatsvinden, en die de gevangenen niet in hun werkelijke dimensie kunnen begrijpen, aangezien voor hen de realiteit is "wat ze zien", dat zijn de schaduwen.

Ook wij geloven meestal dat de werkelijkheid is wat we kunnen 'zien' en 'aanraken'. We vermoeden niet dat ons zicht en aanraking MANIPULEREN EN VALLEN wat voor ons ligt. De zintuigen transformeren een realiteit die we absoluut niet kennen om deze bruikbaar te maken voor onze hersenen.

Alleen door de grot te verlaten, zal het ware licht worden ontdekt. Helaas zijn we allemaal gevangenen in de spelonk van onze zintuigen (de kettingen) en zien we de werkelijkheid als een schaduw van de "ware werkelijkheid".

Volgens Plato kan alleen de wijze of de filosoof zichzelf bevrijden om de valsheid van de schaduwen te verwerpen en zichzelf aan het ware licht aan te bieden.

Hoeveel vacuüm is er in materie?

Normaal gesproken geloven we allemaal dat er niets meer is dan materie, omdat we ernaar kunnen kijken, het kunnen aanraken, wegen, soms kunnen proeven als we het eten of het kunnen horen als we het schudden.

In werkelijkheid bestaat materie uit atomen en zijn atomen in wezen gemaakt van vacuüm. Een atoom bestaat uit de kern en de elektronen die eromheen draaien. Welnu, als we de kern oneindig zouden vergroten tot de grootte van een linzenzaadje, dan zou het buitenste elektron roteren over een afstand gelijk aan die van een voetbalveld, dat wil zeggen met een diameter van 90 meter! Tussendoor... niets.

Atomen bestaan dus bijna volledig uit vacuüm. Maar dan, zal men zeggen, waarom voelen we het 'hard' als we een object aanraken?

Ook dit is een bedrog van de zintuigen: de zeer snel ronddraaiende elektronen wekken een "helix-effect" op. We weten heel goed dat wanneer een propeller draait, we onze hand niet dichterbij kunnen brengen. Zelfs als de twee bladen van de propeller maximaal 5% van het getroffen gebied bedekken, wordt door het effect van de rotatiesnelheid het hele gebied bedekt. Dat gezegd hebbende, ook dit is een begrijpelijke maar simplistische uitleg. Volgens natuurlijke krachten stoten de deeltjes van objecten de deeltjes van onze handen af.

Maar bestaat materie echt?

In feite is materie niet wat we ons voorstellen: als we een steen in steeds kleinere stukjes zouden verdelen, zouden we afzonderlijke atomen krijgen; maar als we opnieuw proberen te delen, zouden we ons realiseren dat atomen gemaakt zijn van deeltjes, en deeltjes... ze kunnen materie zijn, of niet. Zoals de kwantumfysica leert, zijn deeltjes massa en tegelijkertijd golven, dat wil zeggen trillingen van energie, schuim van niets in het domein van waarschijnlijkheid.

De oneindigheden van Galileo of … metafysica is geen mening.

"De oneindigheden van Galileo of … metafysica is geen mening".

Veel lezers hebben opmerkingen geplaatst zoals "wiskunde is geen mening" op eerdere artikelen.

Nu stel ik een op getallen gebaseerde quiz voor. Als wiskunde niet echt een mening is, kan de quiz met succes worden opgelost. Probeer het.

Korte introductie.

Deze quiz is gebaseerd op het concept van oneindigheid. Laten we getallen gebruiken om te begrijpen wat oneindigheid kan zijn. Stel je het grootste aantal voor dat je zou kunnen bedenken. Gedaan? Nou, tel er nu 1 bij op en je zult zien dat het getal nog groter wordt dan je had gedacht. En je kunt zo doorgaan... oneindig: je kunt er altijd 1, zonder einde, bij optellen.

Als je wilt, kun je in omgekeerde volgorde te werk gaan, waarbij je 1 van oneindig verwijdert, er zou geen limiet zijn aan negatieve getallen. Daarom is oneindigheid niet een extreem groot ding, omdat het altijd groter kan worden, zonder einde. Bovenal kan het oneindige niet worden gemeten omdat het met niets kan worden vergeleken, zo niet met een ander oneindigheid. Oneindigheid wordt weergegeven met het symbool ∞.

Il quiDe quizz.

Laten we ons twee oneindige kolommen met getallen voorstellen. In kolom A zetten we alle gehele getallen vanaf 1 tot oneindig.

In plaats daarvan plaatsen we in kolom B het dubbele van de getallen in kolom A. De twee kolommen zien er als volgt uit:

```
COLUMN A        COLUM B
1 -------------------------> 2
2 -------------------------> 4
3 -------------------------> 6
4 -------------------------> 8
5 -------------------------> 10
```

Daarom staat kolom A met ALLE getallen voor oneindig. Maar ook kolom B, die evenveel getallen bevat als kolom A, dat wil zeggen alle dubbels van kolom A, vertegenwoordigt nog een oneindigheid.

Maar let op: kolom A bevat ALLE gehele getallen, terwijl kolom B alleen ALLE EVEN gehele getallen bevat. Het is duidelijk dat kolom B MINDER cijfers bevat dan kolom A. Om precies te zijn, zou het de helft moeten bevatten.

De vraag.

Hoe is het mogelijk dat een ONEINDIG GROTER of KLEINER kan zijn dan een andere oneindigheid?

Ik moet erop wijzen dat de quiz (of paradox) zelfs is bedacht door Galileo Galilei, beschouwd als de voorloper van de Verlichting. Alleen al om deze reden moet de quiz als niet-triviaal worden beschouwd, maar met wetenschappelijke waardigheid.

Wat voor soort reactie is nodig?

De titel van de Facebook-pagina waar ik dit bericht heb gepubliceerd (Cenacolo Jung Pauli) suggereert de manier om de quiz op te lossen.

Onderwerpen zijn nodig in FYSICA (Pauli is een van de grondleggers van de kwantumfysica, Nobelprijs 1945) en METAPHYSICS (Jung is een psycholoog, schepper van de theorieën van het collectieve onbewuste en synchroniciteit).

De twee werkten meer dan twintig jaar samen in hun professionele leven, op zoek naar de verenigende eigenschap van materie en psyche.

Velen definiëren de metafysische argumenten die op de pagina worden gepost als "domheid" (het is trouwens niet duidelijk wat ze op een domme site doen).

Vooral van deze sceptici zou ik graag antwoorden willen die UITSLUITEND waren gebaseerd op argumenten die door de geliefde klassieke Newtoniaanse en materialistische wetenschap als geldig worden erkend.

Ik zou graag zien dat de antwoorden geen metafysische onzin bevatten.

Bij gebrek aan duidelijke antwoorden zouden we kunnen zeggen dat zelfs wiskunde soms een mening is. Aan de andere kant is metafysica dat soms niet.

Had de strijdwagen van koning Milinda vierkante wielen?.

"Had de strijdwagen van koning Milinda vierkante wielen?".

De apoloog van koning Milinda en de monnik Nagasena bevat oude wijsheden, maar ook absoluut modern.

De wagen is niet toevallig geboren, dus hij had ronde wielen.

Zeker niet, de wagen had geen vierkante of driehoekige wielen, maar de wielen waren perfect rond. Dit komt omdat de wagen is ontworpen door een intelligente vakman die wilde dat hij comfortabel, functioneel en geschikt was om mensen en dingen op de meest rationele manier te vervoeren. Alleen als de wagons spontaan zouden ontstaan uit de willekeurige assemblage van verschillende onderdelen, zouden we misschien wagons met vierkante wielen hebben.

Maar laten we in volgorde gaan. Achter deze premisse schuilt een veel diepere waarheid, vervat in de verontschuldiging, die weinig bekend is bij niet-volgelingen van de oosterse filosofie, die ik hieronder vertel. Het verhaal is vervat in de Milindapañha, een boeddhistische tekst gecomponeerd in de vorm van een filosofische dialoog, die zich afspeelt in de stad Sāgalā, het huidige Siyālkoṭ, tussen de monnik Nagasena en Milinda, historisch identificeerbaar met de Indo-Griekse heerser Menandro I °. Deze koning regeerde in Punjab tussen 155 en 130 voor Christus.

Koning Milinda en de monnik Nagasena.

Koning Milinda, die dacht dat hij een sluwe was, ging naar hem toe om zijn stellingen te weerleggen, nadat hij had gehoord van de leerstellingen die werden onderwezen door een monnik genaamd Nagasena. Hij begon met te vragen wie hij was en wat zijn naam was, en de monnik antwoordde:

'Ik sta bekend als Nagasena, o koning, en met die naam verwijzen mijn broers en ouders naar mij.'

Toen begon de koning hem te plagen met vragen als deze:

"Je vertelt me dat je broers gewend zijn om naar je te verwijzen als Nagasena. Wat is nu precies Nagasena? Bedoel je dat het haar Nagasena is?

Bedoel je dat lichaamshaar Nagasena is?

Bedoel je dat de nagels, de tanden, de huid, het vlees, de zenuwen, de botten, het merg, of een of al deze dingen Nagasena zijn?

Misschien is de uiterlijke vorm Nagasena of zijn de gewaarwordingen of waarnemingen of het bewustzijn Nagasena?"

Op elke vraag antwoordde de monnik nee. Dus de koning concludeerde:

"Dus, Nagasena is een leeg en ijdel geluid. Wie is die Nagasena die ik voor me zie? Het is een leugen, een bedrog!"

Het deel en het geheel.

Het eerste deel van het verhaal eindigt met deze zin. De koning bevestigt, zoals veel materiasti vandaag, dat de mens als een "persoonlijk project" niet bestaat. Het is gewoon een verzameling onderdelen die bij toeval zijn samengesteld, een automaat die is ontstaan uit miljarden pogingen van de natuur. De mens is botten, vlees, huid, haar, nagels, maar in het algemeen is hij geen 'mens'. Als we meer in detail willen treden, zouden we bijna kunnen zeggen dat de mens een willekeurig conglomeraat van atomen is, zoals Democritus ruim voor koning Milinda betoogde. Democritus zelf zou echter, naast het atoom dat als "iets" wordt beschouwd, het bestaan van een "niet-iets" hebben toegegeven.

De reactie van de monnik Nagasena.

We komen nu bij het tweede deel van de verontschuldiging.

De monnik Nagasena antwoordde koning Milinda als volgt:

'U, majesteit, kent luxe. Als u op steenachtige of zanderige grond loopt, zullen uw voeten pijn voelen. Dus hoe ben je hier gekomen, te voet of in een wagen?"

'Ik ben niet te voet gekomen. Ik kwam in een wagen."

'Als je dan in een wagen bent gekomen, mijn koning, leg me dan uit wat het is. Zijn de paarden de wagen?"

"Ik heb dit niet gezegd."

'Is de as de wagen?'

"Natuurlijk niet."

"Misschien zijn de wielen of de touwen of het frame of het juk of de spaken van de wielen of de prikkel" de wagen "?"

Op al deze vragen antwoordde de koning nee.

"Dus iets buiten al deze dingen is de wagen?"

Weer zei hij nee.

"Dus, wagen is een leeg en ijdel geluid. In welke wagen zou je gekomen zijn? Wat je zei is een leugen, een bedrog! Waarom zeg je valse dingen?"

Toen riep hij de Grieken en de monniken als getuigen en zei:

'Milinda de koning zei dat hij met een strijdwagen kwam. Maar toen hem werd gevraagd om uit te leggen wat een strijdwagen was, kon hij dat niet doen."

De Grieken en de monniken applaudisseerden en zeiden tegen de koning:

'Nu, Majesteit, antwoord als u in staat bent!'

Milinda de koning antwoordde Nagasena en zei:

'Ik heb geen onwaarheden verteld, eerwaarde heer. De combinatie van al deze dingen - de paarden, de as, de wielen, het frame, de touwen, het juk, de spaken en de goad - geeft de algemene benaming van wagen aan."

"Zeer goed! Je begrijpt precies de betekenis van wagen. Evenzo is het de optelsom van al die dingen die je me eerder vroeg, haar, nagels, tanden, percepties, gevoelens en geweten, die Nagasena aangeeft."

Is de wagen een epifenomeen?

Dus wat is de wagen eigenlijk? Materialisten zouden zeggen dat er geen wagen is, maar dat er alleen de afzonderlijke delen zijn. De delen zijn het geheel, en de wagen bestaat slechts als een bijkomstig feit, een epifenomeen waarvan de aan- of afwezigheid het bestaan van de delen niet beïnvloedt. Dat de delen als geheel een strijdwagen vormen, is volkomen toeval.

Zoals ik in het begin echter al had verwacht, kan de wagen niet het resultaat zijn van een willekeurige opeenhoping van onderdelen, anders zouden we wagens hebben met driehoekige, vierkante, elliptische wielen, wagens met de wielen omhoog en de vloer omlaag, wagens die niet alleen door ossen of paarden, maar ook van hagedissen, kokkels, kangoeroes of leeuweriken.

Het is voor iedereen duidelijk dat er geen spoor is van deze pogingen tot willekeurige montage. Maar dit verbaast ons niet, want elke wagon is uiteindelijk het resultaat van menselijk werk en ontwerp, en wagons met vierkante wielen kunnen alleen maar bestaan als uitweidingen voor absurditeit of artistieke uitingen.

En wie is het die de monnik Nagasena heeft ontworpen en gemonteerd?

Door het idee van een assemblage over te hevelen van de fabricage naar die van biologische organismen, en specifiek naar de mens, wordt de vraag dwingender. Is het echt mogelijk, zoals het materialisme beweert, dat de mens het resultaat is van het samenstellen van kazuifels van enkele kilo's water en verschillende minerale stoffen?

Zo ja, waar zou dan het bewijs zijn van duizenden mislukte evolutionaire pogingen? Waar zijn de fossielen van driepotige mannen, vliegende mannen als vinken of kruipende mannen als regenwormen? Er is niet eens de schaduw van een van deze!

In een meer spirituele visie zouden we zeggen dat de afzonderlijke delen alleen betekenis krijgen als ze, in combinatie met intelligentie, vorm geven aan de strijdwagen, aan de monnik Nagasena zelf en aan al het andere dat in het universum bestaat. Elke logisch samengestelde set onderdelen vereist echter een intelligent ontwerp dat veel verder gaat dan de traagheid van de materialen waaruit het is samengesteld.

Een mysterieus wonderbaarlijke aggregatie.

Het hele universum is gemaakt van materie die aggregeert. Het wonder wordt gegeven door het feit dat alles samenkomt volgens intelligente projecten, van sterrenstelsels tot bacteriën.

Ook de mens is, net als de strijdwagen van koning Milinda, het resultaat van een welomschreven project, gezocht en gemaakt door een vakman, die heel goed wist welk resultaat hij wilde bereiken.

We kunnen van deze vakman zeggen dat de mens hem uitbeeldt en hem bij vele namen noemt, maar hij blijft absoluut onbekend, buiten ons vermogen om te begrijpen.

Het is het idee van de "Anima mundi", ten slotte ondersteund door de bekende psycholoog Carl Jung, die het idee van de ziel van de wereld heeft omgezet in zijn meest schokkende theorie, die van het collectieve onbewuste. Het is een theorie vol kosmische implicaties.

De "Anima mundi".

De ziel van de wereld is een filosofische term van neoplatonische oorsprong, die wordt gebruikt om de vitaliteit van de natuur in zijn totaliteit aan te duiden, beschouwd als een enkel levend organisme.

Daarom is de Ziel van de wereld het verenigende principe waaruit individuele organismen vorm krijgen. Alle individuele organismen, ondanks dat ze gearticuleerd en gedifferentieerd zijn, elk volgens hun specifieke kenmerken, zijn niettemin met elkaar verbonden door een gemeenschappelijke universele ziel.

Ook in het licht van de recente verworvenheden van de kwantumfysica, die onverwachte scenario's opent over de subatomaire realiteit, zijn de materialistische stellingen die de wereld in delen van materie willen verdelen die willekeurig zijn samengesteld, nu meer dan achterhaald.

Het vreemde geval van geruite sokken..

"Het vreemde geval van geruite sokken".

Dit artikel illustreert dezelfde situatie die zich afspeelt in drie verschillende universums. Welke van de drie universums is echt? Is het universum alleen expliciet, alleen kwantum of alleen impliciet?

Waarschijnlijk is het universum alle drie samen. Inderdaad, niemand zou kunnen bestaan zonder de anderen. De stelling van het impliciete en geëxpliceerde universum is ontwikkeld door David Bohm, een van de bekendste kwantumfysici. Bohm ontwikkelde ook de theorie van het holografische universum.

Eerste situatie. Het "expliciete" universum (begrijpelijk voor onze zintuigen)

De feiten gebeuren in de alledaagse toestand.

Op een mooie ochtend wordt meneer Smith wakker en besluit hij diezelfde dag nog een paar geruite sokken te willen dragen die hem jaren geleden zijn gegeven. Helaas is mevrouw Smith aan de andere kant van de wereld voor de bruiloft van een kleindochter. Zonder de moed te verliezen voert meneer Smith een reeks acties uit, de een volgt de ander op. We nummeren deze acties precies om het concept te versterken dat elke actie is afgeleid van de vorige en plaatsvindt op een afstand van ruimte en tijd.

1- Smith belt zijn vrouw met de vraag waar de sokken zijn.

2- De vrouw is weggegaan, ze zal terug moeten bellen. Smith belt drie keer.

3- Bij de vierde poging vindt Smit zijn vrouw niet erg beschikbaar: "Ben je gek, George? Heb je vier keer naar het buitenland gebeld om erachter te komen waar we die vreselijke sokken hebben gestopt die je tante je gaf? Ik heb ze waarschijnlijk weggegooid, of ze liggen in de kelder in de doos met niet-recyclebare geschenken".

4- Smith gaat naar de kelder, vindt ze, maar helaas zijn ze doorboord door wormen omdat er te veel tijd is verstreken, dus hij geeft het op om ze te dragen

Tweede situatie. Het kwantumuniversum.

Meneer Smith weet dat zijn vrouw in Australië is, maar hij doet zijn mond open en praat met haar.

"Beste?"

"Zeg eens"

De vrouw reageert alsof ze erbij is, ook al is ze in Australië. Misschien is het zowel daar als in Australië.

'Waar heb je die oude geblokte sokken van mij gelaten?'

'Ze liggen in de eerste en tweede la.'

'Je bedoelt dat de sokken in de eerste OF tweede la liggen.'

Hij opent de bovenste la en daar liggen de sokken, opgerold op elkaar zoals gewoonlijk. Instinctief opent hij ook de tweede la, en de sokken zijn er ook. De sokken zitten zowel in de eerste als in de tweede la! In de tweede la worden de sokken niet opgerold maar uitgerekt.

Smith sluit de eerste la en de sokken liggen in de tweede, voorzichtig opgerold.

Smith sluit de tweede la en de sokken liggen netjes opgerold in de eerste la.

Smit opent beide lades en in beide lades liggen de sokken mooi uitgerekt.

Smith pakt de sokken die in de eerste la liggen en die in de tweede verdwijnen meteen.

Egl besluit zijn sokken aan te trekken, maar realiseert zich dat het er geen twee zijn. In zijn handen is er alleen een sok.

Smith steekt de sok in zijn rechtervoet en tegelijkertijd is zijn linker bedekt met een sok. Echter, terwijl de rechter sok in rood en wit geblokt is, is de linker in blauw en wit geblokt.

Smith laat de sok van zijn linkervoet glijden en de sok van zijn rechtervoet verdwijnt ook.

Smith besluit zijn schoenen toch aan te trekken, maar vindt er maar één. Terwijl ze de zwarte schoen in haar rechtervoet laat glijden, verschijnt er een witte schoen rond haar linkervoet.

Dat is niet goed. Smith neemt de zwarte schoensmeer en begint de witte schoen te coaten. Terwijl deze schoen zwart wordt, neemt de andere schoen de tegenovergestelde kleur aan.

Derde situatie. Het "geïmpliceerde" universum.

Die nacht droomde meneer Smith van zijn tante, die bij hem klaagde: 'Je hebt nooit die prachtige geruite sokken gedragen die ik je heb gegeven. Ten minste één keer, voordat ik sterf, zou ik ze graag aan je voeten zien."

Hij wordt bezorgd wakker. Hij zou graag zijn sokken aantrekken, maar hij weet niet waar ze zijn en zijn vrouw is afwezig. Op dat moment krijgt hij een telefoontje van zijn vrouw:

"Weet je, ik dacht dat je de sokken die je tante je gaf misschien wel een keer zou willen aantrekken, ik wilde je vertellen dat ze in de blauwe doos in de kast zitten."

Meneer Smith trekt zijn sokken aan en gaat naar kantoor. Zodra hij aankomt krijgt hij een telefoontje: de oude tante is een paar minuten geleden overleden.

Daarom hebben de drie hersenen van meneer Smith, zijn vrouw en tante, hoewel ver in de ruimte, alle drie een gebeurtenis uitgewerkt die niet eens de tijd respecteert: de droom geeft de dood van de tante aan voordat dit gebeurt, en het telefoontje van de vrouw anticipeert op het verlangen van haar man voordat hij het manifesteert.

Misschien zijn die drie hersenen op een vreemde manier met elkaar verbonden.

Of ALLE hersenen van het universum zijn onderling verbonden met een hogere geest, wat Jung 'collectief onbewuste' noemt, maar ook met andere namen wordt genoemd, zoals Anima mundi, Universal Mind, Atman, Mana, Logos, Spirit, enz.

Kwantumverstrengeling en synchroniciteit.

De wetenschap vertelt ons dat in het kwantumuniversum deeltjes ogenblikkelijk op elke afstand met elkaar communiceren: als het ene deeltje +1/2 is, is het andere -1/2 en als het eerste verandert, verandert ook het tweede ogenblikkelijk, waar dan ook in de universum is het. Dit fenomeen wordt "kwantumverstrengeling" genoemd.

Wat betreft een universele geest, die gebeurtenissen kan coördineren zonder oorzaak en ongeacht de tijd, zegt de natuurkunde ons niets anders dan dat Jung de 'theorie van synchroniciteit' heeft ontwikkeld.

Synchrone gebeurtenissen hebben geen oorzaak en gevolg, maar we koppelen ze aan elkaar omdat we ZE BEGRIJPEN, ze hebben ZIN voor ons. En we weten allemaal dat we op de een of andere manier soms de hoofdrolspelers zijn geweest van soortgelijke gebeurtenissen.

Dus drie universums, of slechts één?

Welke van de drie universums is echt? Is het universum alleen expliciet, alleen kwantum of alleen geïmpliceerd?

De hypothese van deze pagina is dat de werkelijkheid bestaat uit alle drie de dingen samen. Inderdaad, geen enkele situatie zou kunnen bestaan zonder de anderen.

De stelling van het impliciete en geëxpliceerde universum is ontwikkeld door David Bohm, een van de bekendste kwantumfysici. Bohm ontwikkelde ook de theorie van het holografische universum.

Socrates' uitspraak "Ik weet dat ik niets weet" blijft gelden voor iedereen, ook voor mezelf natuurlijk.

Deze uitspraak is onverteerbaar voor een bepaalde wetenschappelijke klasse geïnspireerd door het materialisme, gekoppeld aan de gedachte dat wat niet herhaalbaar is in het laboratorium niet bestaat. Maar zijn geluk, verliefdheid, pijn, hoop herhaalbaar in het laboratorium?

Vlinder effect. Niet alles heeft een oorzaak.

"Laten we de Braziliaanse vlinder rehabiliteren. Ze is niet verantwoordelijk voor de stormen in Texas".

Vlinder effect. Niet alles heeft een oorzaak.

Een bekend gezegde luidt dat een vlinder die met zijn vleugels klappert, aan de andere kant van de wereld een storm kan veroorzaken. Materialisten beweren dat dit waar is. Maar... de kwantumtheorie roept de vraag op van het probabilisme: op subatomair niveau gebeuren dingen die niet gemeten kunnen worden. Braziliaanse vlinders kunnen kalm zijn, zonder gewetenswroeging: het is niet zeker dat het slaan van hun vleugels de oorzaak is van de Texaanse tornado's. Inderdaad, misschien is dit helemaal niet het geval.

Er is iets waar.

Volgens de huidige fysica kan een enkele actie inderdaad opeenvolgende gebeurtenissen bepalen, in cascade.

Aangezien het universum bestaat uit materie, ruimte en vooral tijd, heeft iets dat HIER VANDAAG gebeurt consequenties en veroorzaakt het gebeurtenissen, DAARNA OP EEN ANDERE PLAATS. Deze gebeurtenissen lokken anderen uit, zelfs later in de tijd, op andere plaatsen, enzovoort.

Verplaats het elektron niet!

In 1950 schreef Alan Turing in zijn boek "Calculating machines and intelligence":

> "De verplaatsing van een enkel elektron met een miljardste centimeter op een bepaald moment kan het verschil betekenen tussen twee heel verschillende gebeurtenissen, zoals het doden van een man een jaar later in een lawine, of zijn redding."

In 1972 noemde Edward Lorentz een van zijn lezingen: "Kan het klapperen van de vleugels van een vlinder in Brazilië een tornado veroorzaken in Texas?"

In de huidige wetenschappelijke wereld, waar alles kan worden gewogen, gemeten en bepaald in het laboratorium, dus een wereld die alleen uit materie bestaat, geplaatst in een dimensie waar de tijd alleen maar vooruitgaat, kan dat ook.

Alles is mogelijk, zolang het maar kan worden gemeten, en daarvoor moet het een gewicht en een maat hebben.

Niet alles is echter te meten!

Deze wetenschap gaat volledig voorbij aan het bestaan van de geest, ontkent dat het universum naast een materiële dimensie ook een psychische dimensie kan hebben.

Sterker nog, we kunnen zeggen dat voor de huidige wetenschap alles wat gebeurt MOET een oorzaak hebben, MOET in tijd en ruimte verbonden zijn met iets anders waaruit het de energie ontvangt die nodig is om plaats te vinden.

Net als in het biljartspel beweegt er geen bal tenzij een andere bal hem duwt.

MAAR TOCH...

De ontkenning van de psychische dimensie (of van de geest) die al enkele eeuwen in zwang is, laten we zeggen vanaf Galileo, botst met de ontdekkingen van de fysica van de vorige eeuw en met de studies van vooraanstaande wetenschappers.

Er zijn verschijnselen die op onverklaarbare wijze plaatsvinden zonder oorzaak.

Ongelooflijk, de natuurkunde vertelt ons dat JA, er zijn fenomenen die op onverklaarbare wijze plaatsvinden zonder oorzaak, zonder enig verband tussen de partijen die bij het fenomeen betrokken zijn, en dat deze fenomenen kunnen optreden ondanks tijd en ruimte.

Het fenomeen VERBINDING van elementaire deeltjes vertelt ons dat twee deeltjes, als ze op een bepaald moment met elkaar in contact zijn geweest, verbonden blijven, zelfs als ze op onvoorstelbare afstanden van elkaar gescheiden zijn, zelfs als ze in afzonderlijke universums zijn geplaatst. Als een van de twee deeltjes de spin omkeert, ONMIDDELLIJK, op welke afstand dan ook, dan doet de ander dat ook.

Dit gebeurt terwijl er geen fysieke communicatie of energieoverdracht kan bestaan tussen de twee deeltjes. Gewoon, alsof ze één waren, de twee deeltjes passen zich aan elkaar aan, in strijd met de materialistische wetenschap.

We zeiden: twee deeltjes die met elkaar in contact zijn geweest. Maar stonden in de oerknal niet ALLE deeltjes van het universum met elkaar in contact?

Is er hiermee een dimensie in het universum die niet bestaat uit tijd en materie, een psychische dimensie die elk atoom verbindt met een "universele geest" En die ons ook ALLEMAAL met dezelfde geest verbindt?

Eenmakende theorie.

Carl Jung en Wolfgang Pauli combineerden hun wetenschappelijke ervaringen in de zoektocht naar een theorie die geest en materie zou verenigen.

Stephen Hawking van zijn kant nam in zijn laatste studie van de verenigende theorie van de kosmos een zeer vergelijkbare variabele op in zijn formules.

Ondertussen kunnen de Braziliaanse vlinders rustig uitrusten en rustig hun vleugels uitslaan: het is niet zeker dat ze altijd en alleen zij de oorzaak zijn van de Texaanse tornado's. Sterker nog, misschien zijn ze dat helemaal niet.

De declinaties van het bewustzijn.

Carl Jung en het huis met meerdere verdiepingen.

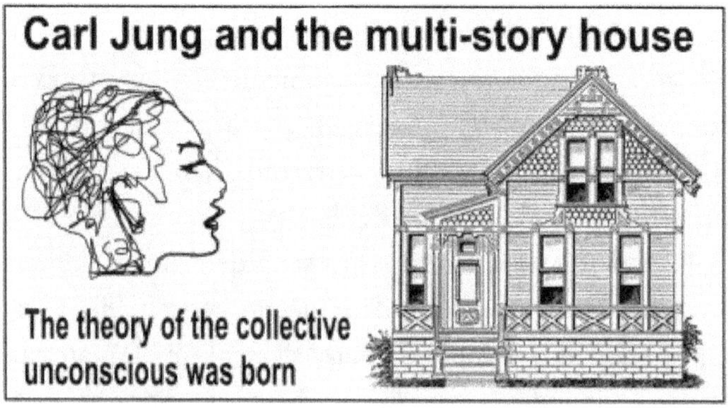

"Carl Jung en het huis met meerdere verdiepingen. De theorie van het collectieve onbewuste is geboren".

In zijn boek "Herinneringen, dromen en reflecties" legt Carl Jung het ontstaan van zijn theorie over het collectieve onbewuste uit. Het begon allemaal met groeiende misverstanden bij Sigmund Freud, culminerend in de reductieve interpretatie van een droom door Jung. Jung verwierp de freudiaanse versie en gaf er de voorkeur aan zijn droom een volledig originele interpretatieve sleutel te geven, wat culmineerde in de publicatie van zijn baanbrekende werk, "Het libido, symbolen en transformaties" in 1912.

In het volgende volgen we het verhaal van Jung, dat begint met het blootleggen van de redenen voor de onenigheid met Freud.

Misverstanden tussen Jung en Freud.

"Het jaar 1909 was bepalend voor onze relaties. Ik beschouwde Freud als een oudere, meer ervaren en volwassen persoonlijkheid, en ik voelde me een kind van hem. Maar toen gebeurde er iets dat een zware slag toebracht aan onze vriendschap. Freud had een droom, met problemen die ik niet geautoriseerd voel om te melden. Ik interpreteerde hem zo goed als ik kon, maar voegde eraan toe dat er veel meer had kunnen worden gezegd als hij me wat details over zijn privéleven had gegeven. Bij deze woorden keek Freud me verbaasd aan, met een blik vol argwaan, en zei toen:

"Ik kan mijn gezag niet in gevaar brengen!"

Zijn gezag verloor hij op dat moment. Die zin stond als een onuitwisbaar teken in mijn geheugen gegrift, en daarin lag al een voorsmaakje van het einde van onze vriendschap. Zo plaatste Freud persoonlijk gezag boven de waarheid!

Zoals ik al zei, was Freud niet in staat de dromen die ik had te interpreteren, of hij interpreteerde ze slechts gedeeltelijk. Het waren dromen van collectieve inhoud, met veel symbolisch materiaal. Eén was voor mij bijzonder belangrijk, omdat het me voor het eerst naar het concept van het "collectieve onbewuste" leidde en daarom een soort prelude vormde voor mijn boek "Wandlungen und Symbole der Libido". (Het libido, symbolen en transformaties).

Jung vervolgt het verhaal door zijn misschien wel beroemdste droom te vertellen, die bekend staat als "Het huis met meerdere verdiepingen".

Carl Jungs droom.

“Ik was in een onbekend huis met twee verdiepingen. Het was "mijn thuis". Ik was boven, waar een soort woonkamer was ingericht met prachtig antiek in rococo-stijl. Aan de muren hingen oude waardevolle schilderijen. Ik was verrast door te denken dat dit mijn thuis zou kunnen zijn, en ik dacht: "Het is niet slecht!" Maar toen bedacht ik me dat ik niet wist hoe de benedenverdieping eruit zag. Ik ging de trap af en bereikte de begane grond.

Alles was veel ouder en ik begreep dat dit deel van het huis dateerde van rond de 15e of 16e eeuw. Het meubilair was middeleeuws en de vloeren waren van rode baksteen. Alles was vrij donker. Ik ging van kamer naar kamer en dacht: "Nu moet ik echt het hele huis verkennen!" Ik bereikte een zware deur en opende die: ik ontdekte een stenen trap die naar de kelder leidde. Ik ging naar beneden en bevond me in een kamer met een prachtig gewelfd plafond, uitzonderlijk oud.

Bij het onderzoeken van de muren ontdekte ik, tussen de gewone stenen blokken, lagen bakstenen en fragmenten van bakstenen in de mortel: hieruit realiseerde ik me dat de muren dateren uit de Romeinse tijd. Ik was meer dan ooit geïnteresseerd. Ik bekeek ook de vloer, die van stenen platen was gemaakt, en aan de ene zag ik een ring: ik trok hem omhoog en de stenen plaat ging omhoog en onthulde een andere trap, van smalle stenen treden die diep naar beneden leidden. Ik ging ook deze trappen af en ging een lage grot binnen die in de rots was uitgehouwen. Een dikke laag stof bedekte de vloer en botten en scherven lagen in het stof verspreid, als de overblijfselen van een primitieve beschaving. Ik ontdekte twee menselijke schedels, klaarblijkelijk uit verre tijden en voor de helft vernietigd. Op dit punt eindigde de droom."

Freuds interpretatie.

"Wat Freud het meest interesseerde in deze droom waren de twee schedels. Hij bleef bij hen terugkomen en spoorde me aan om een verlangen te ontdekken dat met hen verband hield. Wat vond ik van de schedels? En van wie waren ze? Natuurlijk wist ik precies waar hij op doelde: laten zien dat in de droom geheime doodswensen verborgen waren: 'Wat wil hij eigenlijk?' Ik bedacht me. Aan wie zou ik dan de dood moeten wensen? Ik voelde hevige weerstand tegen een dergelijke interpretatie, en ik had ook een idee van wat de droom werkelijk kon betekenen. Maar toen vertrouwde ik mijn oordeel nog steeds niet, en ik wilde Freuds mening horen. Ik wilde van hem leren. Daarom zei ik ten gunste van zijn bedoeling: "Mijn vrouw en mijn schoonzus." Ik moest tenslotte iemand noemen wiens dood het wensen waard was!"

Daarom, volgens Freuds interpretatie (ook gecompromitteerd door Jungs leugen, moet gezegd worden) vertegenwoordigde die droom een conflict dat zo krachtig was dat het wilde dat de twee vrouwen zouden sterven.

Jung had echter al vrij duidelijke ideeën en daarom voelde hij zich, teleurgesteld door Freuds reductieve interpretatie, aangemoedigd om ze te ontwikkelen, terwijl hij ze uiteenzet in het vervolg van het verhaal:

Bewustzijn in Jungs droom.

“Het was me duidelijk dat de droom een soort beeld vertegenwoordigde van de psyche, dat wil zeggen van de toestand waarin mijn bewustzijn zich toen bevond, met de toevoeging van de tot dan toe verworven onbewuste integraties. Bewustzijn werd vertegenwoordigd door de woonkamer: het had de sfeer van een bewoonde plek, ondanks de stijl van andere tijden.”

Het onderbewuste.

“Het eigenlijke onderbewustzijn begon op de begane grond. Hoe lager ik kwam, hoe vreemder en donkerder het werd. In de grot had ik de overblijfselen ontdekt van een primitieve beschaving, dat wil zeggen de wereld van de primitieve mens in mezelf, een wereld die nauwelijks door het bewustzijn kan worden bereikt of verlicht. De primitieve psyche van de mens grenst aan het leven van de dierlijke ziel, net zoals de grotten uit de prehistorie gewoonlijk door dieren werden bewoond voordat de mensen ze voor zichzelf opeisten.

Aan de zojuist beschreven toestand van mijn bewustzijn voegde de droom nog meer lagen toe: de middeleeuwse begane grond die enige tijd onbewoond was, dan de Romeinse kelder, ten slotte de prehistorische grot; representaties van vroegere tijden en verre stadia van bewustzijn.”

De culturele vorming die ten grondslag ligt aan de misverstanden met Freud.

"Toen realiseerde ik me duidelijk hoe groot het verschil was tussen Freuds intellectuele houding en de mijne. Ik was aan het eind van de negentiende eeuw opgegroeid in de historische sfeer van Bazel en had dankzij de lectuur van de oude filosofen een zekere kennis van de geschiedenis van de psychologie verworven. Als ik nadacht over dromen en de inhoud van het onbewuste, deed ik dat nooit zonder historische vergelijkingen te maken; ten tijde van mijn studie had ik altijd het oude Krug-woordenboek van de filosofie gebruikt. Vooral de schrijvers van de achttiende en vroege negentiende eeuw waren mij bekend. Dit was de wereld die de sfeer van mijn woonkamer op de eerste verdieping creëerde.

In plaats daarvan had ik de indruk dat Freuds spirituele geschiedenis begon met Büchner, Moleschott, Dubois-Reymond en Darwin."

Jungs conclusies.

"Mijn droom vertegenwoordigde daarom een soort structureel diagram van de menselijke psyche, een veronderstelling van een volledig onpersoonlijke aard. Dit idee was een schot in de roos, "it clicked", zoals de Britten zeggen; en de droom werd voor mij een leidend beeld, dat later in onverwachte mate zou worden versterkt. Het was mijn eerste intuïtie van het bestaan, in de persoonlijke psyche, van een 'collectief a priori', waarvan ik aanvankelijk dacht dat het bestond uit sporen van primitieve manieren van handelen. Later, met de breedste ervaring en op basis van meer zekere kennis, herkende ik in die manieren van handelen instinctieve vormen, dat wil zeggen archetypen."

Verstrengeling en het collectieve onderbewustzijn.

"In vereniging met de kosmos".

Kwantumfysica, de wetenschap van de eeuw die werd bestudeerd door Nobelprijswinnaar Wolfgang Pauli, maakt één ding van de hele kosmos. Verstrengeling voorspelt het bestaan van een psychische kosmos

Verstrengeling en het collectieve onderbewustzijn.

Er zijn biologische fenomenen die niet verklaard kunnen worden door de op dit moment bekende biochemische en fysische modellen.

Er is bijvoorbeeld geen overtuigende verklaring voor de ongelooflijke vluchtsynchronisatie die typisch is voor grote zwermen vogels of voor de gelijktijdige evoluties in het water van enorme scholen vissen.

Alles bij elkaar genomen lijken deze verzamelingen van individuele dieren zich te gedragen alsof ze een "collectieve geest" hebben.

Deze gemeenschappelijke geest kan bijvoorbeeld de nadering van een roofdier waarnemen en coördineert de verdedigingsmanoeuvres van de hele groep.

Duizenden dieren kunnen onmiddellijk openen, draaien, stijgen en dalen met verbazingwekkende synchroniciteit.

Een onmiddellijke communicatie.

Deze ongelooflijke synchronisatie kan de onmiddellijke communicatie symboliseren, zonder grenzen van ruimte en tijd, die plaatsvindt tussen elementaire deeltjes. Het fenomeen wordt "verstrengeling" genoemd.

Twee of meer aan elkaar verwante deeltjes lijken de typische eigenschappen van de zojuist genoemde biologische werkelijkheden te hebben, en veel meer. Hoewel de deeltjes worden gescheiden en verspreid door de kosmos, blijven ze zich gedragen alsof ze één zijn.

De coördinatie van verstrengelde deeltjes kan niet worden bepaald door de fysieke factoren die materie reguleren. In feite gebeurt het niet door de uitwisseling van fysieke signalen. Dit wordt aangetoond door het feit dat de interacties tussen deeltjes ogenblikkelijk zijn, dat wil zeggen dat ze de fysieke limiet van de lichtsnelheid overschrijden.

Bestaat het heelal alleen uit materie?

De wetenschap van de laatste paar eeuwen heeft zich gericht op de wereld van de materie, de wereld waarin de mens leeft en al zijn ervaringen rijpt. Daardoor zijn we gewend geraakt aan het redeneren in deterministische termen: de hele werkelijkheid bestaat uit gebeurtenissen die door de materie worden gegenereerd en beheerd.

De bevindingen van de kwantumfysica leiden echter tot verschillende conclusies. Veel wetenschappers hebben begrepen dat de realiteit waarin we leven meer is dan materie.

We zijn geen gevangenen van een steriel universum gemaakt van stenen, gassen en organische moleculen, geboren uit willekeurige biochemische mechanismen. In plaats daarvan leven we in een universum met bewustzijn.

Het antropische principe onthult dat het universum precies is ontworpen om leven en intelligentie mogelijk te maken.

Verstrengeling toont aan dat er een niveau van 'universumbeheer' is dat hoger is dan de wetten van het fysieke materialisme. Maar het leidt ook tot buitengewone conclusies.

Als twee deeltjes, zelfs nadat ze gescheiden zijn, zich blijven gedragen alsof ze één zijn, dan wordt het hele universum gedomineerd door een kracht die het uniek maakt. In feite bestaat het hele universum uit verwante deeltjes, omdat ze allemaal afkomstig zijn van de oerknal.

Verstrengeling brengt metafysica in het spel.

Carl Jung ging uit van een onverklaarbaar fenomeen, dat van buitengewone toevalligheden waarvan we allemaal vaak hoofdrolspelers zijn. We dromen bijvoorbeeld van een geliefde in gevaar en de volgende dag leren we dat het feit is gebeurd.

Hoe hadden we het eerder kunnen weten, hoe konden we deze informatie in een droom ontvangen, vooral als de persoon heel ver van ons vandaan woont?

Jung theoretiseerde het bestaan van een collectief onbewuste, dat wil zeggen een universeel geweten buiten individuele individuen, waarop individuele gewetens kunnen putten.

Archetypen stromen ons bewustzijn binnen vanuit het collectieve onbewuste, dat in onze waarneming wordt omgezet in waarschuwingen, adviezen, stemmingen, voorgevoelens, bewustzijn.

Verstrengeling voorspelt het bestaan van een psychische kosmos.

Het millennium dat begint, zal het tijdperk zijn dat de "verenigende formule" van materie en geest zal vinden.

Het archetype van de schaduw.

"Het archetype van de schaduw".

Helaas lijdt het geen twijfel dat de mens over het algemeen minder goed is dan hij zelf denkt of wil zijn "(Carl Jung)

Het archetype van de Schaduw heeft inhoud die we soms zelfs voor onszelf willen verbergen.

Korte introductie.

Jung stelde zich voor dat er in de psyche van elk individu drie "lagen" zijn:

- Individueel bewustzijn.
- Individueel onderbewustzijn.
- Collectief onderbewustzijn.

Deze conclusie trok hij naar aanleiding van zijn beroemde droom over het "huis", bestaande uit verschillende niveaus: van de bovenverdieping, naar de begane grond, naar de kelder, naar het geheime luik onderin de kelder.

De eerste laag, bewustzijn, hoeft niet te worden uitgelegd, omdat het de bewuste staat is van de psyche van elk individu.

Individueel onderbewustzijn en collectief

onderbewustzijn.

Het traject van differentiatie tussen Jung en Freud bereikte zijn hoogtepunt toen Jung in 1912 besloot zijn werk (Het libido: symbolen en transformaties) te publiceren waarin hij al zijn theoretische meningsverschillen uiteenzette.

In dit boek geeft hij blijk van zijn oriëntatie, gericht op het uitbreiden van analytisch onderzoek van individuele geschiedenissen naar de mensheid als geheel. In feite is er volgens Jung naast een individueel onderbewustzijn een collectief onderbewustzijn, dat zijn aanwezigheid manifesteert en handelt door middel van archetypen.

Jung stelt dat het persoonlijke onderbewustzijn zijn bestaan te danken heeft aan persoonlijke ervaring en in wezen is samengesteld uit inhouden die bewust zijn geweest, zelfs als ze zijn vergeten of verwijderd.

Omgekeerd is de inhoud van het collectieve onderbewustzijn nooit in het individuele bewustzijn geweest en daarom nooit door ervaring verworven, maar is het een soort gratis "erfdeel" dat we allemaal ontvangen: het is een echte schat, de ervaring van de hele mensheid die leefde voor ons.

Daarom onderscheidt Jung de twee soorten onderbewustzijn door te verwijzen naar hun inhoud: het individuele onderbewustzijn bevat vooral complexen; het collectieve onderbewustzijn daarentegen wordt in wezen gevormd door archetypen of 'oermodellen".

De archetypen.

De archetypen komen overeen met de ervaringen die de mensheid gedurende haar evolutionaire geschiedenis heeft ontwikkeld. Ze zijn het geheugen van de mensheid en zijn ingesloten in een ruimte die Jung het 'collectieve onderbewustzijn' noemt. Hij definieert het op deze manier omdat het niet individueel is, maar gedeeld wordt, toegankelijk is voor de hele mensheid en voor ieder mens.

Archetypen die zich in het collectieve onderbewustzijn bevinden, hebben de kracht om in te grijpen in het leven van individuen door episodes te genereren die Jung synchroniciteit noemt.

Bij de constructie van deze theorie had hij de gedeelde en morele steun van de beroemde Nobelprijswinnaar fysicus Wolfgang Pauli, die hem aanmoedigde om zijn conclusies te uiten, ondanks dat Jung jarenlang aarzelde om dat te doen. Pauli overtuigde hem om in 1952 samen een werk te publiceren dat twee essays bevat, een van Pauli en een van Jung. Jungs bijdrage was getiteld "Synchroniciteit als een principe van toevallige verbindingen".

Van de archetypen die door Carl Jung werden verondersteld, herinneren we ons:

- De Ziel (vrouwelijke figuur in het mannelijke onbewuste).
- de Animus (mannelijke figuur in het vrouwelijke onbewuste).
- De wijze oude man, de moeder, het water, de onschuldige, de wees, de krijger, de beschermengel, de minnaar, de zoeker, de vernietiger, de schepper, de heerser, tovenaar, salie, de dwaas.

Het donkerste archetype is ongetwijfeld de schaduw.

Het archetype van de schaduw.

Volgens Carl Jung vertegenwoordigt het schaduwarchetype de 'donkere kant' van onze persoonlijkheid. Dit is de ondergrondse wereld van onze psyche, die verborgen onder het luik in de kelder van Jungs "huis". Hier is de meest primitieve kern van de psyche, een verzameling van de meest onderdrukte instincten, egoïsme, dierlijke aanleg. Deze component is er, zelfs als onze bewuste geest het verwerpt omdat het weerzinwekkend is om in de diepste afgronden van iemands psyche te kijken.

"Schaduw" is een term die Jung van Friedrich Nietzsche heeft overgenomen. Op het eerste gezicht geloven de meesten van ons dat we een goed mens zijn met nobele bedoelingen, en ons voordoen.

Binnen ons zijn er echter onderdrukte dimensies, overgeërfde instincten waarin soms geweld, woede en haat op de loer liggen. Jung zegt hierover:

> "Helaas lijdt het geen twijfel dat de mens over het algemeen minder goed is dan hij zelf denkt of wil zijn. Iedereen heeft een schaduw, en hoe meer deze wordt verborgen voor het bewuste leven van het individu, hoe meer de schaduw zwart en dicht wordt. Het is in ieder geval een van onze ergste obstakels, aangezien het onze beste bedoelingen frustreert.."

Zelfs alles wat we vanwege onze opvoeding en de morele normen van onze samenleving als "slecht" beschouwen, wordt onze schaduw.

We moeten echter niet denken dat we een meneer Hyde in ons hebben die ernaar verlangt naar buiten te komen.

Vaak is de Schaduw het startpunt voor een vernieuwing van de persoonlijkheid. De 'confrontatie met de schaduw' vertegenwoordigt de eerste fase van de Jungiaanse therapie. In feite ontlenen onze "gebreken" vaak hun oorsprong aan de onderbewuste complexen die in onze schaduw aanwezig zijn.

Het archetype van de Schaduw woont niet alleen bij individuen. Soms is het ook aanwezig in "groepen van mensen", in sekten, politieke of religieuze gemeenschappen of enig ander type. Waarschijnlijk heeft elke multinational een zeer donkere schaduw. Het komt vaak voor dat deze organisaties gehoor geven aan de impulsen van hun schaduw om gewelddaden of bedrog tegen de menselijkheid te rechtvaardigen.

Conclusies.

Samengevat vertegenwoordigt het collectieve onderbewustzijn een container van "ideeën" of "modellen", de archetypen.

Het is als een hoger bewustzijn, waarmee alle individuele bewustzijnen zijn verbonden, zodat de inhoud ervan kan worden gedeeld.

De archetypen in het collectieve onderbewustzijn zijn de vormen en symbolen die zich in alle volkeren van alle culturen manifesteren. We kunnen allemaal putten uit deze inhoud zonder het direct te hebben meegemaakt.

Jung construeert de theorie van het collectieve onbewuste vanuit het onderzoek van de vreemde toevalligheden die alle mensen treffen. Wanneer deze toevalligheden zich op zo'n significante manier manifesteren dat ze niet als louter toevalsvruchten kunnen worden beschouwd, worden ze synchroniciteiten. Omdat synchroniciteiten niet het resultaat zijn van toeval, hebben ze een hoger bewustzijnsniveau nodig om te kunnen worden verklaard.

Het portaal van synchroniciteit.

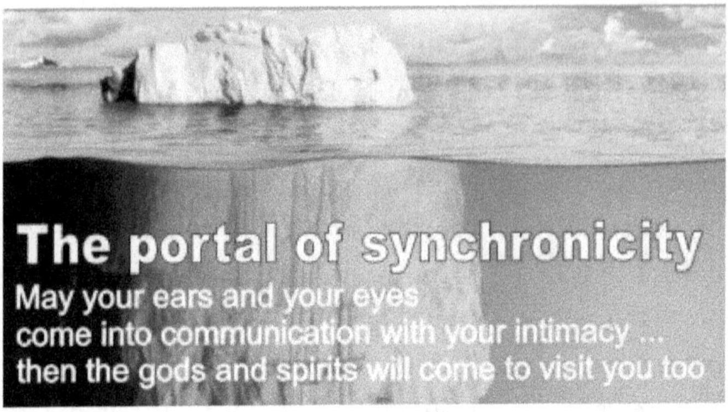

"Het portaal van synchroniciteit".

Synchroniciteit is de naam waarmee Jung het fenomeen aanduidt dat buitengewone gebeurtenissen in ons bestaan genereert, zoals voorgevoelens, voorgevoelens, dromen die uitkomen. Synchroniciteiten duiden ook op de opeenvolging van feiten zonder onderlinge verbanden, maar die over het geheel genomen een precieze betekenis krijgen in onze waarneming.

Wanneer vindt synchroniciteit plaats?

Elke keer dat een reeks "signalen" ons naar een uitkomst leidt waarvan we kunnen zeggen: "Ik voelde het, ik verwachtte het", treedt er een synchroniciteit op, alsof iets of iemand ons had willen waarschuwen en ons gedragsadviezen wilde geven. Het is ware synchroniciteit wanneer dit gebeurt zonder dat we al de nodige kennis in ons hebben om de conclusie te verwerken. Voorbeeld: ik moet op reis, maar plotseling, door een vreemd gevoel van onbehagen, besluit ik niet meer te vertrekken, en het voertuig (trein, vliegtuig, andere) is betrokken bij een ernstig ongeval met veel slachtoffers.

Waar komt deze kennis vandaan?

Blijkbaar kan deze kennis niet zijn uitgewerkt in onze geest die, volgens de huidige wetenschap, de toekomst niet kan voorspellen. Jung suggereert dat totale kennis van het universum is vervat in een hoger bewustzijn, dat hij 'collectief onderbewustzijn' noemt. We kunnen allemaal, naast het putten uit ons individuele bewustzijn dat zeer beperkte informatie bevat, ook putten uit het collectieve onderbewustzijn dat alle kennis van het universum bevat.

Deze praktisch oneindige kennis is aanwezig in het collectieve onderbewustzijn in de vorm van ARCHETYPES, dat wil zeggen kennisprincipes, die zich psychisch in ons kunnen manifesteren door middel van dromen, voorgevoelens, gewaarwordingen of het ontcijferen van belangrijke feiten die zich voordoen in ons het dagelijks leven: feiten die afzonderlijk tot de zaak zouden kunnen worden gerekend, maar die elkaar in het algemeen bevestigen totdat ze in één profetie samenkomen.

Waarom gebeurt het niet altijd?

Jung stelt deze vraag en legt een verband tussen het optreden van synchroniciteit en onze toestemming om het te laten plaatsvinden. Volgens Jung zorgt ons individuele bewustzijn voor een niveau van waakzaamheid dat voorkomt dat het collectieve bewustzijn ons binnendringt. Om het collectieve onderbewustzijn toe te staan zijn archetypen in ons individuele bewustzijn te gieten, zou dit bewustzijn zijn niveau van waakzaamheid, zijn verdedigingsmechanismen moeten verlagen; wat we instinctief niet willen doen.

In zijn essay "Synchronicity as a Principle of Acasual Connections" schrijft Jung:

"Elke emotionele toestand veroorzaakt een wijziging van het bewustzijn, een wijziging die Pierre Janet heeft gedefinieerd" abaissement du niveau mental "(verlaging van het mentale niveau.

Dit betekent dat er een zekere vernauwing van het bewustzijn plaatsvindt en tegelijkertijd een versterking van het onderbewustzijn ... Bijgevolg valt het geweten onder de invloed van instinctieve onderbewuste impulsen en inhoud ".

Bewustzijn verlaagt van nature zijn verdedigingsniveau in het geval van psychologisch trauma of complexe emotionele gebeurtenissen, zoals een plotselinge verandering in onze levensstandaard, liefde, verraad, het verlies van een geliefde. Soms gaat het synchronistische fenomeen aan dergelijke gebeurtenissen vooraf, wat bevestigt dat tijd alleen onze waarneming is en dat op het niveau van het onderbewuste alles alleen aanwezig is, er zijn geen voor en na.

Oosterse psychologie.

De oosterse psychologie heeft de neiging om het verlagen van de verdedigingsniveaus van het bewustzijn te leren als een doel en resultaat van oefeningen, en toch bevestigt het ook dat contact met de mysterieuze dimensie van het universum (de Tao) plaatsvindt door zichzelf te vervreemden.

Over de Chuang-tzu schrijft Hans Kung: "De tekst spreekt van zowel 'zitten en vergeten' en 'vasten van het hart', wat niets meer betekent dan het leegmaken van de zintuigen en de geest:

"Mogen je oren en je ogen in contact komen met je intieme... Dan zullen de goden en geesten je ook komen bezoeken."

In een gesprek met Confucius zegt discipel Yen Hui:

- Ik heb wat vooruitgang geboekt. Ik ben tot rust gekomen en ben alles vergeten

- Wat bedoel je hiermee? Confucius vroeg:

- Ik vergat mijn lichaam en liet mijn kennis in de steek. Weg van het lichaam en vrij van kennis "Ik ben één geworden met dat wat alles doordringt.

Tao en Geest.

In de westerse opvatting kan de Tao worden beschouwd als analoog aan de Geest van de Bijbel. De Heilige Geest doordringt de hele schepping en uit de Geest daalt alle verlichting neer die de mens leidt en hem in staat stelt een profeet van zijn leven te zijn.

In het boek Joël zegt God:

"... Hierna zal ik mijn Geest uitstorten op ieder mens
En uw zonen en dochters zullen profeten worden.
De ouderen zullen dromen hebben, de jongeren zullen visioenen hebben.
Zelfs op slaven en op vrouwelijke slaven
In die dagen zal ik mijn Geest uitstorten "(Joël 3)

De communicatiekanalen met de Geest zijn meditatie en gebed, maar nogmaals bevestigt de Bijbel met de woorden van Jezus dat dit moet gebeuren door zich van de wereld en van zichzelf te vervreemden:

"Maar jij, als je bidt, ga naar je kamer en sluit de deur en bid tot je Vader die in het verborgen is" (Mattheüs 6)

Jung en Freud, de tegenpolen van de moderne psychologie.

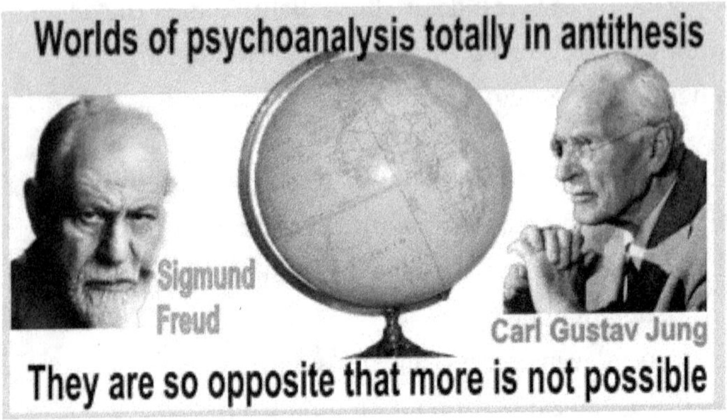

"Wereld van psychoanalyse in antithese. Twee polen zo tegengesteld dat meer niet mogelijk is".

Jung en Freud waren twee heel verschillende mensen in leeftijd, sociale klasse, religiositeit, culturele interesses, gezinssituaties. Ze waren bijna tijdgenoten, dus ze ontmoetten elkaar en werkten een tijdlang samen. Hun samenwerking, waarbij de reeds gevestigde Freud de rol van "leraar" op zich nam, begon in 1907. Freud ging zelfs zo ver om te zeggen dat Jung zijn "geadopteerde oudste zoon" was. Vanwege hun verschillen interpreteerden ze de realiteit en de menselijke psychologie echter heel anders.

Psychologie, een modieus onderwerp.

Psychologie is een nogal modieus onderwerp, dus er wordt veel over gesproken, in boeken, kranten, televisiemedia en bij de meest uiteenlopende gelegenheden. Hoewel de hoeveelheid informatie groot en kwalitatief waardevol is, is er geen grote groep mensen bij betrokken (waarschijnlijk de meerderheid) die, zonder de tijd of de behoefte, een duidelijk benaderend begrip van het onderwerp hebben. Het is dus toevallig luisteren naar meningen waarin redeneringen en concepten verstrikt raken waaruit beroemde namen voortkomen die gelukkig door niets anders verenigd zijn, zo niet uit het informatievacuüm van degenen die erover praten.

Degenen die interesse hebben getoond in de argumenten op deze pagina, zijn over het algemeen Jungiaans. In feite heeft Carl Jung, eerst samenwerkend, vervolgens in onenigheid en uiteindelijk in duidelijke oppositie met Freud, de theorieën uitgewerkt waarover we op deze pagina uitgebreid spreken. Dit zijn de theorieën die Jung heeft uitgewerkt in zijn samenwerking met Wolfgang Pauli. Ik heb het over de theorieën van het collectieve onbewuste en synchroniciteit. Het zijn theorieën die in de categorie van de geest vallen en niets te maken hebben met het freudiaanse denken, van materialistische oriëntatie.

Carl Gustav Jung en Sigmund Freud.

Jung en Freud waren twee heel verschillende mensen in leeftijd, sociale klasse, religiositeit, culturele interesses, gezinssituaties.

Natuurlijk waren ze bijna tijdgenoten, dus ze ontmoetten elkaar en werkten een tijdlang samen. Hun samenwerking, waarbij de reeds gevestigde Freud de rol van "leraar" op zich nam, begon in 1906. Freud ging zelfs zo ver om te zeggen dat Jung zijn "geadopteerde oudste zoon" was. Vanwege hun verschillen interpreteerden ze de realiteit en de menselijke psychologie echter heel anders.

Sigmund Freud was een in Oostenrijk geboren neuroloog. Hij initieerde en vormde een van de meest krachtige en traditionele psychologische stromingen: de psychoanalyse.

Carl Gustav Jung was een van de leidende intellectuele figuren in het psychologische en psychoanalytische denken, psychiater, psychoanalyticus, antropoloog en Zwitserse filosoof.

Hij werd geboren op 26 juli 1875 in Kesswil, Zwitserland, als zoon van Paul Achilles Jung, een protestantse theoloog en predikant, en Emilie Preiswerk. Hij studeerde af in de geneeskunde en in 1900 ging hij naar het psychiatrisch ziekenhuis in Zürich.

Hij stond aanvankelijk dicht bij het denken van Sigmund Freud en was het eens met zijn interpretaties van paranormale verschijnselen. De twee ontmoetten elkaar in 1907 in Wenen en spraken bij die gelegenheid dertien uur met elkaar.

Als gevolg van deze samenwerking werd Jung de 'dolfijn' van de psychoanalyse genoemd, en men verwachtte dat hij de opvolger van Freud zou zijn aan het hoofd van de psychoanalytische beweging.

Hier zijn enkele fragmenten uit mijn boek "Alle kleuren van verstrengeling":

Onenigheid en breuk tussen Jung en Freud.

In plaats daarvan waren er al na een paar jaar de eerste tekenen van hun meningsverschillen, die aanleiding zouden geven tot de twee belangrijkste historische oriëntaties van de psychoanalyse, door Freud begrepen als therapie en door Jung als een manier om de psyche te leren kennen.

Deze dubbele visie kreeg al snel voet aan de grond, zo erg zelfs dat al in 1909 de Clark University, die een cyclus van lezingen in de Verenigde Staten had gepland, hen beiden uitnodigde.

Tijdens de reis per schip besloten de twee wetenschappers om te oefenen met het analyseren van elkaars dromen. Jung was echter niet tevreden met Freuds medewerking. Volgens Jungs mening bleef Freud terughoudend en probeerde hij sommige aspecten van zijn privéleven te verbergen die in plaats daarvan onmisbaar zouden zijn geweest voor een betere analyse.

Toen Jung deze verbijstering uitdrukte, ontkende Freud niet, maar bevestigde hij dat de reden voor zijn terughoudendheid was dat hij geen aspecten van zijn eigen persoonlijkheid kon onthullen die zijn gezag in gevaar hadden kunnen brengen. Vanaf deze aflevering begon Jungs waardering voor Freud af te nemen en ook zijn waardering voor zijn theorieën.

Jaar 1912. Jung maakt een einde aan de samenwerking met Freud.

Hieraan kwam de groei van een traject van conceptuele differentiatie, dat zijn hoogtepunt bereikte toen Jung in 1912 besloot zijn werk (Libido: Symbols and Transformations) te publiceren waarin hij al zijn theoretische meningsverschillen uiteenzette.

In dit boek manifesteert hij zijn oriëntatie, gericht op het uitbreiden van het analytisch onderzoek van het verhaal van het individu naar de gehele mensheid: in feite is er volgens Jung naast een individueel onderbewustzijn een collectief onderbewustzijn, dat zijn aanwezigheid en werkt via archetypen.

In deze visie wordt het leven van het individu een pad waardoor de realisatie van het persoonlijke zelf plaatsvindt. Jung noemt dit het "ontdekkingsproces".

Na de publicatie van dit boek verbrak zijn relatie met Freud. Over Freuds denken zei hij: "De hersenen worden gezien als een aanhangsel van de geslachtsorganen."

Wat betreft de inhoud van de twee interpretaties en hun differentiatie, kunnen we aannemen dat Jung aanvankelijk de hypothese met betrekking tot geestesziekte met Freud deelde. Om deze te kunnen begrijpen, is volgens Freud kennis nodig van de individuele geschiedenis van de patiënt en de repressieprocessen die met deze geschiedenis gepaard gaan. Freud is van mening dat dit processen zijn die betrekking hebben op inhoud van uitsluitend seksuele aard.

Op een tweede moment formuleerde Jung de hypothese dat de verschijnselen van de psyche niet waren wat Freud ze beschreef. Volgens de theorie die Jung aan het bouwen was, waren paranormale verschijnselen manifestaties van een energie die in de natuur aanwezig is, het libido.

Libido en symbolen.

Het libido is een soort vitale impuls, een drang die zich dynamisch richt op het leven en het behoud van de soort.

Daarom is het bij psychologische therapie niet nodig om alleen de biologische component in gedachten te houden, met een uiteindelijk pessimistische benadering, maar ook de spirituele, die een gezonde spanning geeft die gericht is op het bereiken van verbetering.

Volgens Jung kunnen de libido-drives ook worden omgeleid naar immateriële concepten en ambities en kunnen ze daarom een spirituele evolutie genereren. Psychische ziekte treedt op wanneer dit evolutionaire proces wordt geblokkeerd; onder deze omstandigheden ontstaan neurosen. Het libido werkt door symbolen te produceren. Hierdoor was de primitieve mens in staat de onmiddellijke impulsen die hen naar creativiteit leidden over te dragen en zo de overgang van het dierlijke instinctieve naar het culturele niveau in gang te zetten.

De symbolen van het libido hebben inhoud die het individuele bewustzijn te boven gaat en kunnen bijdragen aan de transformatie van de aard van de mens.

De archetypen.

Sommige van deze symbolen zijn universeel, gemeenschappelijk en gedeeld door alle individuen. Jung noemt ze archetypen, een term die is afgeleid van het Grieks en begrijpelijker kan worden gemaakt met vertalingen als "originele afbeeldingen", "modellen", "virtuele afbeeldingen", "mogelijke representaties".

De archetypen komen overeen met de ervaringen die de mensheid heeft ontwikkeld gedurende haar evolutionaire geschiedenis naarmate het bewustzijn ontwikkelde. Ze zijn het geheugen van de mensheid en zijn ingesloten in een ruimte die Jung het 'collectieve onderbewustzijn' noemt. Dit onderbewustzijn is 'collectief' omdat het niet individueel is, maar gedeeld, toegankelijk voor de hele mensheid en voor ieder afzonderlijk mens.

Archetypen die zich in het collectieve onderbewustzijn bevinden, hebben de kracht om in te grijpen in het leven van individuen door episodes te genereren die Jung synchroniciteit noemt.

Bij de constructie van deze theorie had hij de steun en steun van de beroemde Nobelprijswinnaar fysicus Wolfgang Pauli, die hem aanmoedigde om zijn conclusies te uiten, ondanks dat Jung jarenlang aarzelde om dat te doen. Pauli haalde hem over om in 1952 samen een boek te publiceren dat Jungs theorieën bevatte in de vorm van een essay getiteld "Synchronicity as a Principle of Acasual Connections".

De wagen van de profeet Ezechiëlc .

"Op jacht naar het archetype. Eenheid van materie en psyche".

Een voorbeeld van profetische synchroniciteit.

Er zijn archetypen die minder vaak voorkomen in het menselijk bewustzijn, maar als kometen kunnen worden beschouwd: het lijkt erop dat ze een meer universele boodschap willen achterlaten, en dat ze de mensheid naar een hoger kennisniveau willen leiden.

Het zijn archetypen die synchrone gebeurtenissen vormen van bijna eeuwige betekenis, die geen begin of einde hebben, maar die niet zozeer in het bewustzijn van het individu, als wel in het historische bewustzijn van de wereld worden bestendigd en opnieuw voorgesteld.

In het evangelie van Marcus merkt Jezus op dat de mens de komst van de lente weet te herkennen door de vijgenboom te observeren, en nodigt hij ons daarbij uit om aandacht te schenken aan de tekenen van de tijd, zelfs in geestelijke zaken.

Persoonlijke ervaringen van synchroniciteit laten zien dat er enkele waarschuwingssignalen zijn die ons helpen de voortgang van ons leven te begrijpen. Dit is gemakkelijk voor ons omdat we deze tekens vinden in contexten die beperkt zijn door de tijd, we ze associëren met onze huidige situatie en daardoor zijn we in staat om ze een duidelijke, bijna wonderbaarlijke SENSE te geven.

Er zijn andere tekenen dat we niet in staat zijn om rechtstreeks contact te maken, zowel omdat ze ons niet emotioneel betrekken, en omdat ze zo verspreid zijn in de oceaan van menselijke gebeurtenissen dat ze niet de aandacht van het individu trekken.

Ik geloof dat het onderzoek en de analyse van deze archetypen, die profetische synchroniciteiten genereren voor de hele mensheid, nuttig studiemateriaal is om een nog niet gedefinieerd aspect van de synchroniciteitstheorie, dat van zijn bruikbaarheid, beter te definiëren. Is er echt een fundamentele reden, een samenhang, een positieve "drijvende geest" achter de synchroniciteit?

Ezechiëls strijdwagen van vuur.

Het voorbeeld dat ik voorstel is dat van twee visioenen of dromen die niet verder weg konden zijn in de tijd. Ze vertonen echter een opvallende gelijkenis, zonder afbreuk te doen aan de sociale sferen en de culturele achtergrond van de twee hoofdrolspelers. Beide zijn gebaseerd op twee wielen, in elkaar geplaatst, die in een niet-concentrische richting draaien, verbonden door een onmogelijke centrale as.

Ezechiël, bijbelse profeet, vertelt over het visioen van een wagen van vuur: (1, 16 ev.)

> “De wielen hadden het uiterlijk en de structuur als topaassteen en alle vier hadden ze dezelfde vorm, hun uiterlijk en structuur was als een wiel in het midden van een ander wiel. Ze konden in vier richtingen bewegen, zonder te hoeven draaien tijdens het bewegen. Hun omtrek was erg groot en de cirkels van alle vier waren vol ogen rondom.... de geest van het levende wezen zat in de wielen" (zie de figuur links).

Wolfgang Pauli's droom.

Pauli spreekt ook van twee wielen, twee concentrisch roterende schijven die een moderner aspect hebben, maar hetzelfde mechanisme, waarvoor hij de visie definieert met de term klok. (rechter figuur)

Wat hebben de twee visies, naast de mechanische overeenkomst, gemeen?

Beiden suggereren hun hoofdrolspelers de noodzaak om een boodschap te brengen (overdragen, zouden we zeggen) die niet alleen voor hen is.

Ezechiël heeft veel visioenen gehad, maar die van de wagen is de eerste, beschreven in hoofdstuk 1 van zijn boek. Na het visioen krijgt hij een bevel:

> “"Hij zei tegen mij: "Mensenzoon, ik stuur je naar de kinderen van Israël, naar opstandige naties... Je zult tegen hen zeggen: "Zo spreekt de Here God." Of ze nu naar je luisteren of niet, omdat ze een opstandig huis zijn, zullen ze weten dat er een profeet in hun midden is. ... Jij, mensenzoon, luister naar wat ik je zeg; wees niet opstandig zoals deze rebellenfamilie; open je mond en eet wat ik je geef ». Ik keek en zie, een hand was naar mij uitgestrekt, met een boekrol in de hand; rolde het voor me uit; het was van binnen en van buiten geschreven en bevatte klaagzangen, gekreun en wee.

Ezechiël moet de boodschap die hij ontvangt in bezit nemen, zelfs eten, om het zo diep mogelijk te verwerken.

Pauli's bericht.

Pauli vertrouwde op Jung's zorg ten tijde van de horlogedroom. Hij begrijpt dat de droom een boodschap bevat die moet worden omgezet in zijn wetenschappelijk onderzoek. Voor Pauli vertegenwoordigen de twee wielen de psyche en de materie, die verenigd moeten worden in een wetenschappelijke fysische theorie; maar het zal niet in staat zijn om de verenigende oplossing te vinden. De moderne wetenschap verwerpt inderdaad elke verwijzing naar de psyche of de geest als melaatsheid.

Massimo Teodorani zegt dit in zijn boek "Synchronicity":

> "In principe had Pauli - ondanks dat hij zijn droom van eenwording tussen psyche en materie niet concreet had kunnen verwezenlijken - toch begrepen dat er aspecten van materie zijn die suggereren dat er aan de basis van het hele raamwerk van het universum een grote psychische dimensie ligt. Dit valt in alle opzichten samen met dat collectieve onderbewustzijn dat Jung had ontdekt"

Wie weet of er in de geschiedenis van de mensheid andere bewijzen zijn van het symbool van de twee elkaar kruisende wielen, om de schijnbaar onmogelijke vereniging tussen materie en psyche te vertegenwoordigen? Dit is een onderzoek waaraan iedereen wordt uitgenodigd om deel te nemen, om (indien mogelijk) de agenda van de actie van een coherente begeleiding door dit archetype ten gunste van de mensheid te reconstrueren.

Een schip geladen met... is aangekomen

"Er is een schip beladen met... TOEVALLEN. Hoeveel vreemde toevalligheden heb jij meegemaakt?".

Je droomt van een vriend die je jaren niet heeft gezien omdat hij in een andere stad woont, en de volgende dag ontmoet je hem op straat. Is dit gewoon toeval?

Toevalligheden volgens Carl Jung.

Vreemde toevalligheden zijn zulke gewone ervaringen dat niemand denkt dat ze ze in twijfel kunnen trekken. Carl Gustav Jung vertelt erover aan de hand van een voorbeeld:

> "Als ik moet vaststellen dat mijn tramkaartje hetzelfde nummer heeft als het theaterkaartje dat ik direct erna koop, en als ik diezelfde avond een telefoontje krijg waarin om hetzelfde nummer wordt gebeld, lijkt een losse relatie mij zeer onwaarschijnlijk. "

Er zijn ook minder opvallende toevalligheden, die ons echter verbazen omdat ze voor ons het gevoel van een bijna onmogelijke verbinding aannemen.

Er zijn talloze voorbeelden te noemen. Iemand 'ziet' mentaal een geliefde in nood, en realiseert zich later dat er iets onaangenaams bij die persoon was. Iemand vermijdt op basis van een onaangename gewaarwording om met het openbaar vervoer te komen en ontdekt dan dat dat voertuig betrokken was bij een ongeval. Iemand anders droomt van een vriend die hij al jaren niet heeft gezien omdat hij in een andere stad woont, en de volgende dag ontmoet hij hem op straat.

Ga zo door, je hebt zeker nog veel meer afleveringen om toe te voegen.

Maar de wetenschap gelooft het niet.

De wetenschap gelooft niet in toeval, ze gelooft dat het altijd en alleen gaat over gebeurtenissen die bij toeval zijn gebeurd. In feite gelooft de huidige wetenschap, gebaseerd op het materialisme, dat wat er ook gebeurt, het altijd het gevolg moet zijn van iets anders:

Ik beweeg vanaf punt A, na een paar stappen (dus een bepaalde tijd) draai ik de hoek om en kijk wat er in punt B staat.

Het is onmogelijk dat ik eerst wist wat er in punt B staat. Het is nodig dat de materie in mijn lichaam beweegt, en het kost tijd om het te laten bewegen. Pas daarna kan ik zien wat er op punt B staat.

Het is niet te verwachten dat, voordat mijn lichaam bewoog, mijn geest al de hoek om was en me al had geïnformeerd over wat er op punt B staat.

Toevalligheden brengen ook de psyche in het spel.

Toevalligheden, van welke aard dan ook: voorkennis, dromen, voorgevoelens, telepathie of iets anders, brengen ook de geest of de psyche in het spel. Als we bedenken dat het universum niet alleen uit materie bestaat, maar uit materie en psyche die samen onze realiteit vormen, dan worden veel verschijnselen, die onverklaarbaar zouden zijn met de parameters van het materialisme, zeer verklaarbaar. De theorie die deze oplossing voorstelt, wordt "synchroniciteit" genoemd.

De wetenschap van het nieuwe millennium.

Tegenwoordig voelt de wetenschap zich ongemakkelijk in het licht van de nieuwigheden van de kwantumfysica. Deze nieuwe wetenschap presenteert aspecten die ontsnappen aan de oorzaak-tijd-ruimterelatie die typisch is voor de materialistische wetenschap. Experimenten laten zien hoe zeer verre deeltjes in de ruimte gelijktijdig met elkaar interageren. Hoewel de deeltjes door enorme afstanden van elkaar zijn gescheiden, gedragen ze zich alsof ze één zijn, op dezelfde plaats geplaatst. Deze deeltjes zijn niet verbonden door een fysieke verbinding, daarom kan alleen de universele psyche, die geen ruimte en tijd kent, ze bij elkaar houden en dit gedrag veroorzaken.

Dit is het fenomeen dat "verstrengeling" wordt genoemd.

Synchroniciteit en verstrengeling vormen de basis van een nieuwe wetenschap, die materie en psyche verenigt. Het is de wetenschap die de mensheid zal begeleiden in een grote sprong naar hogere kennisniveaus.

Het mysterieuze anagram van Carl Jung.

"Het anagram van Carl Jung".

De Zeven Preken aan de Doden zijn teksten van mystieke inspiratie en van gnostische oorsprong, privé gepubliceerd door Carl Gustav Jung in 1916. Na de zevende preek voegt Jung een anagram toe, dat nog steeds een onopgelost raadsel blijft.

NAHTRIHECCUNDE
GAHINNEVERAHTUNIN
ZEHGESURKLACH
ZUNNUS

Een onopgeloste puzzel.

De Zeven Preken aan de Doden zijn teksten van mystieke inspiratie en van gnostische oorsprong, in eigen beheer uitgegeven door Carl Gustav Jung in 1916, onder de volledige titel: "Zeven Preken aan de Doden, geschreven door Basilides van Alexandrië, de stad waar Oost en West elkaar ontmoeten. .. "

Het is het enige deel van Jungs manuscripten dat bekend staat als het Rode Boek dat tijdens zijn leven publiekelijk is gedeeld (zij het alleen als eerbetoon aan vrienden).

Na de zevende preek voegt Jung een anagram toe, dat vandaag de dag nog steeds een onopgeloste puzzel is. Wil je het proberen op te lossen? Hier is de tekst:

NAHTRIHECCUNDE
GAHINNEVERAHTUNIN
ZEHGESURKLACH
ZUNNUS

Goed werk!

Demonteer de ziel. De vreemde kevers die niet overtuigen.

"Demonteer de ziel. De vreemde kevers die niet overtuigen".

Kan een ziel uit elkaar worden gehaald om te begrijpen wat erin zit? Met 'ziel' bedoelen we natuurlijk een persoonlijkheid, een innerlijkheid, kortom dat complex van sensaties, ervaringen, vreugden en pijnen, herinneringen en hoop die bij ieder van ons horen, laten we zeggen de psyche.

Haal het speelgoed uit elkaar.

Ik zou willen beginnen met een citaat van Mephistopheles, in Faust:

> "Om een levende werkelijkheid te beschrijven, gaat men allereerst te werk door deze te doden en in stukken te hakken. Dan heb je je hand vol inerte fragmenten die alleen - helaas - enige verwijzing naar het leven missen".

Het mysterie van het leven kan nooit worden begrepen door een levend wezen te ontmantelen. In feite zouden materialisten het graag doen, in navolging van een kind dat het speelgoed uit elkaar haalt om te begrijpen hoe het werkt. Met het speelgoed kan dat, want het mysterie ligt triviaal in een stalen veer of een tandwiel erin. Het mysterie van het leven daarentegen zit niet in het schepsel: het komt van buiten, van een niet-lokale plaats.

Evenzo kan een ziel niet worden ontmanteld om te begrijpen wat erin zit. Met 'ziel' bedoelen we natuurlijk een persoonlijkheid, een innerlijkheid, kortom dat complex van sensaties, ervaringen, vreugden en pijnen, herinneringen en hoop die bij ieder van ons horen, laten we zeggen de psyche.

De psychologie probeert op verschillende manieren de inhoud van deze donkere put te onderzoeken. In wezen zou de procedure echter altijd hetzelfde kunnen zijn: isoleer (demonteer) elke afzonderlijke emotie en plaats deze onder de lens van klinische analyse om de inhoud ervan te begrijpen.

De methode kan niet werken. Om de reden te begrijpen, stellen we ons de ziel voor als een zeer dunne textuur waarin alle delen bewegen, elkaar overlappen, verenigen of verdelen. Deze toestand vertalen we naar een poëtisch beeld: een bloemrijke weide. Laten we ons hier de ziel voorstellen als een grote uitgestrektheid gemaakt van grasprieten, bloemen, struiken, aardekorrels, wortels, insecten en al het andere dat deel kan uitmaken van een gazon.

Omdat het een immateriële ziel is, hebben alle delen geen echte substantie, ze zijn zo klein dat ze ongrijpbaar zijn, onzichtbaar voor het zicht.

Als we de delen van dit ideale gazon willen analyseren, moeten we te werk gaan zoals we in het laboratorium zouden doen om een elementair deeltje te onderzoeken.

Het onzekerheidsprincipe van Heisenberg.

Laten we eens kijken wat er gebeurt in de kwantumfysica als je een deeltje wilt "meten". In de macroscopische werkelijkheid (wanneer je bijvoorbeeld een amoebe wilt 'meten') zet je hem op een glaasje, besprenkel je hem met een contrastmiddel en verlicht je hem sterk met het licht van het apparaatje. Het resultaat dat verschijnt is een bloedlichaampje gekleurd met een kleur die er niet bij hoort, transparant met een transparantie die er niet bij hoort, maar toch een amoebe. Rekening houdend met het feit dat er verstoringen zijn van de onderzoeksmiddelen, weten we wat het is.

Als we echter een elementair deeltje, bijvoorbeeld een foton, willen onderzoeken, komt het onzekerheidsprincipe van Heisenberg om de hoek kijken. Wat betekent het? Dat het foton te klein is in vergelijking met de grofheid van de onderzoeksinstrumenten. Het foton, dat een kwantum van licht is, wordt "overweldigd" door het licht van het observatie-instrument terwijl het wordt waargenomen. Dat wil zeggen, het instrument vervormt het object dat men zou willen observeren. Dus dat foton ontsnapt aan de mogelijkheid om gecontroleerd te worden.

In feite weten we dat het foton geen "bolletje" is dat op een bepaalde plaats blijft en met een bepaalde snelheid beweegt. We weten niet precies waar dat foton is. Laten we zeggen dat het zich in een probabilistische situatie bevindt, dat wil zeggen, het kan hier of daar zijn, of op een andere plaats op hetzelfde moment: het is de wet van "overlappende toestanden". Als we het niet waarnemen, bevindt het foton zich tegelijkertijd in een groot aantal mogelijke toestanden.

Wanneer de onderzoeker besluit het te observeren, gebruikt hij geweld, om de hierboven beschreven redenen.Dan zou het foton "instorten" en in een bepaalde positie kristalliseren. Het verliest zijn probabilistische staat, dus wordt het iets anders.

Als ik mezelf kan uitleggen, als we een foton of een elektron of een ander elementair deeltje waarnemen, tonen onze instrumenten niet precies dat deeltje, maar iets anders.

Des te meer als we de meting herhalen, elke keer dat het deeltje instort in een van de eerder ingenomen probabilistische posities, dus als we hetzelfde deeltje meerdere keren waarnemen, toont dit deeltje zich telkens als iets anders dan alle eerdere waarnemingen.

Er wordt gezegd dat de waarnemer de werkelijkheid bepaalt.

De ziel als een kwantumwolk.

Laten we nu het concept van observatie op de ziel overbrengen. De ziel, die we ons als een weiland hebben voorgesteld, is te vergelijken met een grote kwantumwolk, gemaakt van deeltjes die absoluut kleiner zijn dan elektronen of fotonen. Alle deeltjes van deze wolk zijn golven die trillen in oneindige probabilistische posities. Om deze bijzonderheden te 'observeren' is het nodig ze in welomschreven posities te laten instorten. Maar zullen we slagen?

Als we de middelen gebruiken die de Schepping ons ter beschikking heeft gesteld, ja. Onze verbeelding, ons geweten, waarschijnlijk onze wil kan ingrijpen in de wolk, waardoor de verschillende delen instorten in de posities die passen bij het 'instrument' van observatie, zonder dat het instrument zijn aard vervormt, omdat het instrument ook psychisch is. Volgens Jungs gedachte is het instrument 'consubstantieel' voor het waargenomen deel.

Maar als een externe waarnemer (bijvoorbeeld een psycholoog) een deel van de ziel probeert te isoleren om het te observeren, zal deze externe invloed zo grof zijn dat de essentie van wat wordt waargenomen volledig wordt vervormd. Dat deel zal onverbiddelijk instorten in iets anders.

Een madeliefje kan zich bijvoorbeeld voordoen als een kever. Dan zou Sigmund Freud kunnen zeggen dat die kever (een klein monster dat niet op zijn plaats is) een onderdrukt seksueel verlangen is, als eerbetoon aan zijn theorie dat alles in de mens niets meer is dan een aanhangsel van de belangrijkste seksuele hulpmiddelen. Maar het was geen kever, het was eigenlijk een madeliefje!

In plaats daarvan zou Carl Jung zeggen dat die kever een symbool is van een spirituele wedergeboorte, als eerbetoon aan de theorie dat de archetypen die zijn geërfd van de oudste mythen zich in het onbewuste bevinden.

Misschien zou men door verschillende waarnemingen bloemen, insecten, vreemde wezens, geuren en smaken waarnemen, die slechts "andere dingen" zouden zijn in vergelijking met de werkelijkheid, en uiteindelijk zou worden geconcludeerd dat de waargenomen ziel een soep bevat die van dit onwaarschijnlijke is gemaakt " andere dingen".

Hoe ver weg is de realiteit!

Mephistofeles parafraserend, kunnen we zeggen dat elke poging om de ziel te onderzoeken "een hand vol inerte fragmenten voortbrengt die helaas alleen - helaas - enige verwijzing naar de ziel mist".

Kwantumparadoxen. Alle gewetens op het spel.

"Wigners vriend. Met andere woorden: de paradox van de dubbele waarnemer".

Zoals ik al in andere artikelen heb besproken, benadrukt het dubbelspletenexperiment het verontrustende gedrag van een deeltje en leidt het tot het gevolg dat bepaald gedrag van materie niet afhankelijk is van gedefinieerde wetten of causaliteit, maar van de wil van iemand die dat fenomeen waarneemt. Er wordt gezegd dat de waarnemer het gedrag van materie bepaalt.

Ik vat het dubbelspletenexperiment kort samen.

Er wordt een slagboom met twee sleuven geplaatst. Achter de slagboom bevindt zich een gevoelig scherm, dat geraakt wordt als er "iets" door de kieren gaat. In dit geval sturen we lichtfotonen door de barrière en wordt het gevoelige scherm samengesteld uit een fotografische film. Wanneer het foton de barrière passeert, botst het met de film en laat het een spoor achter.

Het experiment was bedoeld om te begrijpen of een foton vergelijkbaar was met een "bal" of dat het zich voortplantte als een golf en zich in de ruimte uitbreidde terwijl het zich van het startpunt verwijderde.

Als het foton een bloedlichaampje was geweest, zou het de ene of de andere spleet zijn gekruist en zou het een teken op de film hebben achtergelaten dat lijkt op dat van een kogel die uit een geweer wordt afgevuurd.

Als het foton daarentegen de vorm van een golf had gehad, zou het in de ruimte zijn uitgezet en beide spleten zijn gepasseerd, waardoor achter de vernauwing van elke spleet een nieuwe golfvorm ontstond. De golfvormen achter de barrière zouden zichzelf opnieuw hebben samengesteld, dat wil zeggen, ze zouden met elkaar interfereren. Op het scherm zou niet het scherpe teken van een kogel zijn verschenen, maar de tekening van de som van de twee interfererende golven.

Er werd zelfs opgemerkt dat er interferentie optrad, dus werd geconcludeerd dat het foton geen "klein balletje" was, maar "een golf".

Als de onderzoeker echter maar één spleet open laat, drukt het foton op het scherm de scherpe markering af die typisch is voor een kleine bal.

Dus een enkel foton dat door een spleet werd geduwd, gedroeg zich als een deeltje. Als het daarentegen naar twee open spleten was geduwd, zou het beide zijn overgestoken en zich als een golf gedragen.

Een nog vreemder gedrag deed zich voor toen de onderzoekers besloten een detector achter een van de twee spleten te plaatsen, om te begrijpen of het foton echt beide spleten kruist of alleen de bewaakte spleet. Hier zijn de resultaten:

Door beide spleten open te houden, gebeurt het dat:

a- Er is geen detector: het foton gedraagt zich als een golf en gaat door beide spleten.

b - Achter een spleet bevindt zich een detector: het foton gedraagt zich als een deeltje en passeert ALLEEN de spleet waarop de detector aanwezig is.

Er wordt gezegd dat in de aanwezigheid van het instrument het deeltje in een specifieke positie "instort": het verliest de onbepaalde golfkarakteristiek en neemt de specifieke van een deeltje aan

Dat is:

Als er geen detector is, kan het foton zich in elk punt van de golf bevinden, dat wil zeggen, zijn positie is niet te bepalen, het is probabilistisch. Het kan overal op de golf zijn.

Als er een detector is, "klapt" het foton in een bepaalde positie in, gedraagt het zich als een deeltje en passeert het de bewaakte spleet.

We zouden moeten denken dat het foton intelligent is, maar vooral weet hoe het de toekomst moet voorspellen: in feite, wanneer het wordt gelanceerd, WEET het niet of het een detector zal vinden en op welke spleet het het zal vinden, maar al vanaf de start het neemt het uiterlijk van een deeltje of golf aan om de situatie het hoofd te bieden.

Dit alles is verontrustend, maar een ander aspect is nog verontrustender:

De onderzoeker kan beslissen of hij de detector achter de spleet A of achter de B plaatst, en het foton, IN GEHOORZAAMHEID AAN DE KEUZE VAN DE EXPERIMEUR, wordt een deeltje en passeert de door hem vastgestelde spleet.

Uit dit experiment wordt de zekerheid afgeleid dat de waarnemer het gedrag van de waargenomen materie bepaalt. Dat wil zeggen, de waarnemer KAN het gedrag van materie bepalen.

Bewustzijn komt in het spel.

Er wordt meestal gezegd dat onze keuzes afhangen van onze wil, of ons geweten, of vrije wil, afhankelijk van de verschillende culturele benaderingen waar ik het hier niet over heb.

We zijn ons in ieder geval bewust van de keuzes die we maken, dus hier hebben we het over gewetenskeuze. In het bovengenoemde experiment kan het geweten van de waarnemer, op basis van zijn persoonlijke parameters, beslissen welk gedrag een bepaald deeltje moet aannemen.

Bewustzijn doet dit door het deeltje te observeren, wat in het experiment gebeurt door het opstellen van een observatie-instrument. Het instrument is slechts een aanhangsel van het bewustzijn van de waarnemer, dus het kan worden genegeerd door alleen naar de relatie te kijken: het bewustzijn van de waarnemer - deeltje.

Maar laten we even toegeven dat TWEE waarnemers die we Maria en Gianni noemen, dat wil zeggen twee verschillende bewustzijnen, hetzelfde foton waarnemen. Wie zal de ineenstorting van het foton, het bewustzijn van Maria of dat van Gianni hebben bepaald?

Deze paradox wordt "Wigner's vriend-paradox" genoemd als eerbetoon aan Eugene Wigner, een Hongaarse wetenschapper geboren in Boedapest op 17 november 1902.

De drie gidsen van het kwantumpad. Ziel, geest, geweten.

"De drie gidsen van het kwantumpad. Ziel, geest, geweten".

In niet-lokaliteit worden alle fenomenen die door de klassieke natuurkunde als onmogelijk worden beschouwd, mogelijk, ja zelfs gewoon. Profetie en voorspelling van de toekomst zijn gewone materie omdat er geen tijdsdimensie is. Het boek der eeuwigheid ligt wijd opengeslagen op dezelfde, enkele pagina.

Drie dimensies (of één?)

We leven ondergedompeld in drie verschillende maar niet te onderscheiden dimensies. De fysieke realiteit ketent ons, zoals gebeurt met de gevangenen in Plato's grot. Quantumrealiteit is een licht dat buiten de opening van de grot schijnt: het verblindt ons, we begrijpen het niet, maar we weten dat het bestaat. De zon die het licht daarbuiten genereert, is niet te zien of voorstelbaar. We hebben geen ogen om het te zien, maar we zijn er zeker van dat er anders zoveel licht vandaan zou komen?

De zon is de ultieme metafysische realiteit. We beginnen aan de reis van de diepte van de grot naar de ovens van de zon waar we voor de eeuwigheid zullen worden gesmeed. Net als in Dante's Goddelijke Komedie, zullen onze gidsen de grenzen tussen de ene realiteit en de andere niet kunnen overschrijden. De ziel, de nieuwe Virgil, zal ons naar de uitgang van de grot leiden. De geest, beminnelijke Beatrice, zal ons naar het licht leiden. Bewustzijn, onwaarschijnlijk St. Bernard, zal de deuren van de tijdloze verblijfplaats, de zon, voor ons openen.

Maar misschien verbergen de drie kenmerken een enkelvoudige entiteit. Misschien is de gids dezelfde, zij het in verschillende gedaanten. We vermoeden dat deze entiteit verschillende functionaliteiten zal aannemen, totdat hij aan het einde van de reis zijn mysterie ontrafelt. Onze laatste gids zal zelf een deel van de zon worden waarheen hij weer zal samensmelten, ons ook meeslepend. We zullen geen onoplettende prooi zijn, we zullen zijn als pelgrims die het doel van eeuwige verfrissing hebben bereikt. Alleen dan zullen we begrijpen dat onze unieke en veelzijdige gids, wat we als 'ons' bewustzijn beschouwden, helemaal niet van ons was. Ze waren de armen van de zon zelf, die zich van eeuwigheid naar ons uitstrekten.

Reis naar de materialistische fysica (macroscopische wereld)

De wereld van de materie wordt volgens afspraak weergegeven en begrepen in de wetten van de zogenaamde Newtoniaanse fysica. Tegelijkertijd wordt hij volgens de oude opvatting vertegenwoordigd door de metafysische dualiteit tussen lichaam en ziel.

De Newtoniaanse fysica wordt uitgedrukt in materie, de ziel drukt zichzelf uit voorbij de lichamelijkheid van de materie: ze is nauw verbonden met ons fysieke begrip van de wereld en is het verlengstuk dat ons in staat stelt onze vermogens tot uitdrukking te brengen. Deze vermogens zijn de "krachten" die verbonden zijn met de vijf zintuigen en met alle lichamelijke handelingen. Zelfs het zesde zintuig, intuïtie, is een kracht van de ziel omdat het wordt uitgedrukt door de ervaringen die zijn opgedaan in het sociale leven: intuïtie helpt ons bijvoorbeeld de beste keuzes te maken telkens wanneer bepaalde situaties worden herhaald: de intuïtie helpt ons om rond te komen, in ieder geval met zo min mogelijk schade.

Laten we voor de duidelijkheid een korte lijst maken van de essentiële kenmerken van de klassieke natuurkunde. (Het wordt ook wel "Newtoniaanse fysica" genoemd omdat het belangrijkste "corpus" van zijn wetten werd uitgewerkt door Isaac Newton).

LOKALISME. Het universum bestaat uit "dingen", dat wil zeggen materiële objecten. Elk "ding" kan in exact meetbare ruimtelijke dimensies (hoogte, lengte, breedte, gewicht, afstand, enz.) en in even meetbare temporele dimensies (voor, na, snelheid, begin, einde) worden geplaatst.

DE PIJL VAN DE TIJD. De temporele dimensie is gekoppeld aan de zogenaamde "pijl van de tijd". De tijd gaat altijd vooruit, van het verleden naar de toekomst, en het is mogelijk om elk "ding" op een exact punt op een chronologische schaal te plaatsen. De wet van het verstrijken van de tijd wordt "entropie" genoemd en kan worden weergegeven door het klassieke voorbeeld van tandpasta die niet terug in de tube kan worden gedaan. Alles, langs de pijl van de tijd, gaat richting wanorde en verval.

DE SNELHEID VAN HET LICHT. Concept geïntroduceerd door Einstein. Niets kan sneller bewegen dan de snelheid van het licht. (ongeveer 300.000 km per seconde).

DETERMINISME OF CAUSALITEIT. Het universum is een oorspronkelijk in gang gezet mechanisme (we weten niet hoe) waarbij elke gebeurtenis een oorzaak bepaalt. Als eeuwigdurende beweging niet onmogelijk was, zouden we kunnen zeggen dat het universum een grote eeuwigdurende beweging is. Elke gebeurtenis bestaat uit de verplaatsing van een "ding" of materie. Deze verplaatsing veroorzaakt een overdracht van energie van het bewegende object naar de objecten waarmee het botst, in het slechtste geval de lucht.

Laten we ons een pooltafel voorstellen. Eén oorzaak bepaalt de verplaatsing van een bal. De snelheid, richting en kracht van de bal zijn afhankelijk van de ontvangen stuwkracht. De stuwkracht brengt een hoeveelheid energie over op de bal: de bal verbruikt deze energie door te bewegen. Als het een andere bal raakt, wordt deze op zijn beurt opgeladen met energie en draagt het over aan een andere. Het hele universum, van sterrenstelsels tot atomen, bestaat uit "ballen" die bewegen door te botsen of elkaar aan te trekken en af te stoten dankzij krachten zoals zwaartekracht.

Daarom is volgens het determinisme het functioneren van het universum absoluut voorspelbaar en berekenbaar, en in feite doen we dat. Als we een satelliet de ruimte in sturen, weten we precies wat zijn baan zal zijn en waar hij zal zijn over x aantal jaren, dagen, uren en minuten. Dit geweldige mechanisme werkt perfect zonder de noodzaak van God, zoals de astronoom Laplace tegen Napoleon zei.

In deze context is onze Virgilius, de ziel, behoorlijk voorspelbaar omdat hij met vertrouwen kan bewegen. Een goede psychoanalyticus kan in ieder geval de oppervlakte van onze ziel lezen, omdat hij ons in een redelijk precieze levenscontext kan plaatsen. Soms "moeten" onze levenskeuzes precies zijn wat we maken. Een beetje alsof we weten wat onze hond zal doen als we een tak of een koekje gooien.

Reis naar de kwantumfysica (subatomaire wereld)

De ontdekkingen van de vorige eeuw, ondersteund door experimenten die ze onbetwistbaar maken, laten ons kennismaken met de realiteit van het extreem kleine, dat de ineenstorting van een oneindig kasteel van zekerheden veroorzaakt. Kwantumfysica is van toepassing op werkelijkheden die kleiner zijn dan de grootte van een atoom. Dus protonen, neutronen en elektronen, maar ook een immense dierentuin van deeltjes met de vreemdste namen, die nog steeds ontdekt worden.

ONBEPAALDHEID. Newtoniaanse fysica stelt dat het universum uit "dingen" bestaat, de kwantumfysica weerlegt dit concept. Kwantumobjecten zijn niet erg kleine "dingen", van het soort kleine balletjes die rond iets grotere balletjes draaien, zoals ze meestal worden weergegeven. Kwantumobjecten kunnen inderdaad "ballen" (deeltjes) of golven zijn. Het zijn meestal golven. Een golf is een "bereik van posities" verspreid in de ruimte. Het deeltje of de bal kan zich in elk van de mogelijke posities op de probabilistische golf bevinden. Laten we zeggen dat de "punt" veel kansen heeft om in één positie te zijn, maar tegelijkertijd veel andere kansen heeft om in een andere positie te zijn.

Als we het niet waarnemen, bevindt de stip zich in geen enkele positie maar tegelijkertijd in alle mogelijke posities. Je hebt gelijk: de bal kan "tegelijk" in een zeer groot aantal posities liggen. Als je het leuk vindt, kun je zeggen dat het de gave van alomtegenwoordigheid heeft. Als u echter besluit de situatie te forceren en de golffunctie met een geschikt instrument te observeren, dan worden alle punten één en worden ze gefixeerd in de positie die u waarneemt. Maar als je even wegkijkt en de meting opnieuw doet, vind je niet meer het deeltje waar het de eerste keer instortte, maar in een andere positie.

Het betekent dat terwijl je dacht dat je het deeltje had laten "instorten" op het observatiepunt, het bleef bewegen in de waarschijnlijkheidsgolf.

Daarom moet een mythe worden verdreven: het atoom is geen klein zonnestelsel, maar een kluwen die bestaat uit een trillend "niets". Het deeltje is erg opportunistisch: het kan in bepaalde situaties als "materie" verschijnen, maar normaal gesproken lijkt het meer op een "accumulatie van energie".

LOCALISME Onzekerheid (principe van Heisenberg) ontkracht de zekerheden van lokalisatie volledig. Het is niet meer mogelijk om alle waarden van een object exact en gelijktijdig te berekenen, dus er is geen zekerheid meer in zijn gedrag.

HET ALAIN ASPECT-EXPERIMENT. In de jaren tachtig toonde een Franse wetenschapper, Alain Aspect, het bestaan aan van een absoluut ongelooflijk fenomeen, kwantumverstrengeling. In feite demonstreert het experiment de verstrengeling die onder bepaalde omstandigheden tussen twee deeltjes ontstaat. De allereerste versies van het experiment isoleerden twee fotonen van licht en verkregen ze uit de dubbele kwantumsprong van een elektron. Omdat ze door dezelfde gebeurtenis werden gegenereerd, waren de twee fotonen complementair, volgens een kenmerk dat spin wordt genoemd. Op een heel ruwe manier, om ons te begrijpen, laten we zeggen dat de een naar rechts draait en de ander naar links.

Door de twee fotonen op elke afstand te verplaatsen, gebeurt het dat als een van de twee de rotatie omkeert, de andere dit tegelijkertijd doet. Let op, we zeiden "gelijktijdig", niet het een als gevolg van het ander. Dat wil zeggen, als hier, in een laboratorium, een experimentator de rotatie van het eerste foton omkeert, terwijl het andere foton, zelfs aan de rand van de melkweg, zijn rotatie omkeert.

Dit is in tegenspraak met en breekt met verschillende wetten van de klassieke fysica.

DETERMINISME OF CAUSALITEIT. Het tweede foton keert zijn rotatie niet om NADAT het eerste het heeft omgekeerd, maar op precies hetzelfde moment. Het is geen kwestie van actie en reactie, maar van een absoluut synchrone gebeurtenis. Deze gebeurtenis verklaart dat determinisme, of causaliteit, niet van toepassing is op het hele universum.

DE PIJL VAN DE TIJD. We weten dat in de klassieke natuurkunde alle krachten verzwakken met de afstand. Bijvoorbeeld de zwaartekracht, die krachtig genoeg is om de maan rond de aarde te houden, maar bijna totaal inefficiënt ten opzichte van de satellieten van een mogelijke planeet uit een ander sterrenstelsel. Op welke afstand het tweede foton zich ook bevindt, het "signaal" van de op handen zijnde inversie van het eerste omvat het zonder enige verzwakking. Bovendien reist deze "informatie", die eigentijds is, zeker sneller dan het licht. De twee gebeurtenissen worden niet op twee verschillende punten langs de tijdpijl geplaatst, omdat ze gelijktijdig zijn.

LOKALISME. Hoe wordt de informatie op een eigentijdse manier overgedragen tussen de twee fotonen? Aangezien fotonen in de ruimte gescheiden zijn, moet de informatie die ruimte overschrijden om met elkaar te verbinden. Wat voor ruimte is het? Het is zeker geen fysieke ruimte, anders zouden de wetten van de fysica onmiddellijkheid verhinderen. De officiële wetenschap heeft met veel pijn moeten toegeven dat er een niet-fysieke ruimte bestaat. Deze ruimte wordt "niet-lokaliteit" genoemd. Maar als het geen fysieke ruimte is, wat zou het dan anders kunnen zijn dan een psychische ruimte? In feite is alleen een psychische ruimte niet onderworpen aan de wetten van de klassieke fysica.

Hier leidde Beatrice ons de kwantumrealiteit binnen: kwaadwillig, een beetje zichzelf tonend en een beetje verbergend, verleidde ze ons om haar te volgen in dit mysterie waarvan we alleen begrijpen dat veel dingen onbegrijpelijk zijn. Op de drempel van de niet-lokaliteit heeft Beatrice ons overgeleverd aan de hoogste gids, die van de niet-lokale dimensie. Zelfs onze geest, die ook gewend is te reizen in de ondoorgrondelijke werkelijkheid, stopt hier. In feite zijn de krachten van de geest intelligentie en wil, maar deze zijn niet voldoende om te onderzoeken wat niet onderzocht kan worden.

Reis naar niet-lokaliteit (metafysische wereld)

Over deze realiteit valt niet veel te zeggen. Het is een realiteit die we noch met de ziel noch met de geest kunnen begrijpen.

Er is hier geen tijd of ruimte, er is geen voor en na: alles is "nu", maar tegelijkertijd is het "altijd" en "nooit".

Ze bestaan niet hier en daar, hoog en laag: alles is "aanwezig" en tegelijkertijd "afwezig".

In niet-lokaliteit worden alle fenomenen die door de klassieke natuurkunde als onmogelijk worden beschouwd, mogelijk, ja, gewoon. Profetie en voorspelling van de toekomst zijn gewone materie omdat er geen tijd is. Het boek der eeuwigheid ligt wijd opengeslagen op dezelfde, enkele pagina.

In niet-lokaliteit worden telepathie, voorgevoelens en alle verschijnselen die normaal paranormaal worden genoemd, normaal, inderdaad gewoon.

Als de mens de mysteries van niet-lokaliteit zou begrijpen, zou hij waarschijnlijk dicht bij het goddelijke zijn. Iemand belooft het:

> "Nu zien we als in een spiegel, op een verwarde manier; maar dan zullen we het van aangezicht tot aangezicht zien. Nu ken ik onvolmaakt, maar dan zal ik volmaakt weten, zoals ook ik bekend ben" (Bijbel, 1 Kor.)

We hebben een hogere gids nodig, de ultieme gids, wat we bewustzijn noemen. Bewustzijn is iets waarvan we de naam kennen, maar waarvan we de exacte functie niet kennen, we weten zelfs de geschatte functie niet.

Misschien is bewustzijn, zoals gezegd, iets totaal buiten ons. Misschien is het geweten niet eens "van ons". Misschien is bewustzijn slechts de op ons gerichte straal van een immens wiel dat volledig 'anders' is dan wij, een 'wereldwijde kennis' waarvan het waanzin zou zijn om eigenaar te worden.

Bewustzijn als basis van het zijn.

"Bewustzijn als basis van het zijn. Het probleem van de waarnemer".

Welke waarnemer bepaalt de werkelijkheid?

Volgens de klassieke natuurkunde bestaat het universum uit materiële objecten.

In plaats daarvan wordt materie in de kwantumvisie niet langer beschouwd als een 'vast object', wat voor 'ding' het ook is.

De kwantumfysica berekent wat de mogelijke gebeurtenissen zijn die een deeltje, bijvoorbeeld een elektron, zullen beïnvloeden. Met gebeurtenis bedoelen we de positie, de snelheid, enz. Het kan ook berekenen wat de kans is dat een gebeurtenis plaatsvindt, maar hier moet het ophouden. Hij kan niet met zekerheid voorspellen hoe het evenement effectief zal worden. Zoals ik in veel eerdere berichten heb geïllustreerd, volgt de gebeurtenis noodzakelijkerwijs op een observatie. Bij elke nieuwe waarneming zal de gebeurtenis echter anders zijn. Daarom is er in de kwantumfysica geen zekerheid, alleen waarschijnlijkheid.

Zoals bekend creëert observatie (meting) de "instorting" van de golffunctie die het deeltje vertegenwoordigt. Na de ineenstorting is het elektron niet langer een trillende golf, waarbij alle posities waarschijnlijk zijn en gelijktijdig bestaan, dankzij het superpositieprincipe. Observatie condenseert alle mogelijke posities in één, en het elektron "stort" in de vorm van een deeltje in die ene positie. Bedenk dat de tussenkomst van een waarnemer noodzakelijk was, anders zou de ineenstorting niet hebben plaatsgevonden en zou het elektron niet als deeltje hebben bestaan, maar alleen als een waarschijnlijkheid.

(Overigens zijn dit geen filosofische speculaties maar wetenschappelijk bepaalde realiteiten)

Ik herinner me ook dat het heelal uit deeltjes bestaat. Alle deeltjes moeten worden waargenomen om als materie te bestaan, daarom heeft het hele universum een waarnemer nodig.

Deze realiteit is typerend voor het subatomaire niveau. Daarom de veronderstelling dat:

"Dus, als je niet observeert (kijk) bestaat de maan niet?"

zo veel aangekondigd door de denigrators van de kwantumfysica, is het simplistisch en ongepast, omdat het een realiteit ten opzichte van het oneindig kleine van het subatomaire niveau naar het macroscopische niveau verplaatst.

Evenzo zou de relativiteitstheorie kunnen worden betwist, volgens welke degenen die sneller reizen minder oud worden, en het voorbeeld van de ene man te voet en de andere op de fiets naar voren brengen. De vraag zou zijn:

Hoe is degene op de fiets jonger aan het einde van de cursus?

Natuurlijk is de te gebruiken snelheid die van het licht, niet die van een fiets. Einstein zou zijn rug toekeren en weglopen met zijn handen in zijn haar.

Wie is de waarnemer?

Als eenmaal zonder twijfel is vastgesteld dat observatie de kwantuminstorting veroorzaakt, rijst de vraag: in het laboratorium is de waarnemer ongetwijfeld de wetenschapper die het experiment uitvoert. Maar in de natuur, in de wereld, in de intimiteit van het functioneren van de dingen, wie is de waarnemer? Wie is in staat om de golffunctie van een deeltje te laten instorten zodat een vage reeks waarschijnlijkheden een reële en meetbare gebeurtenis kan worden, dat wil zeggen een deeltje dat zich in de huidige tijd en ruimte bevindt?

Het antwoord is simpel en gebaseerd op een feit. De agent die de mogelijkheid in realiteit omzet, is het geweten. Het valt niet te ontkennen dat elke keer dat we een object observeren, we zijn enige huidige rangschikking zien: appel, stoel, vel papier. We zien zeker niet het hele spectrum van bestaande kansen in zijn golffunctie.

Hieruit volgt dat bewuste waarneming voldoende is om de ineenstorting van de probabilistische golffunctie in de door de zintuigen waargenomen werkelijkheid te bepalen.

De bevestiging van een beroemde wetenschapper.

John Von Neumann wordt beschouwd als een van de grootste wiskundigen in de moderne geschiedenis en een van de meest vooraanstaande wetenschappelijke persoonlijkheden van de 20e eeuw. Hij is verantwoordelijk voor fundamentele bijdragen op tal van kennisgebieden, zoals de verzamelingenleer, functionele analyse, kwantumfysica, economie, informatica, speltheorie en vele andere gebieden van de wiskunde.

Nu, zoals bekend is, terwijl het concept van de ineenstorting van de golffunctie werd geïntroduceerd door Werner Heisenberg als onderdeel van zijn "onzekerheidsprincipe", is de wiskundige formulering van de ineenstorting te wijten aan John von Neumann. (zie Paffuti Giampiero, Notes on the birth of quantum mechanics, Pisa University Press, 2013).

Von Neumann betoogde decennia geleden dat bewustzijn een "noodzakelijke voorwaarde" is voor kwantuminstorting.

Zijn redenering is elementair. Alle materie is onderworpen aan de regels van de kwantumfysica. Het is waar dat we een kwantuminstorting in het laboratorium kunnen creëren, maar als we dat doen, wordt het instrument dat wordt gebruikt voor de meting onderdeel van een grotere waarschijnlijkheidsgolf, die het gemeten object en het meetinstrument omvat. Daarom is een waarnemer nodig die absoluut buiten het systeem staat om de ineenstorting te genereren. Voor Von Neuman kan deze externe waarnemer alleen 'bewustzijn' zijn, omdat alleen bewustzijn echt extern is. In feite is het hele materiële universum één groot systeem.

De onvermijdelijke geschillen.

Natuurlijk, ondanks het bewijs en de geloofwaardigheid van het personage, maakte de materialistische wetenschap onmiddellijk haar bezwaren. In de westerse wereld is de betekenis van het geweten vanaf de Verlichting altijd verminderd en gekrenkt. Volgens materialisten is het niet mogelijk voor het bewustzijn om de werkelijkheid in te storten, aangezien het bewustzijn geenszins buiten het systeem staat. Bewustzijn is volgens hen niets meer dan een bijverschijnsel van de hersenen, dat wil zeggen van de materie. In wezen zou bewustzijn een onechte creatie van hersenchemie zijn, een illusie, dus het zou nooit "buiten het systeem" kunnen zijn.

Het denken van de spirituele meesters van alle tijden en over de hele wereld heeft echter een absoluut waardigere kijk op het geweten. Bewustzijn is de basis van het zijn, het bestaat uit een transcendente en naar zichzelf verwijzende werkelijkheid.

Een nieuw uitzicht.

Bewustzijn dat als de basis van het zijn wordt beschouwd, verschuift "het centrum van het universum" van de materialistische visie naar een spirituele visie. Wanneer het primaat bij het bewustzijn ligt in plaats van bij de materie, behoudt de materie zijn vermogen om mogelijkheden en waarschijnlijkheid te bepalen, maar uiteindelijk is het bewustzijn dat de werkelijkheid creëert. In feite doordringt bewustzijn de werkelijkheid met zijn creatieve ontwerp waarvan de materie niet eens droomt te bezitten.

Een benadering gebaseerd op het primaat van het bewustzijn zou de wetenschap verzoenen met alle spirituele tradities en zou een benadering zijn die zowel de redenen van de materie als die van de geest omvat.

Het ego en het kwantumzelf.

"Het mysterie van het geweten. Het ego en het kwantumzelf".

De Upanishads (Indiase religieuze en filosofische teksten) bevatten een metafoor die onze dubbele menselijke natuur beschrijft. De tekst verwijst naar twee vogels met dezelfde naam, altijd verenigd aan dezelfde tak van dezelfde boom. Terwijl de een echter zoet en bitter fruit pikt, kijkt de ander om zich heen zonder te eten. De vogel die zoete en bittere vruchten eet, vertegenwoordigt het ego. Hij ziet zichzelf als een individualiteit, een apart onderdeel in een gefragmenteerde wereld, en zijn kracht ligt in deze afgescheidenheid. De andere daarentegen is de Atman of universele geest, het principe van eenheid dat in ons is.We zullen het het kwantumzelf noemen.

Wij, naar ons begrip, identificeren ons door twee "momenten" te onderscheiden. Ten eerste voelen we meer affiniteit met ons diepste deel, het kwantumzelf. Ten tweede identificeren we ons met het Ego, de protagonist van beperkte keuzes en van onze persoonlijke geschiedenis.

De krachten van het Ego kunnen worden gedefinieerd als de continue, de vastberaden, de lineaire, de lokale, de persoonlijke, klassieke logica, redenering.

De krachten van het kwantumzelf kunnen worden gedefinieerd als Creativiteit, het Discontinue, het Synchrone, het Holistische, het Niet-lokale.

Deze dualistische natuur heeft een diepgaande invloed op de manier waarop spiritualiteit zich in ons en op ons pad van innerlijke groei manifesteert. Abraham Maslow en Roberto Assagioli, experts in experimentele psychologie, ontwikkelden het concept van een 'transpersoonlijk zelf' dat verborgen zou zijn onder het 'gedrags-ego'.

De term 'transpersoonlijk' werd voor het eerst gebruikt door Roberto Assagioli, de schepper van psychosynthese, en later door Carl Jung, en duidt op dat deel van onze psyche dat verder gaat dan onze individuele persoonlijkheid.

Transpersoonlijke psychologie bestaat dus uit een benadering die zich bezighoudt met de studie en cultuur van spiritualiteit en spirituele ervaringen in een psychologische context.

In de diepten van onze keuzes en acties zou er een deel van onszelf zijn dat niet uit onszelf voortkomt en waarvan we geen eigenaar zijn.

Desondanks zijn het ego en het kwantumzelf geen dualistische realiteit, zoals twee afzonderlijke vogels zouden kunnen zijn. De twee vogels zitten op dezelfde tak: de ene voltooit de andere, sommigen eten en sommigen beschouwen de wereld. In feite zijn het twee aspecten van hetzelfde bewustzijn, dat wil zeggen twee manieren waarop bewustzijn ons in staat stelt ons te identificeren.

In de identificatie van ons bewustzijn met het kwantumzelf vinden we creativiteit, keuzevrijheid, eenheid en vreugde, één-op-één relaties en liefde.

In de identificatie van ons geweten met het ego, scheiding en angst, dogmatische kooien en gedwongen compromissen, domineren egoïsme.

Twee noodzakelijke identificaties.

De noodzaak van de twee identificaties wordt duidelijk als we bedenken dat het kwantumzelf geen 'vaste' wortels heeft om op te steunen, noch 'armen' om zijn krachten kracht bij te zetten. Het kwantumzelf is verstoken van vaste punten en moet ze vinden om zich uit te drukken.

Hij kan ze alleen in het Ego vinden. Het Ego is essentieel om creatieve inspiratie manifest te maken, te realiseren en met redenering te verbeteren. Elke realisatie consolideert de grond zodat elke volgende creatieve inspiratie van het kwantumzelf kan worden omgezet in vooruitgang van 'beschaving', zelfs als de vooruitgang vaak geen burgerlijke inhoud heeft. Zie bijvoorbeeld het ontwerp van nieuwe wapens.

In dit opzicht is het mogelijk om Eden te beschouwen, het primitieve stadium van de mensheid. Adam en Eva leefden gelukkig in totale identificerende eenheid tussen ego en kwantumzelf, maar ze waren niet menselijk genoeg. Een hap van de appel geplukt van de boom van kennis van goed en kwaad was de oorsprong van alles. Het kwantumzelf en het ego waren in staat om te 'weten', ze werden zich bewust van hun afgescheidenheid. Hun verschillende functies zetten het mechanisme van het pad van de beschaving in gang, bestaande uit pijnlijke delen en brood verdiend door het zweet des aanschijns.

Elke religie interpreteert dit begin anders.

Het christendom ziet "erfzonde" in het verhaal van Eden. Vanuit dit oogpunt vindt het spirituele pad plaats door pijnlijk de primitieve staat van eenheid in God, of in een onverdeeld bewustzijn, te herinneren. Dit wordt gevolgd door actief berouw en tenslotte de terugkeer naar volmaaktheid in het nieuwe Paradijs. Waarom

> "... wanneer Jezus terugkeert, zullen we zijn zoals hij, omdat we hem zullen zien zoals hij werkelijk is." (Bijbel, 1 Joh 3)

In plaats daarvan wordt in het hindoeïsme de progressieve aard van afgescheidenheid uitgedrukt in het concept van de vier 'yuga's' of tijdperken. De vooruitgang van beschaving en technologie ontvouwt zich tussen het "datya-yuga" en het "kali-yuga".

Afscheiding overal.

Beschaving is een effectief paradigma van afgescheidenheid, met duidelijke verschillen tussen de verschillende methoden om vooruitgang te verwezenlijken, tussen degenen die het voortbrengen en degenen die ervan genieten.

Zelfs wetenschap en religie worden meer dan ooit gescheiden door de nieuwe concepten van 'heilig en profaan', terwijl alles heilig zou moeten zijn. Wanneer we aan een spirituele reis van "eenheid" beginnen, worden we aanvankelijk gegrepen door een gevoel van angst. We zijn bang om iets op te moeten geven, maar we weten niet precies wat, omdat er niets ontbreekt in eenheid.

In het christendom wordt de gevoelige wereld waarin we leven gedefinieerd als de heerschappij van de Prins van de wereld. Het boeddhisme beschrijft de wereld ook als een ongemakkelijke situatie, of "dakka". Alle spirituele tradities gaan als basis uit van een negatief vooroordeel jegens "de wereld".

Met grotere kracht moet worden overwogen dat de afgescheidenheid die we van binnen dragen, de verschillende functies van het ego en het kwantumzelf, functioneel zijn om te ervaren en onmisbaar zijn in de ontwikkeling van goddelijke doeleinden, impliciet in ons bestaan zelf.

De moderne wetenschap verergert het probleem door het doel van een "meritocratische" afgescheidenheid na te streven en daarom gebaseerd op individualiteit, de meest verschrikkelijke scheiding. Zelfzuchtig materialisme is logisch in deze visie. Natuurlijk vergeet de materialistische wetenschap dat creativiteit geen product is van intelligentie, maar een exclusief voorrecht van het kwantumzelf.

Ook volgens voorstanders van materialisme is alles wat geen massa heeft een ongewenst bijproduct van fysieke materie.

Bewustzijn, gedachten, gevoelens, liefde of medelijden zijn bijkomstige, "onechte" manifestaties van materie, en hun aanwezigheid of afwezigheid heeft geen invloed op de verklaring van echte verschijnselen. Verschijnselen kunnen alleen bestaan als ze fysiek gerelateerd zijn aan de materie zelf. Spiritualiteit en alle mentale verwerkingen zijn afvalproducten van de chemische processen die plaatsvinden in de hersenmaterie. De ware godin van het universum is wiskunde.

De onvolledigheid van Godel.

Zoveel wetenschappelijke veiligheid wordt onmiddellijk door de wetenschap zelf in twijfel getrokken. Kurt Friedrich Gödel was een Oostenrijkse genaturaliseerde Amerikaanse wiskundige, logicus en filosoof, vooral bekend om zijn werken over de onvolledigheid van wiskundige theorieën.

De stelling die zijn naam draagt, zegt eigenlijk één ding. Elk algoritmisch systeem dat wordt gebruikt om een wiskundig principe te testen, is onvolledig of tegenstrijdig, omdat het onverbiddelijk een deel zal bevatten dat niet kan worden bewezen.

Dit gebeurt wanneer het algoritme voldoende is uitgewerkt.

Fysische wetten zijn ook wiskundig. Daarom zijn ze gebaseerd op wiskundige algoritmen die onvermijdelijk een deel bevatten dat niet logisch kan worden aangetoond, maar dat wel werkt.

Dit betekent dat wanneer een wiskundige een algoritme bedenkt, hij op een gegeven moment uit het logische systeem moet komen om een wiskundige waarheid vast te leggen die logica en bewijs overstijgt.

Deze waarheid bestaat al, maar kan niet "gevangen" worden in de formule. De werkelijkheid wordt instinctief waargenomen en gebruikt zonder deze "systematisch" te kunnen maken.

Daarom, als de wetten van de fysica het gedrag van materie sturen, moet worden erkend dat ze a priori bestaande elementen bevatten die de materiële wereld overstijgen.

Dit idee wordt 'wiskundig platonisme' genoemd, omdat Plato al had aangevoeld dat het gedrag van de materiële wereld onderhevig is aan wiskundige symbolen die niet tot de logische procedure behoren, maar tot de archetypische wereld.

Integratie tussen wetenschap en spiritualiteit.

Dit kan alleen gebeuren in de context van het begrip dat wetenschap en spiritualiteit alleen niet effectief zijn. Geen van beide is compleet, omdat geen van beide, alleen, de ontwikkeling van creativiteit mogelijk maakt.

Creativiteit bestaat uit vier hoofdfasen:

- voorbereiding (behoeften onderzoeken en 'bewaren' wat al bekend is);
- incubatie (onbewuste verwerking van alle mogelijkheden of kansen);
- intuïtie (een discontinue ervaring, de Archimedische "eureka", de kwantum "instorting")
- het evenement (tegenwoordig zouden we zeggen de industrialisatie van een product).

De eerste en laatste fase zijn processen die in wezen op het ego zijn gebaseerd. Omgekeerd kunnen de tweede en derde fase alleen voortkomen uit het kwantumzelf.

Incubatie, als een onbewuste verwerking van een behoefte, produceert een golf die bestaat uit oneindige superposities van waarschijnlijkheden, dat wil zeggen van mogelijke oplossingen.

Creatieve intuïtie is het oog van de waarnemer dat de meest geschikte van alle waarschijnlijkheden identificeert en ervoor zorgt dat de kwantuminstorting erop valt: dit is de enige overgebleven mogelijkheid, het verwerft "lichaam" en stelt je in staat om naar de volgende fase te gaan.

Creativiteit is daarom de vruchtbare ontmoeting tussen het ego en het kwantumzelf. Deze ontmoeting kan plastisch worden afgebeeld met het beeld van de vingers van God en Adam die zich tussen hen uitstrekken in het Michelangelo-fresco in de Sixtijnse Kapel.

De ontwikkeling van creativiteit is daarom het bereiken van het uiteindelijke doel van de menselijke conditie, de perfecte hereniging van het Ego en het Zelf in een "nieuw Eden", dat wil zeggen de terugkeer van ons individuele bewustzijn naar het "kosmische bewustzijn". . Eindelijk, na veel gepraat, kunnen we uit de technische verhandelingen komen door toe te geven dat 'ego' en 'kwantumzelf' in deze context immers gelijkgesteld kunnen worden met de meer bekende concepten van ziel en geest.

De aartsengel Raphael en de vis.

"Als een vreemd toeval synchroniciteit wordt. Het kleine vliegende standbeeld".

Jung had de verdienste dat hij de eerste was die wetenschappelijk het fenomeen van vreemde toevalligheden bestudeerde waarvan niemand het bestaan kan ontkennen, en ook geschikte hulpmiddelen aanreikte om te begrijpen wanneer een toeval als significant of "numineus" kan worden beschouwd, en zo een synchroniciteit werd . Natuurlijk is het nodig onderscheid te maken tussen toevallige toevalligheden en synchronistische toevalligheden. We kunnen vaststellen dat sommige toevalligheden deel uitmaken van het dagelijks leven en voortkomen uit de overlap en verwevenheid van onze activiteiten met die van de wereld om ons heen: hun kenmerk is dat we ze als vanzelfsprekend beschouwen en ons niet zoveel betrekken of interesseren.

De laatste daarentegen openen een enorm venster op het landschap van mysterie en laten ons kennismaken met werelden waarvan we nooit hadden vermoed dat ze bestonden. Achter elke synchroniciteit zijn er hele onbekende universa om te verkennen, en immense wijsheid die toegankelijk is. Helaas hebben we geen ogen die geschikt zijn om deze panorama's te ontcijferen, noch kennen we de taal waarmee synchroniciteiten met ons proberen te communiceren. Er zijn problemen van harmonie tussen onze geest en de geest die synchroniciteiten voor ons voorbereidt.

Een klein standbeeld dat uit het raam vliegt.

Remigia, de oude bediende van de kerk van de Heilige Aartsengelen, observeerde opnieuw het meisje dat, zoals vaak gebeurde, knielde op de laatste bank na binnenkomst, tijdens de uren dat er geen functies waren gepland. Remigia zag het meisje altijd zeer verzameld in gebed, maar ze merkte ook de droevige uitdrukking van de jonge vrouw op. Die dag meende ze echter ook een traan te zien glinsteren, dus, bewogen door haar natuurlijke goedheid maar ook door een zekere nieuwsgierigheid, wachtte ze tot de jonge vrouw opstond en toen ze wegging kwam ze dichterbij terwijl ze probeerde een toespraak te houden, om de reden van zijn ongemak te achterhalen. Het is hem gelukt. Door een hartelijke uitwisseling van gedachten en meningen kreeg hij zijn vertrouwen: het meisje, dat Sabina heette, nu al op leeftijd, zou heel graag een vriendje hebben willen vinden en een gezin willen stichten, maar kon deze droom niet verwezenlijken. Remigia troostte haar en gaf haar zo goed mogelijk advies. Plotseling herinnerde Remigia zich dat naast haar taken als bediende ook de verkoop van souvenirs behoorde. Daarom dacht Remigia dat het het beste was om eindelijk een klein beeldje van San Raffaele, een van de drie Aartsengelen, kwijt te raken, dat jarenlang onverkocht achter het glas had gestaan.

"Zie Sabina - zei hij, haar naar het kabinet leidend - ik zou je willen aanraden elke dag te bidden tot St. Raphael, die precies de beschermer is van verloofde paren en echtelijke liefde. In feite, zoals je kunt zien in dit beeldje, dat een kopie is van een zilveren origineel bewaard in Napels, wordt de aartsengel afgebeeld met een jonge man en een vis aan zijn zijde. De jonge man heette Tobias en hij was op reis gegaan om te trouwen met een jonge vrouw die Sara heette. Helaas was Sarah bezeten door de duivel Asmodeus: elke keer dat ze trouwde, stierf haar man op de huwelijksnacht, en dit was al zeven keer gebeurd.

Onze jongeman wist echter niet dat hij de achtste zou worden.

Tijdens de reis werd Tobias vergezeld door de aartsengel Raphael. Tijdens een stop op de reis kwam Tobias te dicht bij de oevers van een rivier en werd aangevallen door een grote vis. Raffaele hielp hem hem te doden en zei hem zijn lever eruit te halen en te bewaren omdat het hem geluk zou brengen.

Tobias arriveerde op zijn bestemming en bereidde zich voor om de bruiloft te vieren, terwijl zijn schoonvader ook al het graf voor hem aan het voorbereiden was. Maar deze keer was de put niet nodig. Met de bescherming van Raphael bracht het paar de eerste nacht door in gebed en verbrandde langzaam de lever van de vis om een heilzame rook te verkrijgen. Op deze manier versloegen de echtgenoten de duivel, was Sara vrij en leefden ze lang gelukkig.

Mijn beste Sabina, ook jij kunt vertrouwen op Raffaele. Zet dit beeldje thuis en zeg het gebed dat ik je elke dag geef. Je zult zien dat de Aartsengel je spoedig te hulp zal komen.

Bedenk eens, Sabina, dat nog steeds, in Napels, veel meisjes het standbeeld van de aartsengel gaan bezoeken om te krijgen wat je wilt "

Sabina stemde toe, kocht het beeldje, zette het op een kast in het huis en bad elke dag haar gebed. Een week, een maand, drie maanden...

Tot hij in de vierde maand, in een moment van bijzondere wanhoop, het beeldje pakte, er met minachting naar keek en mompelde: "Wat Sint-Raphaël! Hij helpt mij ook niet!"

Terwijl hij dit zei, gooide hij het kleine beeldje uit het raam.

Na een paar minuten hoorde hij de deurbel gaan. Hij opende het en hij werd geconfronteerd met een voorname heer die, met enige verlegenheid, zei:

"Neem me niet kwalijk, ik zag dit beeldje uit een raam vallen, ik denk dat het uit dit appartement kwam, dus ik dacht ik breng het terug."

Sabina, verbaasd, liet hem gaan zitten, bood een koffie aan, ze praatten over dit en dat en hoorden dat deze vriendelijke heer Giulio heette en dat hij celibatair was. Ze besloten elkaar weer te ontmoeten, gingen toen verschillende keren uit en trouwden uiteindelijk.

Waar begint in Sabina's geval het toeval, of beter gezegd, de reeks toevalligheden? Begint het toeval wanneer het meisje besluit om elke dag naar de kerk van de Heilige Aartsengelen te gaan, of wanneer Remigia, geïntrigeerd, Sabina's vertrouwelijke gegevens verzamelt? Begint het toeval wanneer een beeldje jarenlang onverkocht blijft, of wanneer Giulio onder Sabina's raam doorloopt, net als ze het beeldje weggooit?

Dit zijn veel feiten, niet met elkaar verbonden en nogal verwaterd in de tijd, maar als we ze allemaal samen beschouwen, krijgen ze een "zin", dat wil zeggen, ze worden "belangrijk": als geheel bouwen ze een synchroniciteit op.

"Belangrijk" betekent: "wat impliceert", "een betekenis uitdrukt", "die het teken vormt", "de aanduiding van iets", "welsprekend", "opmerkelijk", "relevant".

"Numinoso" duidt in plaats daarvan op een gebeurtenis omgeven door een aura van heiligheid, die tegelijkertijd angst en eerbied oproept.

In ons geval komt de heiligheid natuurlijk niet voort uit de omstandigheid dat we het hebben over het standbeeld van een heilige, maar heeft het een bredere betekenis, dat wil zeggen, het impliceert dat het bijzondere eerbied verdient en in staat is om spirituele angst op te wekken.

Dit verhaal is ontleend aan de Bijbel, precies uit het Boek van Tobias, dat uit 14 hoofdstukken bestaat die het verhaal van de Jood

Tobi vertellen, dat zich afspeelt in de achtste-zevende eeuw. Gedeporteerd door de Assyriërs, wordt Tobi blind. Zijn zoon Tobias gaat op reis, vergezeld door de aartsengel Raphael die hem helpt om gelukkig met Sara te trouwen door haar te bevrijden van de demon Asmodeus.

De aartsengel Raphael wordt beschouwd als de beschermer van jonge mensen, echtelijke liefde, verloofde stellen, reizigers, vluchtelingen en apothekers. De symbolen zijn de vis en de farmaceutische pot.

In Napels leeft nog steeds de traditie voor jonge alleenstaanden om op Valentijnsdag naar het Museum van de Schat van San Gennaro te gaan om het wonderbaarlijke standbeeld van San Raffaele aan te raken. Het kost niets om te proberen!

In de bijbelse traditie betekent Raphael "Gods medicijn" of "God geneest" en is in tegenstelling tot de betekenis van de naam van de demon Asmodeus "hij die doodt".

Archetypen als oerconcepten.

"Archetypen als oerconcepten. Synchroniciteit als "het vierde ongemakkelijke element".

Het woord "archetype" komt uit het oud-Grieks en kan de betekenis hebben van origineel, model, merk. Volgens sommigen kan het ook "vertrek" betekenen. Het werd voor het eerst gebruikt door Philo van Alexandrië, die in Alexandrië in Egypte woonde en een tijdgenoot van Jezus was. Later werd de term overgenomen door andere Griekse filosofen zoals als Dionysius van Halicarnassus en Luciano van Samosata.

De ontwikkeling van het thema van archetypen kan echter worden ingevoegd in de platonische traditie, waar ze verschijnen als "ideeën", dat wil zeggen "oorspronkelijke modellen van zintuiglijke dingen". Sommige neoplatonisten zoals Plotinus beschouwden ze als reeds bestaande ideeën in de goddelijke geest en modellen van geschapen dingen.

Binnen deze traditie beschouwt Jung archetypen als 'oerbeelden' die het collectieve onbewuste vormen, of zelfs primitieve vormen waarop mythen en religies zijn gebaseerd.

In de analytische psychologie krijgen de archetypen een ethische en affectieve waarde voor het subject, en conditioneren ze hem min of meer bewust gedurende zijn hele bestaan.

Inderdaad, de archetypen, zoals bedacht door Jung, zijn door veel auteurs vergeleken met mythische structuren en volksverhalen waarmee ze ons in staat zouden stellen een glimp op te vangen van opmerkelijke overeenkomsten in betekenis. Omgekeerd zijn er fundamentele redenen in mythen en religies die als archetypen worden beschouwd. In zijn boek "Psychological Types" stelt Jung: "De belangrijkste mythologische motieven van elke tijd en van elk ras zijn waarschijnlijk van een archetypisch type."

De vierde uitgesloten: synchroniciteit.

Jung was een bekwaam docent, die er in ieder geval in slaagde het publiek te interesseren, zelfs als het niet bestond uit mensen die in de wetenschappelijke omgeving werden geïntroduceerd. In tegenstelling tot Freudiaans proza, onopgesmukt en afgemeten, weet Jung zijn rijke en beschaafde persoonlijkheid zelfs in de meest technische of systematische werken tot uitdrukking te brengen. In dit artikel verwijs ik voornamelijk naar drie van zijn essays, gepresenteerd in de vorm van lezingen. De eerste, "De archetypen van het collectieve onbewuste", werd geschreven in 1934 en herzien in 1954. De tweede, "Het concept van het collectieve onbewuste", werd geschreven in 1936.

Het derde werk, "Synchronicity as a principle of acasual connecties", gepubliceerd in 1952, is bijna een compendium van de twee genoemde en is het werk waarin hij zijn theorie over synchroniciteit volledig uitdrukt.

Jung was erg terughoudend om dit essay te publiceren, en pas in 1952 haalde zijn vriend en correspondent Wolfgang Pauli hem over om dit te doen.

De twee werkten al meer dan twintig jaar samen door een intense uitwisseling van ideeën, juist over deze kwesties.

Ondanks dat hij een van de grondleggers van de kwantumfysica was en in staat was om in 1945 een Nobelprijs te winnen, deelde Pauli de ideeën van Jung zeer en had hij graag gezien dat de wetenschappelijke omgeving in staat zou zijn om wantrouwen, scepsis en spot te overwinnen door de mogelijkheid te overwegen van een parallel pad en een gemeenschappelijke taal tussen wetenschap en psyche, die een groter begrip mogelijk zou maken.

De intellectuele confrontatie tussen Jung en Pauli leidde tot een onderzoek dat bekend staat als "de vierde uitgesloten". In feite had het doel van hun studies de neiging om veel van de door de kwantumfysica opgeworpen twijfels met betrekking tot de volledigheid van het triademodel van de klassieke fysica op te lossen: tijd, ruimte, causaliteit; Jung en Pauli stelden zich een "vierde uitgesloten element" voor dat de naam "synchroniciteit" kreeg.

Pauli was gefascineerd door de mogelijkheid om het vierde element aan de drieklank toe te voegen. Jung was van zijn kant gefascineerd door vroege studies van subatomaire deeltjes die ongelooflijke eigenschappen begonnen te onthullen, zoals die van het muteren in golven, of verdwijnen en verschijnen op andere afgelegen punten, of communiceren over immense afstanden via mysterieuze niet-fysieke verbindingen. Jung zag de opkomende kwantumfysica, en zelfs Einsteins relativiteitstheorie, als mogelijke wetenschappelijke bevestigingen van zijn psychologische concepten van synchroniciteit en het paranormale.

Pauli bezat een diepe intuïtie (die, zei hij, veel ontleend aan zijn dromen) en een uitzonderlijk vermogen om te denken.

Helaas was Jung, zoals alle genieën, altijd in botsing gekomen met het misverstand van zijn meest originele ideeën en de kilheid van zijn collega's en zijn werkomgeving. Zijn spijt, en misschien zijn lijden omdat hij van jongs af aan niet in staat was om zelfs de meest nabije mensen bij zijn intuïties te betrekken, blijkt duidelijk uit de pagina's van "Herinneringen, dromen, reflecties". Dit is een dagboek, geschreven door Aniela Jaffè, waarin veel van Jungs bekentenissen staan. Daarom had Jung tijdens zijn rijping instinctief een onwillige houding aangenomen om zijn stoutste theorieën openbaar te maken.

Het was Pauli die zijn terughoudendheid overwon door hem te overtuigen om samen een boek te publiceren, waarin twee essays verschenen; een door Pauli zelf getiteld "The influence of archetypes on Kepler's wetenschappelijke theorieën" en de tweede, ondertekend door Jung, "Synchronicity as a principle of acasual connecties".

Archetypen als "oerbeelden".

Het met Pauli gepubliceerde boek vertegenwoordigde de synthese van tientallen jaren werk. De eerste keer dat Jung de term archetype gebruikte dateert van 1919, ter gelegenheid van een symposium in Londen.

> "In het onbewuste vinden we ook kenmerken die niet individueel zijn verworven, maar geërfd, dat wil zeggen instincten die worden opgevat als impulsen voor activiteiten die zonder bewuste motivatie voortkomen uit een innerlijke dwang. Hieraan worden de bestaande a priori, dat wil zeggen aangeboren, vormen van intuïtie toegevoegd, dat wil zeggen de archetypen van waarneming en begrip, (...) De instincten en archetypen van intuïtie vormen het collectieve onbewuste ".

Jung ontwikkelde al snel de overtuiging dat archetypen ideeën waren buiten het individuele bewustzijn, die altijd hadden bestaan en nauw verbonden waren met oermythen. De gebeurtenis die hem ertoe bracht om de stelling van de relatie met mythen op overtuigende wijze te omarmen, wordt door hemzelf verteld in het essay "Het concept van het collectieve onbewuste" uit 1936.

> "Rond 1906 kwam ik een heel vreemde waanillusie tegen, bij een paranoïde schizofreen die jarenlang in een gesticht was opgenomen. De patiënt leed al sinds hij jong was en was ongeneeslijk. Hij had aan een openbare school gestudeerd en was als klerk op een kantoor aangenomen. hij had geen speciale neiging tot mythologie of archeologie, en ik wist er zelf toen ook niets van. Op een dag vond ik de patiënt bij het raam, zijn hoofd schuddend en knipperend naar de zon. Hij zei dat ik hetzelfde moest doen, omdat ik op die manier iets heel interessants kon zien. Toen ik hem vroeg wat hij zag, was hij verbaasd dat ik niets kon zien en zei: "Je ziet toch zeker de penis van de zon... als ik mijn hoofd heen en weer beweeg, beweegt het ook, en daar komt de wind vandaan." Natuurlijk begreep ik dit vreemde idee helemaal niet, maar ik nam er nota van.
>
> Ongeveer vier jaar later kwam ik tijdens mijn mythologische studie een boek tegen van wijlen Albrecht Dieterich, de bekende filoloog, die licht wierp op deze fantasie. Het werk, gepubliceerd in 1910, gaat over een Griekse papyrus uit de Nationale Bibliotheek van Parijs. Dieterich geloofde dat hij in een deel van de tekst een Mithria-ritueel had ontdekt. De tekst is ongetwijfeld een religieus voorschrift met betrekking tot de uitvoering van bepaalde spreuken waarin Mithra wordt genoemd. (...) In de tekst lezen we de volgende aanduidingen:
>
> *"Adem in vanuit de stralen, adem drie keer zoveel in als je kunt en je zult jezelf voelen optillen en omhoog lopen en*

je zult het gevoel hebben dat je midden in het luchtgebied bent ... Het pad van de zichtbare goden zal verschijnen tot u door de schijf van de zon, die God mijn vader is. Zo ook de zogenaamde buis, de oorsprong van de behulpzame wind. Want je ziet zoiets als een buis aan de schijf van de zon hangen. En dit naar de westelijke streken, zo oneindig als de wind die uit het oosten waait. Als het dan, om naar de oostelijke regio's te worden gericht, de andere wind is, dan zul je de omkering van de visie naar die regio's zien "

(...) Nu is het absoluut onmogelijk dat de patiënt enige kennis had kunnen hebben van een Griekse papyrus die vier jaar later werd gepubliceerd ".

Jung beschouwde deze episode als een eerste bewijs van een nauwe relatie tussen de archetypen die zich materialiseren in de menselijke geest en de symbolen van oude mythologieën.

Jung en de psychoïde dimensie.

"Jung en de psychoïde dimensie, waar alles met alles verbonden is".

Ik heb eerder het door Jung aangehaalde geval beschreven van een moeder die na vele jaren de filmrol vond waarop de afbeelding van haar zoon was afgedrukt van een rommelhandelaar. Er zijn talloze gevallen waarin de psychische genegenheid van een persoon voor een object een band tot stand heeft kunnen brengen die verder gaat dan tijd en ruimte. Het is alsof de persoon en het object, zelfs in scheiding, een psychische band hadden onderhouden die leidde tot hun hereniging.

Zelf ervaren wij deze situaties dagelijks. Het gebeurt wanneer we een klein object verliezen dat we, ondanks herhaalde zoekopdrachten, niet meer kunnen vinden. De meest klassieke opmerking is "Geduld, vroeg of laat komt het eruit". Het is waar: vroeg of laat komt het uit. Na dagen, of soms maanden, verschijnt het object weer precies waar we het lang hadden gezocht, en we vragen ons af hoe het mogelijk is dat het er altijd was geweest zonder dat we het zagen. Of het object komt tevoorschijn uit de bodem van een la waar we ervan overtuigd zijn dat we het nooit hebben gelegd.

Er zijn bekende gevallen met betrekking tot de ontdekking van boeken door de eigenaren. Heel vaak zijn boeken bijzonder geliefde objecten, omdat ze min of meer gelukkige momenten uit het vorige leven oproepen.

Anna Parish was een kinderboekenschrijfster, geboren in Colorado Springs in de VS en leefde tussen de 19e en 20e eeuw. Destijds bezet het meerdere keren de bovenste plaatsen in de verkoopgrafieken. Zijn bekendste hits zijn "The Dream Coach", "Floating Island" en "The Story of Appleby Capple".

Waarschijnlijk werd zijn liefde voor het literaire genre gewijd aan kinderen geboren uit zijn lezingen. Ze was gepassioneerd door de avonturen van Jack Frost, de ster van een lange en succesvolle serie. Jack Frost is een van de Guardians die gezworen hebben de hoop, wensen en dromen van kinderen voor het leven te beschermen. In sommige opzichten zou het kunnen doen denken aan moderne Harry Potter-avonturen. Een boek trof haar als kind bijzonder. Hij had het meerdere keren gelezen en herlezen tot hij het bijna uit zijn hoofd leerde. Het was "Jack Frost en andere verhalen".

Toen, zoals in het leven gebeurt, scheidde een reeks gebeurtenissen, waaronder twee wereldoorlogen, de eigenaar van het boek. In de jaren vijftig kwam de schrijver op vakantie naar Europa en bezocht Parijs. Dwalend over een markt, zag hij een boek op een toonbank dat hij heel goed kende: "Jack Frost en andere verhalen". De omslag kwam overeen met degene waar ze als kind van had gehouden. Instinctief pakte ze het boek van de toonbank en liet het aan haar man zien, waarbij ze uitlegde dat het het favoriete boek van haar kindertijd en adolescentie was geweest.

Haar man begon afwezig te bladeren totdat hij op de flap van de omslag een pen zag in prachtig handschrift: 'Anne Parish, 209 N. Weber Street, Colorado Springs.'

Dat was precies Anne's originele boek, decennia eerder verloren gegaan in de Verenigde Staten, nu weer opduikend in Parijs in de handen van de voormalige eigenaar!

Zeker, dat boek was altijd in Anne's gedachten geweest, maar misschien had ook het boek de warmte van haar handen behouden, de lust naar kennis in haar ogen en de zorg waarmee het was behandeld. Misschien had het boek, in een superpsychische dimensie, willen terugkeren naar degenen die ervan hadden gehouden.

Is het een absurd concept of is het een mogelijk concept?

Het is zeker absurd in de dimensie van ons dagelijks leven, maar het wordt mogelijk in de dimensie die Jung zich eigen heeft gemaakt, de psychoïde dimensie.

Eenheid van psyche en materie.

Het concept van "psychoïde", dat Jung zeer dierbaar was, werd voor het eerst ontwikkeld door een andere Zwitserse psychiater, Eugen Bleuler.

Naast 'psychoïde' bedacht Bleuler verschillende termen die nog steeds in de psychologie worden gebruikt, zoals 'dieptepsychologie' en 'schizofrenie'. Hij werkte lange tijd samen met Freud voordat hij zich van hem losmaakte, omdat hij elementen van dogmatisme in zijn standpunten herkende en het niet eens was met sommige van zijn opvattingen. De definitieve onthechting van Freud kwam in 1913, toen Bleuler zijn kritiek openbaar maakte in het artikel "Kritik der Freudischen Theorien" (Kritiek van Freuds theorieën).

Bleuer bedacht een finalistisch evolutionisme dat verband houdt met biologische psychologie, de tak van de neurowetenschappen die gedrag bestudeert, dat wil zeggen de fysieke activiteiten die verband houden met mentale processen. Volgens Bleuler is er een unitaire en structurerende factor, de 'psychoïde', die ten grondslag ligt aan de complexiteit van levensprocessen en hun eenheidsprincipe vormt.

Jung kende Bleuler heel goed omdat hij de machtige directeur was van Burghölzli, het Universitair Psychiatrisch Ziekenhuis van Zürich, waar Jung, een jonge arts die voor het eerst was begonnen, was gaan werken. Jung herinnerde zich met plezier zijn eerste ontmoeting met de directeur van het ziekenhuis, die plaatsvond in de wachtkamer. Bleuler begroette hem met een welkomstwoord en nam, ondanks Jungs aandringende protesten, de koffer uit zijn hand om hem zelf te dragen en vergezelde hem naar de kamer die hem was toegewezen.

Voor deze menselijkheid had Jung Bleuler hoog in het vaandel en hij verzuimde niet al zijn werken zorgvuldig te bestuderen.

Bleuler is niet ingegaan op het onderwerp van de psychoïde, ondanks dat hij het heeft behandeld in zijn boek "De psychoïde als een principe van organische ontwikkeling". Het concept werd echter door Jung overgenomen en "zich eigen gemaakt". De schepper van de theorie van synchroniciteit nam het volledig over in zijn psychologische constructie. Het is inderdaad moeilijk om synchroniciteit voor te stellen buiten een psychoïde realiteit. Jung stelt zelfs dat "synchroniciteit absolute synchroniciteit impliceert tussen psychische en fysieke gebeurtenissen". Dit is een perfecte beschrijving van wat de psychoïde werkelijkheid is: het is de eenheidstoestand van psyche en materie.

In de psychoïde dimensie is er geen onderscheid tussen het fysieke en het psychische. Beelden zijn net zo echt als de objecten die ze vertegenwoordigen en gedachten zijn net zo echt als de argumenten waarover ze nadenken. Het is duidelijk dat dit in strijd is met ons zintuiglijke begrip van de wereld. In de psychoïde dimensie is er geen onderscheid meer tussen het gedachte-ding, dat alleen in de geest aanwezig is, en het concrete, tastbare gerealiseerde. Er is geen onderscheid tussen een ingebeeld verhaal en een verhaal dat is gebeurd. In de praktijk is er geen verschil tussen verbeelding en 'realiteit' in de zin die we normaal aan deze term geven.

In zijn uitgebreide literatuur citeert Jung veel gevallen waarin de psychoïde werkelijkheid perfect in zijn psychologische constructie past.

Het eerste en zeer bekende voorbeeld is dat van de scarabee. Bij een andere gelegenheid, namelijk in een in 1945 geschreven brief aan prof. JB Rijn van Durham, VS, Jung beschrijft een soortgelijk incident:

> 'Ik ga een boswandeling maken met een patiënt. Ze vertelt me over de eerste droom van haar leven, een droom die een onuitwisbare indruk op haar heeft achtergelaten. Hij had een visioen van een vos gehad, hij had hem van de trap van het ouderlijk huis zien komen.
>
> Op dat moment, nog geen veertig meter van ons vandaan, komt een vos uit de bomen en loopt een paar minuten rustig op het pad voor ons uit. Het dier gedraagt zich alsof het onze menselijke conditie deelt..."

We moeten ons afvragen: maar was de Cetonia aurata daar, klaar om de ruit te raken, toen de patiënt sprak over de kever die in een droom werd gezien?

En was de vos daar, klaar om voor de twee te slenteren, terwijl de patiënte haar droom vertelde?

Het verhaal van de twee dromen bracht twee synchroniciteiten teweeg die de fysieke realiteit van de patiënten en van Jung zelf veranderden. Jung en de patiënten beleefden beslist momenten van pathos, diep ondergedompeld in het verhaal, versterkt door het echte psychische lijden van de patiënten. Deze situatie heeft in beide gevallen een spanning opgewekt die aanleiding kan geven tot synchroniciteit.

Het zou moeilijk zijn om vast te stellen of de vos en de Cetonia daar echt aanwezig waren, net zoals het moeilijk is om een psychoïde of synchronistische manifestatie te onderzoeken. Misschien had synchroniciteit in beide gevallen de kracht om de scène naar een ander universum te verplaatsen, een van de oneindig mogelijke, waarin de vos en de Cetonia echt aanwezig waren. Of de cetonia en de vos zijn uitgekomen, evenals het boek van Anna Parish of onze gevonden sleutels waar we ons nooit hadden kunnen voorstellen.

Het concept van psychoïde is van toepassing op het niet-verschil tussen de psyche en de materie, tussen gedachten en feiten, om gebeurtenissen zoals die worden verteld mogelijk te maken. Maar er is ook een psychoïde situatie te herkennen tussen de bewuste gewaarwordingen van het heden en het onbewuste, waar de toekomst al aanwezig is. Een kracht die lijkt op een onbewuste psychische aantrekkingskracht kan een psychoïde gebied vestigen waarin verleden en toekomst samenvloeien om hetzelfde onduidelijke element te vormen van een bestaan dat zich gisteren, vandaag, morgen, hier en overal manifesteerde.

Jungs opvolger en exegeet, Aniela Jaffé, vertelt het tragische verhaal van een kind. De jongeman speelde vroeger met een vriend op het platteland rond zijn huis. De twee respecteerden de aanbevelingen van hun ouders en bleven uit de buurt van een ondiepe put, maar op een dag stopten ze na een run vlak aan de rand van die put om adem te halen. De blik van onze jonge vriend viel op het stille water, dat zijn beeld weerspiegelde als een spiegel. Toen hij zichzelf weerspiegeld in het water zag, werd hij gegrepen door een hevige verstoring. Even voelde hij zich meegenomen naar een andere wereld: hij zag zijn vriend niet meer, noch het omliggende platteland. Hij was enorm alleen en enorm aangetrokken tot zijn beeld op het water. Hij herstelde. Hij zei niets, maar hij kon het moment waarop zijn geweten en een mysterieuze aantrekkingskracht waren samengesmolten niet uitwissen, alsof zijn hele leven in die korte flits was samengevat. In de jaren daarna probeerde hij altijd weg te blijven van die bron, maar een tragische invloed van 'sympathia rerum' had zijn bewustzijn met dat water verenigd. Na een paar jaar verloor de jongeman zelfs het leven door in die put te verdrinken.

Dit verhaal doet sterk denken aan het lot van Narcissus, een tragisch personage uit de mythologie. Zoon van de nimf Liriope en de riviergod Cefiso, Narciso was een jonge jager. Tegen de tijd dat hij zestien jaar oud was, was hij zo knap dat iedereen die hij ontmoette verliefd op hem werd. Maar Narcissus wees iedereen af. Op een dag, terwijl hij aan het jagen was, volgde de nimf Echo hem het bos in, verlangend om met hem te praten. Helaas had Eco ruzie gehad met Juno, die haar daarom een vreemde straf had opgelegd. Eco kon nooit als eerste spreken, maar hij moest altijd de laatste woorden van de gesprekspartner herhalen. Dus, wetende dat ze geen dialoog met Narcissus tot stand kon brengen, zodra ze erin slaagde dichtbij te komen, ondernam de mooie Echo onmiddellijk actie en rende om hem te omhelzen zonder een woord te zeggen. Narcissus duwde haar echter slecht weg. Het arme ding was zo teleurgesteld dat ze zich terugtrok in eenzaamheid en huilend door de eenzame valleien begon te dwalen. Hij huilde zo erg dat alleen haar stem overbleef.

De godin Nemesis, die medelijden had met Echo, besloot Narcissus te straffen. Toen de jongeman, dorstig van een jacht, zich over een plas water boog om te drinken, zorgde Nemesis ervoor dat Narcissus zijn eigen beeld in het water weerspiegeld kon zien. Zoals iedereen overkwam, werd Narcissus, zodra hij zijn beeld voor het eerst zag, er verliefd op. Maar hij realiseerde zich al snel dat zijn liefde nooit beantwoord zou worden, want die jonge man was hijzelf. In wanhoop bleef hij zijn hele leven smachten naar die onmogelijke liefde, totdat hij verdronk in diezelfde poel.

Nemesis is een naam die herinnert aan het lot. Was het echt het lot dat tot die tragische conclusie leidde? Als het verhaal iets persoonlijks was geweest in het leven van Narcissus, dat wil zeggen, iets dat hem en zijn imago alleen interesseerde, zouden we over zijn lot kunnen praten.

In een psychoïde visie, waar alles met alles verbonden is, kan er geen persoonlijk lot zijn. Ten eerste is het verhaal van Narcissus, ondanks dat het een mythe is, op het psychoïde niveau absoluut echt. We weten dat er verschillende mythologische versies van het verhaal van Narcissus zijn en op psychoide niveau zijn ze allemaal even waar. Bovendien maken al deze verhalen deel uit van een psychoïde plan dat niet alleen de geschiedenis ervan omvat, maar alle verhalen van het universum. Daarom is er geen persoonlijk lot van Narcissus, net zoals er geen persoonlijk lot was van de jongen die verdronk in de put waartoe hij zich als kind aangetrokken voelde.

Er is een algehele psychoïde werkelijkheid, die alle werkelijkheden bevat. In die zin bestaan individuele verhalen niet als zodanig, maar als delen van een geheel en hun betekenis is niet langer gerelateerd aan de verhalen zelf, maar aan het geheel van de verhalen.

Elke tragische of gelukkige gebeurtenis, zoals het begin van een oorlog, een aardbeving, de geboorte van een nieuwe beschaving of een revolutionaire wetenschappelijke ontdekking, maakt deel uit van een weefsel dat al is uitgerekt in een dimensie die we "tijd en ruimte" noemen.

Maar deze dimensie heeft tijd noch ruimte.

Zijn deze beweringen verrassend? Niet zo veel. De kwantumfysica, dat wil zeggen de fysica van de intimiteit van de materie, bevestigt de psychoïde werkelijkheid wanneer ze stelt dat 'dingen' niet als zodanig bestaan, maar als ronddolende geesten in een veelvoud van toestanden waarin ze waarschijnlijk zullen bestaan.

De kwantumfysica heeft aangetoond dat materie gelijktijdig kan bestaan in zowel corpusculaire als golfvorm. Dit heeft ongelooflijke gevolgen. We kunnen anticiperen op een fundamenteel concept van de kwantumfysica. In feite geven het deeltje en de golf de sensatie van iets dat aan de ene kant solide en goed gedefinieerd is, aan de andere kant immaterieel, "verspreid in een probabilistische wolk".

Jung maakt kennis met deze wetenschappelijke noties, omdat ze hem worden voorgelegd door zijn vriend, de natuurkundige Wolfgang Pauli. Dit is voldoende om hem aan te moedigen een van de belangrijkste veronderstellingen van de analytische psychologie te consolideren. De natuurkunde stelt met de oerknaltheorie dat in de eerste momenten van de schepping materie en energie niet te onderscheiden waren. Evenzo betoogt Jung dat in de diepste lagen de substantie van het zijn zonder onderscheid fysiek en psychisch is.

Synchroniciteiten ontcijferen.

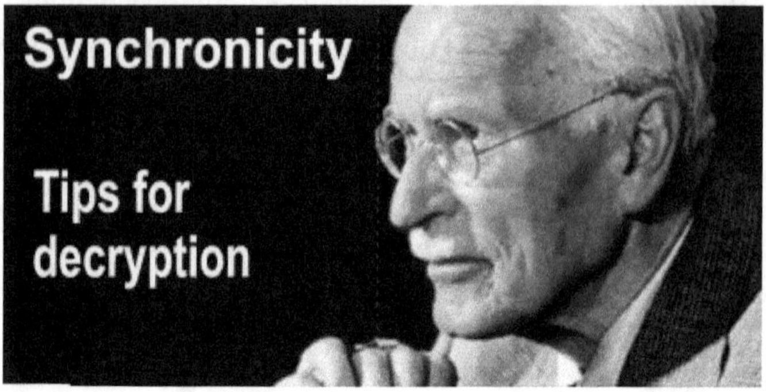

"Synchroon. Tips voor het ontcijferen".

Wanneer we ons betrokken voelen bij bepaalde gebeurtenissen, zoals een reeks vreemde toevalligheden, kunnen we ons voorstellen dat we de hoofdrolspelers zijn van een episode van synchroniciteit. Normaal gesproken staan deze toevalligheden los van elkaar en krijgen ze pas in onze mentale uitwerking een unitaire 'betekenis'. Zelfs een droom kan deze kenmerken hebben.

Door de specificiteit van synchroniciteiten, dat wil zeggen hun symbolische karakter en de nauwe band met het individuele onbewuste, is het ontcijferen van de boodschap bijna uitsluitend toevertrouwd aan de ontvanger. Bij uitzondering professionele therapeuten die in staat zijn om de innerlijke lagen te verdiepen die zelfs het onderwerp zelf niet objectief kan onderzoeken.

In de meeste gevallen droomt niemand ervan een psychotherapeut in te schakelen om geholpen te worden om de symboliek van synchrone boodschappen te onthullen, dus we kunnen hier wat algemeen advies geven dat ons kan helpen.

De eerste bestaat er natuurlijk in significante toevalligheden niet te beschouwen als het resultaat van toeval, maar als berichten van een hogere geest die de harmonie van het universum coördineert en ons wil helpen harmonieus te blijven, dat wil zeggen, begunstigden van innerlijk welzijn.

De tweede bestaat erin alleen op het eigen oordeel te vertrouwen, dat zeker het meest gekwalificeerd en geïnformeerd is om iemands innerlijkheid uit te werken op zoek naar de betekenis van de symbolen. Symbolen zijn het erfgoed van de hele mensheid, maar tegelijkertijd zijn ze strikt geconformeerd aan ons ego, onze cultuur en onze manier van kijken naar de wereld. We kunnen zeggen dat het symbool is als het topje van een vinger: er zijn er miljarden, en tegelijkertijd zijn er geen twee hetzelfde: elk heeft zijn unieke en onmiskenbare voetafdrukken.

De derde tip is om geen haast te hebben met het toekennen van betekenissen. Vaak bestaat een synchroniciteit uit meerdere gebeurtenissen die in de tijd verwaterd zijn. We moeten een geheime lade in de geest creëren waarin we de niet-begrepen berichten deponeren, en elke keer dat we een nieuwe ontvangen, moeten we er doorheen gaan met al die nog onopgeloste berichten. Deze praktijk kan verrassende resultaten opleveren. Als elk merkwaardig toeval een zekere verrassing oproept, maar we die dan snel afwijzen, lopen we het risico een pad te onderbreken waarvan dit een belangrijke stap was. In feite kan een synchroniciteit zich manifesteren over dagen of maanden, of zelfs jaren, en elk nieuw significant toeval kan de verfijning zijn van een vorige.

Laten we niet vergeten dat de plaats waar synchroniciteiten vandaan komen vaak "niet-lokaliteit" wordt genoemd, omdat het niet mogelijk is om het in de ruimte of in de tijd te plaatsen: op het niet-lokale niveau is er geen ruimte en tijd, en dit is wetenschappelijk bewezen door de kwantumfysica en door de recente ontdekking van het fenomeen verstrengeling, dat ik heb geprobeerd te beschrijven in zijn essentiële elementen.

Als bijlage bij dit derde advies betogen veel wetenschappers en auteurs het nut van het bijhouden van een dagboek van toevalligheden. In dit dagboek kunnen we ook de belangrijke dromen opschrijven, dat wil zeggen, de dromen die ons het meest troffen. Dromen kunnen een synchrone (of profetische) waarde hebben wanneer de gedroomde gebeurtenis dan echt wordt gerealiseerd, of we kunnen een gebeurtenis begrijpen door deze te verbinden met de droom, zelfs als ze niet overeenkomen omdat de ene symbolisch is en de andere echt.

Het "sympathia rerum" van Girolamo Fracastoro.

"Pandemie en synchroniciteit. Het "sympathia rerum" van Girolamo Fracastoro".

De kwantumfysica leert ons dat deeltjes elkaar niet alleen aantrekken en afstoten, maar ook elkaar herkennen. Twee verwante deeltjes verliezen elkaar nooit uit het oog, ook niet als ze aan de twee uiteinden van het heelal zijn geplaatst. "Quantum sympathia" heeft geen fysiek contact meer nodig om zich te manifesteren.

Girolamo Fracastoro, voorloper van de moderne epidemiologie.

Een blik op het verleden stelt ons in staat om een verrassend solide verband te leggen tussen de huidige situatie en een wetenschappelijke redenering ontwikkeld door de Veronese humanist en filosoof Girolamo Fracastoro in de zestiende eeuw. Hij beschreef enkele besmettelijke vormen die hij "seminaria morbi" noemde, dat wil zeggen "verspreiders van ziekten". Elke leek op dit gebied kan zich, in het licht van de huidige kennis, voorstellen dat de 'seminaria' een primitieve beschrijving waren van de huidige bacteriën en virussen. Dit is inderdaad het geval, aangezien volgens Fracastoro de “seminaria” verantwoordelijk waren voor verschillende soorten infecties. In zijn werk van 1530, "Syphilis sive morbus gallicus" (Syfilis, of Franse ziekte), beschrijft hij de bekende seksuele ziekte. De naam is ontleend aan de Griekse mythe van de herder Sifilo, die door de god Apollo met deze ziekte werd gestraft. Zelfs vandaag de dag is de ziekte bekend onder dezelfde naam, maar we weten ook dat de verantwoordelijke "seminaria" de bacterie "Treponema pallidum" is.

In zijn werk van 1546, "De contagione et contagiosis morbi et curatione", betoogt Fracastoro dat besmettelijke ziekten worden veroorzaakt door microscopisch kleine levende wezens en dat overdracht tussen mensen plaatsvindt door de overdracht van sporen of zaden van de zieke naar de gezonde. In een tijd dat microben nog onbekend waren, stelt Fracastoro zich het bestaan voor van onzichtbare deeltjes die infecties snel kunnen verspreiden. In die zin kan hij worden beschouwd als de grondlegger van de epidemiologie.

Het mysterie van de "seminariaziekten".

Maar waar kwam de "seminaria" vandaan? Hier wordt Fracatoro's antwoord minder wetenschappelijk en laat de wetenschapper plaats voor de filosoof. In dit verband is het vermeldenswaard een verzameling van zijn werken, gepubliceerd in 1555 in Venetië, die ook de natuurfilosofische tekst "De sympathia et antipatia rerum" bevat. In de bedoelingen van de auteur had dit werk samen met "De contagione" moeten verschijnen, aangezien hij meende dat de twee teksten elkaar aanvullen.

In "De sympathia" stelt Fracastoro dat alle dingen in de wereld met elkaar verbonden zijn door een natuurlijke en universele kracht. Zelfs de mens, als onderdeel van de natuur, ontsnapt niet aan deze kracht. Dit is de "Sympathia" die elk deel voelt voor het Geheel. Het Geheel beantwoordt en beloont elk deel met dezelfde "sympathie".

Een intuïtie die te moedig was voor die tijd.

De intuïtie was te moedig voor die tijd en Fracastoro verkleinde het vervolgens. Hij legt uit dat 'Sympathia' niet bedoeld is als een spirituele aantrekkingskracht. Het gevoel van 'Sympathia' is fysiek. De relaties tussen dingen worden tot stand gebracht door de stromen van atomen, dus er kan niets gebeuren zonder fysiek contact. Met andere woorden, de auteur stelt dat er aantrekkingskracht bestaat tussen "vergelijkbare dingen" en afstoting tussen "ongelijke dingen".

Analogie met deeltjesfysica.

De deeltjesfysica leert ons tegenwoordig iets dat conceptueel vergelijkbaar is, maar in de praktijk tegengesteld. Deeltjes met dezelfde lading trekken elkaar niet aan, maar stoten elkaar af, en deeltjes met verschillende ladingen trekken elkaar aan. Op een hoger niveau leert de kwantumfysica ons dat deeltjes elkaar niet alleen aantrekken en afstoten, maar ook elkaar herkennen. Twee verwante deeltjes verliezen elkaar nooit uit het oog, ook niet als ze aan de twee uiteinden van het heelal zijn geplaatst. "Quantum sympathia" heeft geen fysiek contact meer nodig om zich te manifesteren. De kwantumkennisband is een "sympathia rerum" waarvoor geen contact vereist is. Het is immaterieel, psychisch, 'spiritueel'. Giordano Bruno, een natuurfilosoof die de eenheid van oneindige werelden en universums ondersteunde, introduceerde een personage in zijn dialogen, Fracastorio, die duidelijk de gedachte van de Veronese wetenschapper vertegenwoordigt.

Significante toevalligheden.

Het samenvallen tussen de studies van Fracastoro en de actualiteit is verbazingwekkend, zelfs op het punt dat het suggereert dat het veel meer is dan louter toeval. Wanneer een toeval bijzonder belangrijk wordt, kunnen we spreken van synchroniciteit.

Vijf eeuwen later hebben we het zelfs over een ziekte die zich onder mensen verspreidt. Wanneer de wetenschap ons zou toestaan te glimlachen om de hypothese dat de ziekte zich verspreidt uit sympathie tussen dingen, presenteert de kwantumfysica ons een solide theorie van alles, volgens welke elk deeltje van het universum is verbonden (verstrengeld) met alle andere, in een "niet-fysieke" manier.

De verbinding van het hele universum bestaat met zekerheid. Deze verbinding kan op kleine schaal in laboratoria worden getest, maar beperkt zich uiteraard niet tot experimenten waarbij twee of enkele meer deeltjes worden verbonden. Het is wat we kunnen definiëren als "de moeder van alle verbindingen", omdat het zich ontwikkelde bij de geboorte van het universum, tijdens de oerknal. Op dat moment werden alle deeltjes van het universum samen geboren en waren daarom gecorreleerd door de immense oerexplosie.

Een ander toeval ligt in de intelligentie van het fenomeen. Tegenwoordig kunnen we bevestigen dat het 'sympathia rerum' dat alle dingen verenigt, niet een specifiek vermogen van de stof is, maar een psychische kracht die in staat is tot intelligente initiatieven, synchroniciteiten genoemd. Dit zijn initiatieven die de mens naar steeds hogere evolutionaire stadia kunnen leiden.

Een curieuze anekdote.

De Italiaanse stad Verona wilde haar illustere burger Girolamo Fracastoro blij maken met een eerbetoon. In het centrum van de stad, waar de Via Fogge uitmondt in Piazza dei Signori, is een standbeeld van volledige lengte opgericht dat hem voorstelt met een wereldbol in zijn hand. Rechters en advocaten moesten op weg naar het oude gerechtsgebouw recht onder het standbeeld door. Volgens de populaire traditie zal die wereldbol op het hoofd vallen van de eerste respectabele persoon die eronderdoor gaat. Na vele eeuwen zit de bal echter nog steeds stevig vast aan de hand van de filosoof.

Laten we aannemen dat op een dag de bal daadwerkelijk op iemands hoofd valt. Kunnen we deze gebeurtenis slechts als een kans beschouwen, of kunnen we er een betekenis aan geven, als de manifestatie van profetie? Moet het samenvallen tussen het passeren van een persoon en de val van de bal als louter toeval worden beschouwd? Of moeten we, volgens de theorie van 'sympathia rerum', de twee feiten (de passage en de val) beschouwen als verbonden door een mysterieuze kracht?

Een kwestie van synchroniciteit.

Volgens de meest actuele psychologie neemt de verenigende kracht van de twee samenvallende feiten (passage en fall) de naam synchroniciteit aan. Het is duidelijk dat als alle dingen in het universum in verband kunnen worden gebracht met eenheid, alles een betekenis moet hebben. De meest uiteenlopende en verre dingen moeten met elkaar worden gecombineerd volgens een plot gericht op een tekening. Helaas ontsnapt dit ontwerp volledig aan het menselijk begrip.

Synchroniciteit veronderstelt het bestaan van een overeenkomst tussen drie zeer verschillende omstandigheden, maar onderworpen aan hetzelfde verzoek: populair geloof, een wereldbol die erboven hangt, de passage van een "heer". Deze omstandigheden genereren op een bepaald moment in tijd en ruimte een synchroniciteit waarbij de bal volgens de traditie valt en de "heer" raakt die eronder passeert.

Als dit waar is, is er een richting, een enkel vitaal principe dat het hele universum doordringt. Op dat specifieke moment van tijd en ruimte creëert het vitale principe een microkosmos die is samengesteld uit die drie specifieke delen, die worden aangeslagen zodat er een synchrone episode plaatsvindt. Het is belangrijk om te benadrukken dat dit gebeurt in de context van een globaal project, in globale tijd en in globale ruimte. De val van de bal is niet onafhankelijk van al het andere dat in het universum gebeurt, maar componeert en voltooit een universeel plot.

In dit vitale principe overlappen het deel dat door de zintuigen kan worden gedetecteerd (de stenen bal) en het buitenzintuiglijke deel (populair geloof) het waarschijnlijke deel (de passage van de eerlijke man). De superpositie van het zintuiglijke met het buitenzintuiglijke en met het waarschijnlijke is de demonstratie van het feit dat alles werkelijk één is.

Als het feit echt gebeurt, en de stenen bol valt op een voorbijganger, zullen we misschien onderzoeken, maar we zullen nooit kunnen achterhalen waarom die bol viel net toen die persoon eronder passeerde. De mogelijkheid bestaat echter dat het mislukken van het onderzoek niet te wijten is aan een onvermijdelijke onbegrijpelijkheid van het fenomeen. Het is waarschijnlijker dat we sommige verschijnselen niet begrijpen, omdat onze onderzoeksmethoden ontoereikend zijn of uitgaan van verkeerde veronderstellingen.

Vreemde toevalligheden.

Radio Radio FM 104.5-Sky interview met Bruno Del Medico.

"Radio Radio FM 104.5-Sky interview met Bruno Del Medico".

Herwerkte transcriptie van het interview

De originele video (in het Italiaans = te bekijken op de Facebook-pagina "Cenacolo Jung Pauli" of op Youtube.

Bruno Del Medico is hier vandaag bij ons als schrijver. Hallo Bruno

Hallo Damiano

Laten we Bruno Del Medico beter leren kennen. Bruno is niet geboren als schrijver, hij is op een bepaald moment in zijn leven schrijver geworden, toch Bruno?

Momenteel ben ik vanuit het werkstandpunt gepensioneerd en ik gebruik mijn vrije tijd om te oefenen in de verspreiding van de onderwerpen waar ik het over heb in dit interview. Ik doe het als blogger: ik heb verschillende referenties op het net gemaakt, voornamelijk een Facebook-pagina gevolgd door meer dan 6000 mensen. (vandaag 30.000, ed) Ik doe het ook als schrijver, met al drie boeken gepubliceerd, en een vierde zal over een paar maanden verschijnen, opnieuw met de PensareDiverso-edities.

Voor mijn pensioen werkte ik in de ICT. Sinds het verschijnen van de eerste thuiscomputers die iemand zich zal herinneren, te beginnen met de Sinclair ZX80 die door de Vic20 of de glorieuze Commodore 64 ging, heb ik samengewerkt met vele tijdschriften uit die tijd, zoals Bit, Radioelettronica, MC Computer en Personal Software, daarna heb ik Ik heb een aantal jaren programmeercursussen gevolgd, uiteindelijk heb ik me toegelegd op de ontwikkeling van beheerapplicaties.

De programmeerervaring heeft me gevormd en heeft me doen begrijpen dat gebeurtenissen vaak bestaan uit een realiteit die we niet begrijpen en een schijn die we begrijpen, maar het is geen realiteit.

Wanneer we bijvoorbeeld de activiteit van een bedrijf verwerken, verwerken we enorme hoeveelheden data die losgekoppeld zijn van elkaar, maar dit is de realiteit. We krijgen een diagram dat ook door een kind kan worden begrepen, maar dit op zich is een abstractie, het bestaat niet.

Er is een enorm verschil tussen het programma dat de gegevens verwerkt en de resultaten die we zien.

Videogames prikkelen ons in volledig virtuele situaties, omdat de echte consistentie van een videogame ligt in een programma dat iemand eerder heeft voorbereid.

Ik kon me niets meer saai en onbegrijpelijks voorstellen dan het programmeren van een videogameprogramma.

Simpel gezegd, ik geloof dat achter elke gebeurtenis, zelfs die van het dagelijks leven, een programma schuilgaat.

Dus denk je dat er ook programma's zijn die ten grondslag liggen aan de gebeurtenissen van het gewone leven?

Laten we een heel triviaal geval bekijken. We ontmoetten iemand en we schudden hun de hand. Achter deze actie zijn er veel programma's die in werking zijn getreden. Allereerst is er het 'machineprogramma' dat het lichaam leidt en ons stappen naar de ander laat zetten, ons vervolgens met de open hand onze arm laat strekken en ons vervolgens de andere hand laat schudden.

Het is een programma dat de werking van honderden spieren en zintuigen coördineert, maar het gebeurt automatisch. Het bevindt zich in de hersenen, het wordt uitgedrukt met opdrachten die aan de verschillende delen van het lichaam worden gegeven.

Dan is er een programma op een hoger niveau, dat de beslissing bepaalt: of we die hand willen schudden of niet, en welke mate van vriendelijkheid en welke amplitude van de glimlach we willen laten zien. Dit programma is geschreven vanuit onze levenservaring en bevindt zich niet in de hersenen maar in de geest, dat wil zeggen in het bewustzijn.

Dan zijn er programma's die we uitvoeren, zelfs als ze door anderen zijn geschreven.

Als we bijvoorbeeld naar het gemeentehuis gaan om het identiteitsbewijs te vernieuwen, is dat omdat er regels zijn volgens welke het document om de paar jaar vernieuwd moet worden.

We hebben niet het programma geschreven dat ons naar kantoor brengt, het maakt deel uit van de omgeving waarin we leven en bepaalt in die zin ons gedrag.

Laten we ons nu eens voorstellen dat terwijl we naar kantoor gaan terwijl we op het trottoir lopen, we struikelen over een uitstekende wortel en het risico lopen te vallen.

Wat is het programma achter dit feit?

Kunnen we niet zeggen dat het een eenvoudig geval is?

We zouden kunnen zeggen dat er geen programma is, niemand had het struikelblok voorzien of vooraf bepaald, noch wij, noch anderen; daarom, laten we zeggen dat het bij toeval is gebeurd.

Maar laten we toegeven dat terwijl we vallen, onze blik een biljet van 5 euro op de grond ziet liggen, verloren wie weet wanneer door wie weet wie. We halen het bankbiljet op en het is van ons; er zijn geen aanwijzingen om het te kunnen retourneren.

Zit er een programma achter dit feit? Laten we zeggen dat het een merkwaardig geval was.

Maar het is geen enkel toeval, het is een kwestie van veel merkwaardige toevalligheden: we passeerden daar, we struikelden daar, het bankbiljet was daar, niemand had het gezien en wij zagen het eerst.

Een beetje te veel toevalligheden bij elkaar om ze gewoon als toeval te beschouwen.

Laten we zeggen dat het niet het geval was, maar geluk. Dus laten we ons voorstellen dat een instantie genaamd FORTUNA dit programma voor ons heeft geschreven.

Kun je me nog wat andere voorbeelden geven?

Natuurlijk. Silvia (een dame van middelbare leeftijd) is thuis en besluit een voorwerp uit een la te halen. Hij trekt onbedoeld te veel, de la komt uit de geleiders en alle inhoud belandt op de grond.

Terwijl ze dingen verzamelt, vindt Silvia in haar handen een heel oude foto van toen ze een middelbare scholier was, die haar samen met een jongen, een medestudent, afbeeldt. Hij worstelt een beetje om het te onthouden, maar concentreert zich er dan op: het is Marco, die het jaren niet heeft gezien omdat hij van stad is veranderd.

De volgende dag gaat Silvia naar het winkelcentrum, neemt de roltrap en verhoogt haar pas, zoals ze gewoonlijk doet als ze uitstapt. Op dat moment belandt het bijna in de armen van een persoon die daar staat. Nou, raad eens wie deze persoon is?

Is het Marco?

Heb het geraden. Het is echt de oude vriend Marco. Wat een toeval!

Deze feiten, of min of meer vergelijkbare feiten, we vertellen ze aan onze vrienden en we horen ze vertellen omdat ze heel vaak gebeuren, en waarschijnlijk is ieder van ons minstens één keer de hoofdrolspeler geweest van een vreemd toeval.

Dus, zit er een programma achter de toevalligheden?

Dat is de vraag die ik mezelf stelde. De kans om een oude foto te vinden en de persoon op de foto kort daarna te ontmoeten, is één tot vele miljoenen.

Terwijl ik deze overpeinzingen maakte, vroeg ik mezelf af: zit er een programma achter deze onverwachte toevalligheden die zo niets met het dagelijks leven te maken hebben?

Is er een programmeur die deze evenementen regelt? Dat wil zeggen, is er een wil die beslist dat die feiten in ons leven moeten gebeuren? Maar vooral: is er een boodschap?

Toen ik het onderwerp begon te bestuderen, realiseerde ik me meteen dat de vragen niet triviaal waren en dat iemand het probleem lang voor mij serieus had overwogen.

Dus, zijn er al onderzoeken? Kun je er een noemen?

Carl Jung is een Zwitserse psycholoog die in de vorige eeuw leefde (hij stierf in 1961). Hij ontwikkelde de theorie van het collectieve onbewuste. Zoveel mogelijk samenvattend, ons individuele bewustzijn haalt informatie en kennis uit een grotere container die niet in ons is, het is inderdaad nergens omdat het geen "object" is, het is een psychische realiteit die Jung het collectieve onderbewustzijn noemt.

Dit kennisreservoir is voor iedereen toegankelijk en bevat alle ervaringen van de mensheid van de eerste mens tot vandaag, opgeslagen in de vorm van archetypen.

Archetype is een woord dat is afgeleid van het Grieks en kan worden vertaald als "model". Archetypen zijn de gedragspatronen die de hele mensheid gemeen hebben, dat wil zeggen, het zijn programma's die ons gedrag sturen en zijn geschreven door de mensheid die vóór ons leefde. Inderdaad, we werken ze zelf bij en integreren ze zodat ze nuttig zijn voor de mensheid die later zal komen.

Kun je enkele voorbeelden geven van archetypen?

Natuurlijk. De angst voor het donker, of voor de dood, de voorkeur voor zoet boven bitter, maar ook de neiging tot bepaalde kunstvormen of de taboes van seks zijn archetypen. Dan zijn er 'archetypische figuren' die door Jung in symbolische vorm zijn uitgewerkt: de schaduw, de oude man, de animus of anima, en vele anderen.

Archetypen kunnen ons bewustzijn beïnvloeden, en wanneer ze dat doen, manifesteren ze zich in een cryptische vorm. Ze manifesteren zich vaak in de vorm van betekenisvolle toevalligheden. Als we bij een of meer significante toevalligheden betrokken zijn, vindt er volgens Jung een synchroniciteit plaats.

Wat is een synchroniciteit?

Synchroniciteiten zijn moeilijk te interpreteren, maar zijn vaak een "teken" en kunnen niet alleen individuen, maar ook hele samenlevingen of de hele mensheid naar het beste leiden.

Als synchroniciteiten deze kenmerken hebben, zit er duidelijk een intelligentie achter. De archetypen van het collectieve onbewuste zouden worden georganiseerd door een universeel bewustzijn.

Vanuit het oogpunt van filosofieën en religies is het niet onmogelijk om analogieën te vinden tussen Jungs collectieve onbewuste, de Tao van oosterse culturen of de geest van westerse culturen.

Uw toespraak is intrigerend, maar welk bewijs is er? Wat is de mening van de wetenschap?

De wetenschap heeft vanaf 1700 en tot in onze tijd een uitsluitend materialistische oriëntatie gehad: alles wat niet in het laboratorium kan worden gemeten, gewogen en gereproduceerd, bestaat niet, daarom zijn zelfs Jungs theorieën, voor de materialistische wetenschap, slechts illusies en fantasieën.

Inderdaad klassieke natuurkunde. is gebaseerd op een aantal onoverkomelijke belangen:

- De snelheid van het licht, dus niets kan sneller bewegen dan 300.000 km per seconde.

. De pijl van de tijd, waarbij er in elk geval een voor en een na is; alles gaat naar het hiernamaals en het is nooit mogelijk om terug te keren naar de vorige situatie.

- Determinisme, waarbij alles wat er gebeurt voortkomt uit een fysieke gebeurtenis en op zijn beurt andere fysieke gebeurtenissen bepaalt.

We kunnen het voorbeeld nemen van de pooltafel met wat ballen op het groene tapijt. We zijn er zeker van dat geen enkele bal vanzelf beweegt. Het is noodzakelijk dat een andere bal, of de keu van de speler, hem een duwtje geeft.

De bal kan tijdens het bewegen andere ballen raken door ze stoten te geven. Met de tijd en afstand verandert de energie van de stuwkracht van kinetisch in potentieel, en de beweging stopt.

In dit materialistische kader is er geen mogelijkheid dat iemand een bal kan laten bewegen met de kracht van het denken, omdat het denken zich beperkt tot de schedel, inderdaad, volgens de materialistische wetenschap is het een bijproduct van de chemische reacties van de hersenen. Daarom kan het denken geen enkel effect hebben buiten de schedel. Telepathische verschijnselen kunnen bijvoorbeeld niet bestaan, omdat geen enkele gedachte het ene brein kan verlaten om het andere binnen te gaan.

Dus Jungs theorieën worden door de wetenschap verworpen?

Met deze premissen leek er geen hoop op bevestiging voor Jungs theorieën, totdat de Zwitserse wetenschapper Wolfgang Pauli ontmoette.

Pauli is een van de grondleggers van de kwantumfysica. In 1945 ontving hij de Nobelprijs voor de natuurkunde.

Maar eerder, terwijl hij theoretische natuurkunde doceerde in Zürich, merkte Pauli dat hij een reeks tragedies meemaakte. In korte tijd was hij het slachtoffer van de zelfmoord en scheiding van zijn moeder van een pas getrouwde vrouw. Dit overtuigde hem om de hulp van een psycholoog te zoeken, en dus ontmoette hij in januari 1932 Jung.

Pauli herkende onmiddellijk in de Jungiaanse theorie van synchroniciteit een grote affiniteit met het gedrag van de elementaire deeltjes die hij bestudeerde, en tussen de twee ontstond een cultureel partnerschap dat dertig jaar duurde.

Jung en Pauli hebben lang gezocht naar de link die psyche en materie in wederzijdse erkenning zou kunnen verenigen. Helaas hebben ze het in hun tijd niet gevonden.

Dus de metafysische theorieën van Jung en Pauli zijn niet bevestigd?

Verre van. In 1982 werd hun streven gerealiseerd dankzij andere wetenschappers die experimenteel een echt verrassend gedrag van elementaire deeltjes hebben geverifieerd: in sommige gevallen gehoorzamen elementaire deeltjes niet aan de regels van de klassieke fysica.

Deze gedragingen duiden op de mogelijkheid van het bestaan van een realiteitsniveau dat niet langer gebaseerd is op materie, dus een 'psychisch' niveau dat samenwerkt met materie.

Natuurlijk is dit zeer onaangenaam voor het materialistische wetenschappelijke establishment, dat dit idee met alle middelen bestrijdt, maar helaas voor hen is het nu een verloren strijd.

Het experiment dat in 1982 voor het eerst in Frankrijk werd uitgevoerd, bevestigde het bestaan van een fenomeen dat volgens de gewoonte wordt gedefinieerd met de Engelse naam "verstrengeling". Het is een woord dat we kunnen vertalen als "verwevenheid", maar we vertalen het alleen om elkaar te begrijpen, omdat sommige termen, zoals computers of smartphones, niet vertalen.

Bruno, legt beter uit wat verstrengeling is

Kortom, in het laboratorium kan een gebeurtenis worden gegenereerd die twee deeltjes produceert, bijvoorbeeld twee elektronen of twee fotonen; deze worden gedefinieerd als "gecorreleerd", omdat ze affiniteiten hebben, omdat ze uit dezelfde gebeurtenis zijn geboren. We zouden kunnen zeggen dat deze deeltjes tweelingen zijn.

De twee deeltjes hebben de eigenschap complementair te zijn, laten we zeggen dat de ene een half positieve waarde heeft en de andere helft negatief, maar om het beter te begrijpen, laten we ons voorstellen dat de ene mannelijk is, "Antonio-deeltje", en de andere vrouwelijk is, "Maria deeltje" .

Laten we ons voorstellen dat we wetenschappers zijn. We houden Antonio hier en verplaatsen Maria, we plaatsen haar op een afstand van duizend lichtjaar. Dan nemen we Antonio en laten hem van geslacht veranderen: Antonio wordt Antonietta. Op hetzelfde moment, duizend lichtjaren verwijderd, verandert ook Maria van geslacht en wordt Mario.

Dit gedrag is volledig in tegenspraak met de klassieke natuurkunde.

Wat zijn de tegenstellingen?

De geslachtsverandering (technisch gezien de spinverandering) vindt gelijktijdig plaats, zelfs op duizend lichtjaar afstand, dus de lichtsnelheid is overschreden.

Bovendien, aangezien er geen vertraging is, zelfs geen miljardste van een seconde, heeft de pijl van de tijd geen invloed. Er is geen "voor" en "na".

Bovenal gebeurden de twee gebeurtenissen niet "door oorzaak", eerst de ene en dan de andere, maar gelijktijdig; daarom was er geen oorzaak en gevolg: het determinisme van de klassieke natuurkunde werd verloochend.

Maar de vraag van een miljoen dollar die we onszelf moeten stellen, is deze:

Hoe wist Maria, duizend lichtjaren verwijderd, dat Antonio van geslacht zou veranderen, zodat ook zij het tegelijkertijd kon veranderen?

In feite is het alsof de informatie niet is gereisd. Dat wil zeggen, het is alsof de twee deeltjes altijd bij elkaar zijn gebleven, als onderdeel van een intelligentie die het hele universum verenigt tot één ding, alsof ze deel uitmaken van een enkel universeel brein.

Laten we voor de volledigheid zeggen dat verstrengeling ook is geverifieerd op miljoenen deeltjes tegelijk, niet op slechts twee.

Daarom kunnen we zeggen dat als verstrengeling mogelijk is tussen twee gecorreleerde deeltjes, het ook mogelijk is tussen alle deeltjes van het universum, omdat ze allemaal gecorreleerd zijn. In feite zijn ze allemaal ontstaan uit één enkele gebeurtenis, de oerknal..

Wat zijn de mogelijkheden die hieruit voortkomen?

Laten we even uit het veld van de natuurkunde stappen en in dat van de metafysica stappen, zoals zoveel kwantumfysici doen. Ik kan David Bohm citeren, maar ook Stephen Hawking, hoewel kwantumfysica niet zijn vakgebied was, was hij een astrofysicus.

Het bestaan van een universeel bewustzijnsniveau waardoor deeltjes communiceren zonder grenzen van ruimte en tijd, opent mogelijkheden die tot voor kort niet konden worden gedacht.

In feite zijn ook wij gemaakt van deeltjes die via dit niveau op elkaar kunnen afstemmen en informatie kunnen uitwisselen. Tests van dialoog met universeel bewustzijn vinden al plaats door middel van synchroniciteiten, zelfs als de communicatie die we ontvangen symbolisch is.

Aangezien een universeel bewustzijn geen grenzen van ruimte en tijd zou hebben, zouden fenomenen zoals telepathie, voorgevoelens en alle buitenzintuiglijke waarnemingen ook mogelijk worden.

Kom jij in je boeken ook met deze onderwerpen aan de slag?

Zeker. Alle problemen die ik hier heb genoemd, worden volledig behandeld in mijn boeken, die verkrijgbaar zijn in de grote online boekwinkels, zowel in gedrukte vorm als in e-boekformaat.

Bibliografie

Acheson David Milleottantanove e altri numeri magici. Un viaggio sorprendente nella matematica

Allen Steve Inganni della logica

Ambesi Alberto Il panteismo

Amir Dan Aczel Entanglement. Il più grande mistero della fisica. Raffaello Cortina Editore.

Amir Dan Aczel L'equazione di Dio

Amir Dan Aczel Il mistero dell'alef

Anderl Sybilla L' universo e io. Una filosofia dell'astrofisica

Angier Natalie Il canone della scienza. Visita guidata dall'infinitesimale all'infinito per principianti entusiasti...

Anthes Emily Guida rapida per cervelloni: la mente

Arecchi Fortnato Tito I simboli e la realtà. Temi e metodi della scienza

Argentieri Niccolò Ci sono elettroni nel mondo della vita? Esperienza, matematica e realtà. Una lettura fenomenologica dell'epistemologia di Werner Heisenberg

BakerJoanne Fisica quantistica. 50 grandi idee

Barbour Julian La fine del tempo. Einaudi.

Barrow John David Da zero a infinito. La grande storia del nulla. Oscar Mondadori.

Barrow John David L'infinito

Barrow John David I numeri dell'universo

Barrow John David Perché il mondo è matematico? Laterza

Barrow John David Le Origini dell'universo

Barrow John David Le immagini della scienza

Barrow John David Il libro degli universi. Guida completa agli universi possibili

Barrow Tipler Il principio antropico.

Baruccs,Iannaccone, Scacchi La sceinza coatta

Barzaghi Giuseppe Compendio di storia della filosofia

Beitman Bernard I messaggi delle coincidenze.

Bellone Enrico I corpi e le cose

Berti Enrico Storiadellametafisicsa

Bersani R, Peres E. Matematica. Corso di sopravvivenza

Bodanis David $E=mc^2$. Biografia dell'equazione che ha cambiato il mondo

Bersani- Peres Matematica proverbiale

Bocchi G, Ceruti M. Origini di storie

Bohm A. Conrad Le chiavi del cosmo. Storia dell'astronomia dalla meccanica celeste al big bang

Bojowald Martin Prima del Big Bang. Storia completa dell'universo

Borgna Eugenio Il tempo e la vita

Bryson Bill Breve storia di (quasi) tutto

Burgin Luc Errori della scienza

Cambray Joseph Sincronicità. Natura e psiche in un universo interconnesso.

Campbell, Joseph Le distese interiori del cosmo. La metafora nel mito e nella religione

Cantalupi -Santarcan Psiche e realtà

Capra Fritjof Il Tao della fisica.

Capra Fritjof Il punto di svolta

Capra Fritjof Verso una nuova saggezza

Capra Fritjof La scienza della vita

Capra F. Luisi P.L. Vita e natura. Una visione sistemica.

Caranzano Massimil. Prima di noi. Siamo stati creati da una civiltà antidiluviana?

Casati Roberto La scoperta dell'ombra

Cederquist John Le coincidenze non esistono.

Centini Massimo Il megalisismo. Luoghi sacri e di potere

Cesati Cassin Marco Non siamo qui per caso. Il potere delle coincidenze.

Chandrasekhar Sub. Verità e bellezza. Le ragioni dell'estetica nella scienza. Garzanti

Chinnici Giorgio Guarda caso. I meccanismi segreti del mondo quantistico

Chopra Deepak e coincidenze. Sperling & Kupfer.

Clark Michael I paradossi dalla A alla Z

Colpi Monica Notte siriaca

Couliano Joan I viaggi dell'anima

Coustè Alberto Breve storia del diavolo

D'Agostini (Manuali) Illuminismo

Dal Buono Lucio Dall'atomo all'anima. Tutto quello che si deve sapere

Dask Mike Al di là deiconfini

Davies Paul Gli ultimi tre minuti

Davies Paul Sull'orlo dell'infinito. Singolarità nude e distribuzione dello spazio tempo

Davies Paul I misteri del tempo. L'universo dopo Einstein

De Agostini Calendario Atlante De Agostini 2022

De Crescenzo Luciano Ordine e disordine

De Santillana Giorgio

Von Dechend Hertha Il mulino di Amleto. Saggio sul mito e sulla struttura del tempo.

De Santillana Giorgio Sirio

Della Sala-Dewar Mai fidarsi della mente

Donà Massimo Magia e filosofia

Du Sautou Marcus Le teorie impossibili. Quali sono i limiti della scienza?

Du Sautou Marcus L' equazione da un milione di dollari. E altri enigmi matematici che rifiutano di lasciarsi risolvere

Einstein Albert Pensieri, idee, opinioni

Einstein Albert Il mondo come io lo vedo

Federrici Vescovini G. Medioevo magico

Ferrini Federico Le onde gravitazionali. Una nuova porta sul cosmo

Ferris Timothy L' avventura dell'universo. Da Aristotele alla teoria dei quanti e oltre: una storia senza fine

Feynman Richard QED

Feynman Richard Il senso delle cose

Feynman Richard Sei pezzi facili

Fondazione Albertini Prove e indizi dell'aldilà

Ford Kenneth Il mondo dei quanti. La fisica quantistica per tutti. Bollati Boringhieri.

Fosar-Bludorf Ipercoscienza. L'intelligenza nasosta nel DNA

Fraser J. T. Il tempo: una presenza sconosciuta

Frova Andrea Perché accade ciò che accade

Frova Andrea Luce. Una storia da Pitagora ad oggi

Frova Andrea Il cosmo e il Buondio. Dialogo su astronomia, evoluzione e mito

Galfard Cristophe Come capire E=mc2

Galilei Galileo Dialogo dei massimi sistemi

Gamow George Le avventure di mr. Tompkins. Edizioni Dedalo

Gamow George Nuovo Mondo di mr. Tompkins. Zanichelli

Giacobbo Roberto Città segrete

Gleick James Caos. La nascita di una nuova scienza

Goswami Arneb Guida quantica all'illuminazione. Edizioni Mediterranee

Grataloup Christian Atlante storico mondiale. 500 mappe

Greene Brian La trama del cosmo. Spazio, realtà.

Greene Brian La realtà nascosta – universi paralleli e leggi profonde del cosmo. Filosofie delle scienze

Greene Brian L' universo elegante. Superstringhe. dimensioni nascoste e la ricerca della teoria ultima.

Greene Brian Fino alla fine del tempo. Mente, materia e ricerca di significato in un universo in evo

Guido Paolo Da Buddha a Einstein

Harner Michael La via dello sciamano

Harrison Edward Maschere dell'universo

Hawking Stephen L'universo in un guscio di noce. Oscar Saggi Mondadori.

Hawking Stephen La teoria del tutto. Origine e destino dell'universo. Mondadori. +

Hawking Stephen La grande storia del tempo. Mondadori

Hawking Stephen La natura dello spazio e del tempo

Hawking -Mlodinov Dal Big Bang ai buchi neri. Breve storia dell'universo. Mondadori

Hawking Heckler Il grande disegno.

Heidegger, Martin Il concetto di tempo

Heidegger, Martin Che cos'è metafisica?

Higfield, Roger La scienza di Henry Potter

Hillman, James Il codice dell'anima

Hopke Robert Nulla succede per caso. Oscar Mondadori

Huxley Aldous Il mondo nuovo. Ritorno al mondo nuovo.

Jaffè Aniela Sogni, profezie, apparizioni

Jauch J. M. Sulla realtà dei quanti

Johnson Steven Dove nascono le grandi idee. Storia naturale dell'innovazione

Joseph Frank Il potere delle coincidenze. Il punto d'incontro.

Jung Carl L'analisi dei sogni. Gli archetipi dell'inconscio. La sincronicità.

Jung Carl Ricordi e riflessioni.

Jung Carl La dimensione psichica. Raccolta di scritti.

Jung Carl Jung parla Interviste e incontri

Jung Carl L'uomo e i suoi simboli

Kaku Michio Iperspazio

Kaku Michio Il futuro dell'umanità. Dalla vita su Marte all'immortalità, così la scienza cambia il nostro destino

Kane Gordon Il giardino delle particelle elementari. Longanesi

Kinnebriock Werner Dove va il tempo che passa. Fisica, filosofia e vita quotidiana

Koch Christof La ricerca della coscienza

Kornelius Martin Einstein Light

Kosko Bart Il fuzzy-pensiero

Krauss Lawrence L'Universo dal nulla

Krauss Lawrence La fisica di Star Trek

Krauss Lawrence Il cuore oscuro dell'universo. Alla ricerca della «Quinta essenza

Kumar Manjit Quantum. Da Einstein a Bohr, una nuova idea della realtà.

Kundera Milan L'immortalità

Kung Hans Cristianesimo e religiosità cinese. Arnoldo Mondadori editore.

Lalumera Elisabetta Coda sono i concetti

Karel Lambert Introduzione alla filosofia della scienza

Lanternari Vittorio Religione magia e droga

Lanza Robert Oltre il biocentrismo

Lanza R. + Herman Biocentrismo

LaszloErvin La mente immortale

Lazzara Salvatore Vedi alla voce scienzq

Lederman -Hill Fisica quantistica per poeti

Ledoux Joseph Il cervello emotivo

Licata Ignazio Osservando la Sfinge. Di Renzo Editore.

Lindley David La luna di Einstein

Lipton Bruce La biologia delle credenze

Livio Mario La sezione aurea. Storia di un numero e di un mistero che dura da tremila anni

Luc Georg I°l magico nella cultura antics

Luccio Riccardo Dall'anima alla mente. Breve storia della psicologia

Marchi Vittorio La scienza cell'Uno Chiaave dell'universo nascosto

Marconi Momolina Preludio alla storia delle religioni

Mavaldi Marco Le due teste del tiranno. Metodi matematici per la libertà

Mc Taggart Lynne La forza segreta dell'universo. Il campo del punto zero

Mc Taggart Lynne The Bond. Il legame quantico

Mecacci Luciano Identikit del cervello

Mondadori Dizionario della saggezza orientale

Morowitz Harold La nascita di ogni cosa

Mortier Roland Impostori e creduloni nel secolo dei lumi

Motterlini Matteo Trappole mentali. Rizzoli

Mugnos Sabrina L'universo che pensa

Muzzio Editore Caos. Una scienza per il mondo reale

Neumann Erich Soria delle origini della coscienza

Odifreddi Piergiorgio Una via di fuga. Il grande racconto della geometria moderna

Oldstone Moore Capire il taoismo

Overbye Dennis Einstein innamorato. La vita di un genio, tra scoperte scientifiche e passione romantica

Palazzi Pablo La grande illusione

PanekRichard Ilsecoloinvisibile

Pauli Wolfgang Psiche e natura

Peat David Sincronicità. Un connubio tra materia e psiche. Edizioni Magi

Peat David I sentieri del caso

Peiretti Federico Il matematico si diverte. Duecento giochi ed enigmi che hanno fatto la storia della matematica

Pichot André La nascita della scienza. Mesopotamia, Egitto, Grecia antica

Pim van Lommel Coscienza oltre lavita

Pinotti-Baccarini Italia esoterica

Plez Ugo Le scienze perdute

John C. Polkinghorne Teoria dei quanti

Popper Karl L'Io e il suo cervello. Armando Editore.

Powell Arthur Il corpo astrale e relativi fenomeni

Prattico Franco Dal caos... alla coscienza

Radin Dean Menti interconnesse. I fenomeni psichici spiegati dalla fisica quantistica.

Ramorino Felice Mitologia classica

Randall Lisa Passaggi curvi. I misteri delle dimensioni nascoste dell'universo

Rhine Louisa Psicocinesi. La mente domina la materia. Golem Libri.

Reeves Hubert L' evoluzione cosmica

Regge Tullio Infinito

Robinson Richard Perché il toast cade sempre dalla parte imburrata? La brillante spiegazione scientifica delle Leggi di Murphy

Rucker Rudy La quarta dimensione. Un viaggio guidato negli universi di ordine superiore

Roth Reme I cercatori di Dio

Russel Bertrand Dizionario di logica fisica e morale

Russo Lucio La rivoluzione dimenticata. Pensiero scientifico greco

Schoepflin Maurizio 100 filosofi

Schumacher Ernst Una guida per i perplessi

Serra Pietro Dall'anima alla coscienza. Una incursione enlle pieghe della mente

Shapira Haim Otto lezioni sull'infinito

Sheldrake Rupert Le illusioni della scienza. Urra.

Sheldrake Rupert La mente estesa. Urra.

Siegfried Tom Il numero dei cieli. Una storia del multiverso e della ricerca per compredere il cosmo

Singer Charles Breve storia del pensiero scientifico

Sissa ISAS laboratori Caos e complessità

Smith Michael Jung e lo sciamanesimo. Edizioni Amrita

Sparzani e Panepucci Jung e Pauli. Il carteggio originale: l'incontro tra Psiche e Materia. Moretti & Vitali.

Spilli (Manuali) L'illuminismo

Stapp Henry Quantum Theory and Free Will. Springer International Publishing.

Stavros Giosuè Sciamanesimo

Styer Daniel Capire davvero la relatività. Alla scoperta della teoria di Einstein

Tagliagambe Malinc. Pauli e Jung. Un confronto su materia e psiche. Raffaello Cortina Editore.

Tagliagambe Malinc Jung e il libro rosso: il Sé e il sacrificio dell'Io. Moretti & Vitali.

Tagliagambe Silvano Lo sguardo e l'ombra

Talbot Michael Tutto è uno. Feltrinelli

TEA edizioni Storia della scienza moderna e contemporanea. Vol. 3\1: Il secolo ventesimo

Teillard De Chardin Le singolarità della specie umana

Teillard De Chardin Il posto dell'Uomo nella Natura

Teodorani Massimo Bohm. La fisica dell'infinito. Macro Edizioni

Teodorani Massimo La mente creatrice. Dall'universo fisico alla vita intelligente. Macro Edizioni.

Teodorani Massimo Entanglement. L'intreccio nel mondo quantistico: dalle particelle alla coscienza.

Teodorani Massimo Sincronicità. Il legame tra fisica e psiche. Da Pauli a Jung a Chopra. Macro Edizioni.

Teodorani Massimo L'atomo e le particelle elementari. Macro Edizioni

Tipler Frank The physics of immortality. Doubleday.

Tong Ziya Quando guardi il mondo e non lo vedi

Toni Paolo Scintille matematiche. Giochi e gare di creatività e logica

Vacca Roberto Anche tu matematico

Vassallo Nicla Filosofie delle scienze

Vitebski Piers Gli sciamani

Von Franz Marie-Louise Psiche e materia

Von Franz Marie-Louise Divinazione e sincronicità. Psicologia delle coincidenze significative

Von Franz Marie-Louise Tipologia psicologica. Le funzioni della coscienza: pensiero e sentimento, intuizione e sensazione

Von Franz Marie-Louise Le fiabe interpretate

White John L'incontro tra scienza e spirito. Pratiche Editrice.

Widmann Claudio Sincronicità e coincidenze significative. Edizioni Magi.

Widmann Claudio Introduzione alla sincronicità. Edizioni Magi.

Wiener Anna La valle oscura

Wolke Robert Al suo barbiere Einstein la raccontava così. Vita quotidiana e quesiti scientifici

Zeilinger Anton Il velo di Einstein

Zichichi Antonino L'infinito

Zichichi Antonino L' irresistibile fascino del tempo. Dalla resurrezione di Cristo all'universo subnucleare

Door dezelfde auteur.

(Soms onder de alias van Peter Veltman)

Alle volumes zijn verkrijgbaar in de beste online boekwinkels, in gedrukte vorm of in e-boeken.

Quantumverstrengeling en synchroniciteit.

Krachtvelden. Niet-lokaliteit. Buitenzintuiglijke percepties. De verrassende eigenschappen van de kwantumfysica. (Nederlandse taal.

244 pagina's. 55 illustraties

..

.

Vaak gaat ons dagelijks leven gepaard met intuïties en voorgevoelens. Er zijn afleveringen van telepathie of andere sensaties van de ziel die gepaard gaan met het bestaan van mannen. Deze verschijnselen zijn niet zeldzaam en treffen iedereen. Sommige wetenschappers, met een meer open mentaliteit, wilden het onderwerp wetenschappelijk onder de aandacht brengen. Ze vroegen zich af of er een manier is om buitenzintuiglijke ervaringen te begrijpen zonder toevlucht te nemen tot occultisme, mythologie of pseudo-religieuze filosofieën.

Kwantumfysica biedt positieve antwoorden op deze vraag: het is nu zeker dat de elementaire deeltjes met elkaar verbonden zijn. Kwantumverstrengeling bevestigt dat in het niveau van de elementaire deeltjes "alles één is". In deze eenheid kunnen we een geest van het universum herkennen. Misschien Plato's *Anima mundi*. Misschien het *Collectieve onbewuste* van Carl Jung. Misschien *Tao* van oosterse filosofie. Of misschien een compleet nieuwe visie op de werkelijkheid, die het materiële en het psychische verenigt. De auteur, met de helderheid van een deskundige communicator, betrekt de lezer bij deze onderwerpen van reflectie.

Het universum is intelligent. De ziel bestaat.

Quantummysteries, multiversum, quantumverstrengeling, synchroniciteit.

Pagina's 304. Geïllustreerd.

De ongelooflijke ontdekkingen van de kwantumfysica veranderen fundamenteel de aannames van de klassieke wetenschap. Tegenwoordig maakt de technologie geweldige uitvoeringen mogelijk. Zo worden bijvoorbeeld de eerste quantumcomputers met vrijwel onbegrensde rekencapaciteit gerealiseerd. Sommigen ondersteunen de reële mogelijkheid van tijdreizen. Naast deze innovaties, die bekend zijn bij het publiek, zijn anderen minder bekend, maar niet minder belangrijk. Dit zijn de nieuwigheden die voortkomen uit kwantumstudies, waaronder de "superpositie van staten" en de "quantum instorting".

De "superpositie van toestanden" bevestigt dat hetzelfde deeltje gelijktijdig op twee of meer plaatsen kan worden gevonden. De theorie van "kwantuminstorting" bevestigt dat het gedrag van materie gemakkelijk kan worden bepaald door observatie. Dit zijn geen veronderstellingen, maar experimenteel geverifieerde principes.

Dit boek behandelt niet alleen deze innovaties, maar geeft ook veel ruimte aan meer geavanceerde theorieën. Dit zijn theorieën die zijn aangekondigd maar nog niet zijn bevestigd. Daarnaast scoort het boek ook de meest avontuurlijke theorieën, op voorwaarde dat ze wetenschappelijk verantwoord zijn.

Het boek gaat bijvoorbeeld over het multiversum of de theorie van parallelle universums voorgesteld door natuurkundige Hugh Everett. Evenzo spreekt het boek van niet-lokaliteit. Het is een psychische ruimte die volledig onafhankelijk is van de wetten van de klassieke fysica. Vanwege niet-lokaliteit gedragen elementaire deeltjes op astronomische afstanden zich alsof ze één waren.

Dit boek gaat ook over het nieuwste onderzoek van Roger Penrose, een natuurkundige die geen verband houdt met religie, en Stuart Hameroff. Volgens deze twee wetenschappers bestaat de ziel en kan deze worden geïdentificeerd met kwantumfluctuaties. Deze fluctuaties hebben het vermogen om de fysieke dood van het lichaam te overleven.

Als de zielen echt verdichting zijn van kwantumfluctuaties, kunnen we één vraag formuleren: zal het ooit mogelijk zijn om instrumenten te ontwikkelen die een dialoog met deze fluctuaties mogelijk maken?

Het boek onthult het onderzoek van gevestigde wetenschappers, maar zonder een wiskundige formule te gebruiken. De theorieën worden op een eenvoudige en begrijpelijke manier voor iedereen toegankelijk gemaakt. Op deze manier kan iedereen de onvermoede aspecten van de realiteit waarin we leven ontdekken.

Het is duidelijk dat de kwantumfysica het einde van het materialisme bepaalt en het begin is van een nieuwe culturele fase gebaseerd op de samenwerking tussen geest en materie..

Quantumuniversum en synchroniciteit.

De antropische visie. De significante toevalligheden. Het collectieve onbewuste .

Edizioni PensareDiverso Copyright 2020. Pagina's 282.

De kwantumfysica stelt, op wetenschappelijke basis, het concept voor van een universum waarin elk deeltje met alle andere is verbonden door middel van een binding die elke wet van de klassieke fysica overtreft. In deze context komen alle dingen samen in een groot project van kosmische evolutie, de "Unus mundus". Tegenwoordig onderschrijven veel bekende wetenschappers de "antropische theorie", volgens welke het universum niet bij toeval is geboren, maar precies is gemaakt met de kenmerken die het bezit om intelligent leven te huisvesten. De laatste wetenschappelijke ontdekkingen ontkennen het materialisme en leggen een meer spirituele visie op van het universum waarin we leven.

De synchroniciteitstheorie is ontwikkeld met rigoureuze methodologieën door de beroemde psycholoog Carl Jung. Tijdens een lange samenwerking kreeg Jung de steun en aanmoediging van een waardevolle medestudent, de natuurkundige Wolfgang Pauli, die in 1945 een Nobelprijs was.

Synchroniciteit is een zeer geldig startpunt voor het onderzoeken van de diepgaande redenen voor sommige gebeurtenissen die normaal willekeurig lijken. In feite komen synchroniciteiten tot uiting in het leven van ieder van ons door vreemde toevalligheden, dromen, intuïties en voorstellingen, om te bevestigen dat niets uit toeval komt.

De door Jung beschreven synchroniciteiten zijn ketens van schijnbaar willekeurige episodes, die niettemin een "numineuze" boodschap bevatten.

Hoewel de theorie van synchroniciteit wordt toegeschreven aan het gebied van de metafysica, hebben de meest recente ontdekkingen van de kwantumfysica aangetoond dat ze wetenschappelijk plausibel is.

Elke gebeurtenis, net als de reeks epidemieën die de afgelopen decennia plaatsvond, verlaat de context van willekeur en krijgt een welomschreven betekenis in de geschiedenis van de menselijke soort. Waarschijnlijk is de theorie van synchroniciteit het meest geschikt om deze vraag te beantwoorden: vertegenwoordigt het coronavirus een toeval of bevat het een betekenis die moet worden onthuld? In het laatste deel behandelt dit boek de talrijke gevallen van epidemieën die de afgelopen jaren zijn ontstaan (Sars, Mers, Hiv, Ebola, Covid-19 enz.). Al deze epidemieën moeten worden geïnterpreteerd als onderdeel van een wereldwijde synchroniciteit die de mensheid naar het hoogste niveau van complexiteit en bewustzijn leidt.

Alle kleuren van kwantumverstrengeling

Van de mythe van Plato's grot, tot de synchroniciteit van Carl Jung, tot het holografische universum van David Bohm .

Edizioni PensareDiverso Copyright 2018. Pagina's 354. 58 illustraties.

Het boek is opgedeeld in drie delen. In het eerste deel (De intuïties) behandelt de auteur de meest relevante hypothesen over de illusoire werkelijkheid van de waarneembare wereld. Het bestaan van een bewustzijnsniveau dat de materie overstijgt, is door de grote denkers voorzien. We vinden dit idee in Plato's Myth of the Cave, in Berkeley's "Immaterialistic Theory", in "Psychology of Form" (Gestaltpsychologie). De meest gezaghebbende bron ligt in de werken over het collectieve onbewuste en over de synchroniciteitstheorie van Carl Jung.

In het tweede deel (Confirmations) beschrijft de auteur op een elementaire maar gedetailleerde manier het pad van de kwantumfysica, van Thomas Young's experiment met dubbele spleet tot de verschijnselen van de superpositie van toestanden en kwantumcorrelatie. Door middel van deze geprivilegieerde sleutels is het mogelijk om kwantumverstrengeling te begrijpen. In het derde deel (Perspectives) beschrijft de auteur de theorieën die zijn ontwikkeld door David Bohm over het "kwantumpotentieel" op het "geïmpliceerde en geëxpliceerde universum". en over de holografische visie van de kosmos. Alles wordt uitgelegd in absolute eenvoud, zonder het gebruik van wiskundige formules en met behulp van vele illustraties.

De mensheid wilde vanaf het allereerste begin de oorsprong en samenstelling van dingen onderzoeken, hun werking en hun intieme doel ontdekken.

De universeel gebruikte methode is om objecten in kleinere en kleinere delen op te splitsen en ze vervolgens met alle mogelijke technieken te analyseren, van visueel onderzoek tot chemische reacties. Dit gebeurt nog steeds. Als een wetenschapper bijvoorbeeld de chemische en fysische structuur van een granieten kubus wil ontdekken, zal hij deze in kleinere en kleinere stukjes breken totdat hij in afzonderlijke atomen is verdeeld.

Als de wetenschapper echter zelf de afzonderlijke deeltjes van het atoom wil onderzoeken, krijgt hij een ongelooflijke verrassing. Het granieten blokje gedraagt zich als een ijsblokje. De wetenschapper ziet de materie die mist wordt, verdampt, verdwijnt tussen zijn vingers. Vaste materie wordt energie die vibreert.

De afzonderlijke deeltjes worden omgezet in fluctuerende golven zonder enige vaste lichamelijkheid.

Op subatomair niveau is materie niet langer vaste materie, het wordt iets anders.

Elementaire deeltjes misleiden ons. Ze zien eruit als vaste stippen als iemand ze observeert, maar ze gedragen zich als trillende golven als ze niet worden waargenomen.

Atomen bevatten praktisch alleen vacuüm.

Oppervlakkig gezien geloven we dat we materie kunnen aanraken, wegen, manipuleren en meten. Maar in zijn meest intieme samenstelling wordt materie een golf van leegte, energie, informatie, golf of vibratie. Wat ons solide materiaal lijkt, is in zijn meest intieme essentie niet langer vast materiaal.

Op dit punt is het duidelijk dat we niet langer kunnen spreken van één enkele realiteit. Afhankelijk van de waarnemingsniveaus, van extreem klein tot oneindig groot, zijn er veel realiteiten, allemaal verschillend maar allemaal absoluut waar.

Of misschien zijn er veel aspecten van een hogere werkelijkheid die nog onbekend zijn. Alle filosofieën en religies hebben altijd de hypothese verondersteld dat een 'zone van de geest' materie overstijgt; niemand heeft echter ooit het bestaan ervan kunnen bewijzen. Tegenwoordig opent de kwantumfysica een enorm venster op horizonten die we ons tot de vorige eeuw niet hadden kunnen voorstellen. De bevestigingen zijn afkomstig van de met succes uitgevoerde experimenten, vooral die met betrekking tot het fenomeen van kwantumverstrengeling.

Tegenwoordig weten we dat er een realiteitsniveau is dat niet langer onderhevig is aan de beperkingen van de Newtoniaanse fysica. De fysica van materie is niet langer voldoende om het universum te beschrijven.

Kwantumfysica toont het bestaan aan van een niveau waarop energie en informatie materie overnemen. Dit is het zogenaamde "niet-lokale" niveau. We zouden het kunnen omschrijven als een psychisch of spiritueel niveau. Op dit niveau staat een universele intelligentie in wisselwerking met de mensheid. De communicatiewegen met het intelligente universum gaan door het collectieve onbewuste dat werd getheoretiseerd door Carl Jung.

Jungiaanse synchroniciteiten begeleiden ons in een cultureel evolutionair project. Het is een project waarvan we ons bewust beginnen te worden.

Afdrukken voltooid op 20 oktober 2022
Afdrukken voltooid op 2 juni 2022

Bruno Del Medico is een blogger, schrijver, redacteur, gespecialiseerd in de verspreiding van kwesties die verband houden met sociale actualiteit en de nieuwe grenzen van de wetenschap. Hij is de auteur van vele teksten over de recente pandemie en van een gespecialiseerde serie over kwantumfysica en metafysica.

Don't miss out!

Visit the website below and you can sign up to receive emails whenever Bruno Del Medico publishes a new book. There's no charge and no obligation.

https://books2read.com/r/B-A-GYLH-QMNCC

BOOKS 2 READ

Connecting independent readers to independent writers.

Did you love *Van het fysieke universum naar de metafysische kosmos. De kwantumverstrengeling en synchroniciteit van Carl Jung*? Then you should read *Alle kleuren van kwantumverstrengeling*[1] by Bruno Del Medico!

[2]

De mensheid wilde vanaf het allereerste begin de oorsprong en samenstelling van dingen onderzoeken, hun werking en hun intieme doel ontdekken.

De universeel gebruikte methode is om objecten in kleinere en kleinere delen op te splitsen en ze vervolgens met alle mogelijke technieken te analyseren, van visueel onderzoek tot chemische reacties. Dit gebeurt nog steeds. Als een wetenschapper bijvoorbeeld de chemische en fysische structuur van een granieten kubus wil

1. https://books2read.com/u/mlLlyA

2. https://books2read.com/u/mlLlyA

ontdekken, zal hij deze in kleinere en kleinere stukjes breken totdat hij in afzonderlijke atomen is verdeeld.

Als de wetenschapper echter zelf de afzonderlijke deeltjes van het atoom wil onderzoeken, krijgt hij een ongelooflijke verrassing. Het granieten blokje gedraagt zich als een ijsblokje. De wetenschapper ziet de materie die mist wordt, verdampt, verdwijnt tussen zijn vingers. Vaste materie wordt energie die vibreert.

De afzonderlijke deeltjes worden omgezet in fluctuerende golven zonder enige vaste lichamelijkheid.

Op subatomair niveau is materie niet langer vaste materie, het wordt iets anders.

Elementaire deeltjes misleiden ons. Ze zien eruit als vaste stippen als iemand ze observeert, maar ze gedragen zich als trillende golven als ze niet worden waargenomen.

Atomen bevatten praktisch alleen vacuüm.

Oppervlakkig gezien geloven we dat we materie kunnen aanraken, wegen, manipuleren en meten. Maar in zijn meest intieme samenstelling wordt materie een golf van leegte, energie, informatie, golf of vibratie. Wat ons solide materiaal lijkt, is in zijn meest intieme essentie niet langer vast materiaal.

Op dit punt is het duidelijk dat we niet langer kunnen spreken van één enkele realiteit. Afhankelijk van de waarnemingsniveaus, van extreem klein tot oneindig groot, zijn er veel realiteiten, allemaal verschillend maar allemaal absoluut waar.

Of misschien zijn er veel aspecten van een hogere werkelijkheid die nog onbekend zijn. Alle filosofieën en religies hebben altijd de hypothese verondersteld dat een 'zone van de geest' materie overstijgt; niemand heeft echter ooit het bestaan ervan kunnen bewijzen. Tegenwoordig opent de kwantumfysica een enorm venster op horizonten die we ons tot de vorige eeuw niet hadden kunnen voorstellen. De bevestigingen zijn afkomstig van de met succes uitgevoerde experimenten, vooral die met betrekking tot het fenomeen van kwantumverstrengeling.

Tegenwoordig weten we dat er een realiteitsniveau is dat niet langer onderhevig is aan de beperkingen van de Newtoniaanse fysica. De fysica van materie is niet langer voldoende om het universum te beschrijven.

Kwantumfysica toont het bestaan aan van een niveau waarop energie en informatie materie overnemen. Dit is het zogenaamde "niet-lokale" niveau. We zouden het kunnen omschrijven als een psychisch of spiritueel niveau. Op dit niveau staat een universele intelligentie in wisselwerking met de mensheid. De communicatiewegen met het intelligente universum gaan door het collectieve onbewuste dat werd getheoretiseerd door Carl Jung.

Jungiaanse synchroniciteiten begeleiden ons in een cultureel evolutionair project. Het is een project waarvan we ons bewust beginnen te worden.

Read more at https://www.entanglement.it.